应用型高等院校校企合作创新示范教材

汽轮机原理及运行

主　编　刘海力　陆卓群

副主编　许　君　曾　稀

中国水利水电出版社
www.waterpub.com.cn
·北京·

内 容 提 要

本书为湖南人文科技学院与理昂生态能源股份有限公司共同编写的校企合作课程教材。

本书内容分为三个部分。第一部分阐述汽轮机的结构和工作原理，主要内容包括汽轮机静止部分结构、汽轮机转动部分结构、汽轮机级的基本概念、汽轮机级的工作过程分析、汽轮机级的级内损失和相对内效率、多级汽轮机的特点、汽轮机凝汽设备、汽轮机抽汽设备、汽轮机给水回热设备、汽轮机冷却设备等内容。第二部分以理昂生态能源股份有限公司郎溪电厂汽轮机系统为例，阐述汽轮机的运行和维护，主要内容包括汽轮机的启动、汽轮机的运行调整、汽轮机的停机等内容。第三部分继续以理昂郎溪电厂汽轮机系统为例，阐述汽轮机系统的常见事故原因和处理，主要内容包括汽轮机主机系统的事故及处理、汽轮机辅助设备的事故及处理等内容。

本书可作为普通高等院校能源动力类专业汽轮机课程的教材用书，也可作为相关工程技术人员的培训教材或参考用书。

本书配有免费电子教案，读者可以从中国水利水电出版社网站以及万水书苑下载，网址为：http://www.waterpub.com.cn/softdown/或 http://www.wsbookshow.com。

图书在版编目（CIP）数据

汽轮机原理及运行 / 刘海力，陆卓群主编. -- 北京：
中国水利水电出版社，2019.3
应用型高等院校校企合作创新示范教材
ISBN 978-7-5170-7540-0

Ⅰ. ①汽… Ⅱ. ①刘… ②陆… Ⅲ. ①蒸汽透平－高等学校－教材②汽轮机运行－高等学校－教材 Ⅳ. ①TK26

中国版本图书馆CIP数据核字(2019)第051155号

策划编辑：周益丹　　责任编辑：张玉玲　　加工编辑：高双春　　封面设计：梁　燕

书　　名	应用型高等院校校企合作创新示范教材 汽轮机原理及运行 QILUNJI YUANLI JI YUNXING
作　　者	主　编　刘海力　陆卓群 副主编　许　君　曾　稀
出版发行	中国水利水电出版社 （北京市海淀区玉渊潭南路 1 号 D 座　100038） 网址：www.waterpub.com.cn E-mail：mchannel@263.net（万水） sales@waterpub.com.cn 电话：（010）68367658（营销中心）、82562819（万水）
经　　售	全国各地新华书店和相关出版物销售网点
排　　版	北京万水电子信息有限公司
印　　刷	三河市铭浩彩色印装有限公司
规　　格	184mm×260mm　16 开本　12.25 印张　298 千字
版　　次	2019 年 3 月第 1 版　2019 年 3 月第 1 次印刷
印　　数	0001—2000 册
定　　价	38.00 元

前　　言

2015 年 7 月起湖南人文科技学院与理昂生态能源股份有限公司开展深度校企合作、协同育人，在湖南人文科技学院组建了“理昂班”。合作三年多来，双方共同开发了“生物质锅炉技术”“汽轮机运行”“生物质电厂电气控制技术”三门校企合作课程。本书是根据“汽轮机运行”课程授课讲义的内容经整理编写而成。

国内外已经有很多关于汽轮机系统和运行的经典教材，其中一些已供电厂员工的培训使用。而本书作为一本校企合作课程的教材，其服务对象最初是我校“理昂班”学生，但是由于生物质发电厂的汽轮机设备和原理本质上与燃煤电厂一致，因此本书也可供相关专业的学生和工程技术人员使用和参考。

具体来说，本书的内容结构分为三个部分。第一部分为汽轮机系统及工作原理，主要阐述汽轮机本体结构、工作原理和辅助系统设备。在对该部分内容进行编写时，编者综合考虑了地方本科院校的培养目标、学生的实际水平和本校企合作课程的定位，遵循“理论够用，实践为重”的思路，仅保留了汽轮机系统最为核心和基本的理论知识，而筛去了很多较为繁琐和细节化的工业设计和改进内容。因此只要是具备相关专业基础（如学习过机械设计、工程热力学、流体力学）的读者，在阅读和学习这一部分时都不会存在很大困难。第二部分为汽轮机系统的运行和维护，第三部分为汽轮机系统的事故及处理，后两部分内容是以理昂生态能源股份有限公司郎溪电厂汽轮机系统的运行规程为基础进行编撰的，因此可以作为高校相关专业汽轮机集控运行课程的参考资料，同时也可以作为相关工程技术人员的工具参考用书。

本书由湖南人文科技学院刘海力和陆卓群担任主编，理昂生态能源股份有限公司许君和湖南人文科技学院曾稀担任副主编，湖南人文科技学院陈旺和李艳参与了编写。由刘海力对全书的编写工作进行统筹和安排，由陆卓群和曾稀对全书内容进行审校。其中，本书绪论与第一章由陈旺负责编写，第二章由陆卓群负责编写，第三章由李艳负责编写，本书第二部分和第三部分由许君和曾稀负责编写。本书由陆卓群负责统稿。需要指出的是，国内外已有的大量汽轮机专著和经典教材为本书的编写提供了极大的帮助，本书编者在此对相关作者致以诚挚的谢意。然而，在相关内容的编写过程中，编者仍发现部分专著或教材在对一些定义的表述、公式推导、配图等方面存在偏差，因此本书在编写过程中尽可能地订正了这些问题，但由于本书编者水平有限且编写日程紧凑，书中值得商榷和疏漏之处仍在所难免，恳请广大读者批评指正。

最后，作为校企合作实践教学体系的一个环节，本书在编写过程中将配图绘制的工作交给了我校能源与动力工程专业的相关学生，具体如下：曹威、孙立凡、刘瑶、杨毅、唐运通、唐国强、何需要、邓汉洋、张武、黄鹏鹏、苑颖慧、张赛参与了绪论和第一章各配图的绘制；刘瑶、孙立凡、唐运通、邓汉阳、王倓参与了第二章各配图的绘制；邓汉阳、唐国强、张莉、张爽逸、龙卡、李姣秀参与了第三章各配图的绘制；湖南人文科技学院杨正德和各章编写人在配图绘制过程中对学生提供了指导。以上同学在配图绘制过程中表现出了对机械制图、工程热力学、流体力学等课程知识和对 AutoCAD 制图软件操作较高的掌握程度，并最终在紧凑的编写日程中按时保质地完成了本书多达一百余幅配图的绘制，在此对他们表示衷心的感谢。

编　者

2019 年 1 月

目　　录

第一部分　汽轮机系统及工作原理

第二部分　汽轮机系统的运行与维护

第三部分　汽轮机系统的事故处理

第一部分　汽轮机系统及工作原理

绪论

汽轮机（steam turbine）又称“蒸汽透平”，是一种以蒸汽为工质的旋转式原动机，被广泛用于现代火力发电厂和核电厂。与水轮机（water turbine）、燃气轮机（gas turbine）、风力机（wind turbine）等相比较，汽轮机具有运行平稳、单机功率大、效率高、使用寿命长等优点。汽轮机还可作为带动各种泵、风机、压缩机等的原动机。

汽轮机的连续安全经济运行既决定了发电厂的经济效益，也具有广泛的社会效益。为了保证汽轮机安全经济地运行，并适应外界负荷的变化，每台汽轮机都配有调节保护装置和其他辅助设备（如凝汽设备、回热加热设备等）。汽轮机本体及其附属设备由管道和阀门连成整体，统称汽轮机设备。汽轮机与发电机的组合称为汽轮发电机组。

一、汽轮机的起源和发展

汽轮机最早出现在大约公元前 120 年，也就是埃及人希罗（Hero）所描述的利用蒸汽反作用力而旋转的圆球，如图 0-1 所示。其原理是将水装入金属锅 1 中，加热使其蒸发，将蒸汽用导管 2 送入圆球 3，然后经排汽管 4 和 5 喷出，圆球则沿蒸汽喷出的反方向旋转。这是反动式汽轮机的雏形。

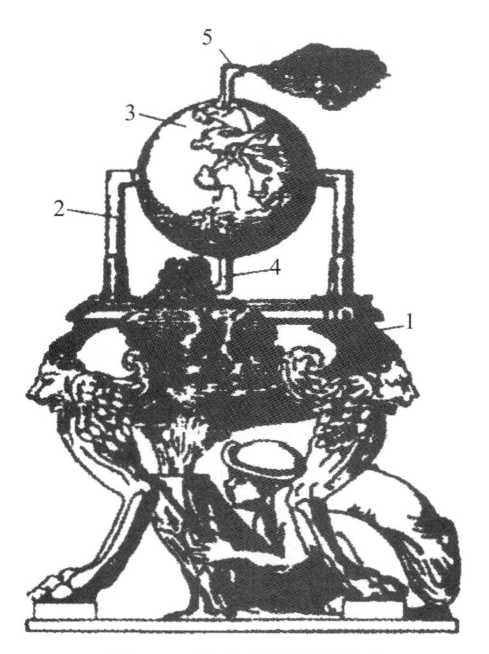

图 0-2　冲动式汽轮机雏形

1-金属锅；2-导管；3-圆球；4，5-排汽管

最早的冲动式汽轮机的雏形由意大利人布兰卡（G.Branea）提出。它将叶片安装在叶轮上，利用高速汽流冲击叶片，从而使叶轮旋转，如图 0-2 所示。这种叶轮称为布兰卡轮。

图 0-1 反动式汽轮机雏形

单级冲动式汽轮机是 1883 年由瑞典工程师拉瓦尔（Laval）发明制造的，其主要参数是：进汽压力为 1.034MPa，进汽温度为 204.4℃，排汽压力为 6.8kPa，转速为 25000r/min，功率为 3.73kW。单级冲动式汽轮机的结构和工作原理将在第一章和第二章分别进行阐述。

多级反动式汽轮机、速度级和多级冲动式汽轮机分别出现在 1884 年、1896 年和 1902 年。这些汽轮机的特点是汽流方向均与转轴的轴线方向一致，所以也称为轴流式汽轮机，如图 0-3 所示。1912 年，瑞士人制成了反动式辐流式汽轮机，如图 0-4 所示。1930 年，德国西门子公司将辐流式高压级与任何一种普通的轴流式低压级结合，进一步制成了能采用较高参数的汽轮机。

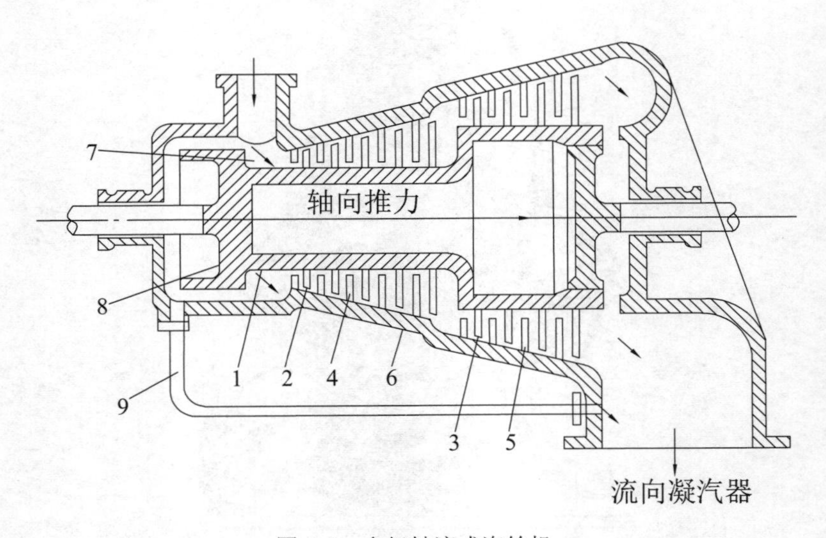

图 0-3 多级轴流式汽轮机

1-轮毂；2，3-动叶片；4，5-喷嘴静叶片；6-汽缸；7-蛇形蒸汽管；8-平衡活塞；9-连通管

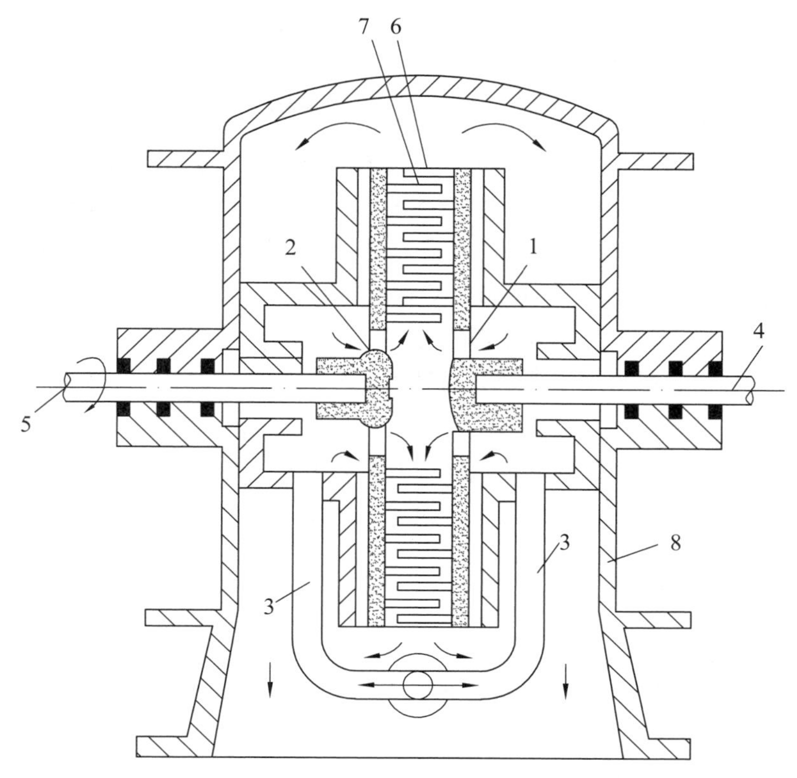

图 0-4 反动式辐流式汽轮机

1，2-叶轮；3-新蒸汽管；4，5-轴；6、7-叶片；8-汽缸

进入 20 世纪 40 年代以后，汽轮机的发展非常迅速，蒸汽参数进一步提高，结构日趋完善，单机功率连续攀升。1957 年，世界上第一台超临界机组在美国投入运行，其参数为 31MPa/621℃，功率为 125MW。之后，超临界机组经历了快速发展、谨慎发展和大力发展的反复过程。其中，1967－1976 年的 10 年期间是一个快速发展的时期。但到了 20 世纪 70 年代，超临界机组的订货急剧下降，1980－1989 年期间仅有 7 台超临界机组投运。究其原因，主要包括：单机容量增大过快，早期超临界机组的锅炉事故偏多，可用率低及维修费用高；另外，由于大量核电机组的迅速投产，以及当时尚不具备带周期性负荷能力等原因，使得超临界机组不能适合市场需要。随着制造技术、设计水平和材料技术的发展，加上能源危机和环保要求，近期，超临界机组进入了大力发展的阶段。除美国和日本外，俄罗斯、德国、瑞士和捷克等国家都在超临界机组的设计和制造方面有所建树。

目前，世界上最大的 3000r/min 单机、单轴火电厂汽轮机容量为 1200MW，而最大的 1500r/min 核电厂汽轮机容量为 1550MW。用于 3000r/min 全速汽轮机的末级动叶长度已经达到 1415mm，目前正在开发 1675～1830mm 的叶片。

经过一百余年的发展，汽轮机已广泛用于燃煤发电、核能发电、蒸汽－燃气联合循环发电、地热发电和太阳能集热发电等领域。世界上著名的汽轮机生产厂商有通用公司（GE）、西屋公司（WH）、西门子公司（SIMENS）、阿尔斯通公司（Alstom）、日立公司（Hitachi）、东芝公司（Toshiba）、三菱公司（Mitsubishi），以及列宁格勒金属工厂（LMZ）等。

我国 1955 年开始生产第一台中压 6MW 汽轮机，20 世纪 70 年代开始生产超高参数和具有中间再热的 125MW、200MW 和亚临界 300MW 汽轮机。进入 21 世纪，随着我国电力工业步入快速发展轨道，国内三大汽轮机制造厂，通过引进国外先进技术（上海汽轮机厂采用西门子、西屋公司的技术，哈尔滨汽轮机厂采用三菱技术，东方汽轮机厂采用日立技术），在汽轮机设计、制造等方面有了长足的进步，生产出 600MW 等级和 1000MW 超（超）临界汽轮机。2004 年 11 月，首台国产超临界机组在河南沁北电厂正式投入运行，汽轮机为哈尔滨汽轮机厂生产；2006 年 11 月和 12 月，国产 1000MW 超超临界机组分别在浙江玉环电厂和山东邹县电厂正式投入商业运行，汽轮机分别为上海汽轮机厂和东方汽轮机厂生产。而北重阿尔斯通（北京）电气设备有限公司则采用阿尔斯通公司技术，其生产的 600MW 超临界汽轮机也已投入运行。

到 2010 年底，我国电力总装机容量超过 9.6 亿 kW，各大电网的主力机组为 600MW 或 1000MW 的机组，其中由汽轮机驱动的燃煤和核电机组占 70%以上。

二、汽轮机的分类及型号

1. 汽轮机的分类

根据汽轮机的工作原理、热力过程特性和蒸汽参数的不同，可对汽轮机分类。

（1）按工作原理分：

1）冲动式汽轮机：主要由冲动级组成，蒸汽主要在喷嘴叶栅（或静叶栅）中膨胀，在动叶栅中只有少量膨胀。

2）反动式汽轮机：主要由反动级组成，蒸汽在喷嘴叶栅（或静叶栅）和动叶栅中都进行膨胀，且膨胀程度大致相同。

（2）按热力特性分：

1）凝汽式汽轮机：蒸汽在汽轮机中膨胀做功，做完功后的蒸汽在低于大气压力的真空状态进入凝汽器凝结成水。若将蒸汽在汽轮机某级后引出再次加热，然后再返回汽轮机继续膨胀做功，则称为中间再热凝汽式汽轮机。

2）背压式汽轮机：汽轮机的排汽压力大于大气压力，排汽直接供热用户使用，而不进入凝汽器。当排汽作为其他中、低压汽轮机的工作蒸汽时，又称前置式汽轮机。

3）抽汽式汽轮机：从汽轮机中间某级后抽出一定的可以调整参数、流量的蒸汽对外供热，其余汽流排入凝汽器，可分为一次调整抽汽式汽轮机和两次调整抽汽式汽轮机。

4）抽汽背压汽轮机：具有调整抽汽的背压式汽轮机，调整抽汽和排汽都分别供热用户。

5）多压式汽轮机：汽轮机的进汽不止一个参数，在汽轮机的某中间级前又引入其他来源的蒸汽，与原来的蒸汽混合共同膨胀做功。

（3）按主蒸汽压力分：

按不同的压力等级分为：

低压汽轮机：主蒸汽压力为 0.12～1.5MPa。

中压汽轮机：主蒸汽压力为 2～4MPa。

高压汽轮机：主蒸汽压力为 6～10MPa。

超高压汽轮机：主蒸汽压力为 12～14MPa。

亚临界压力汽轮机：主蒸汽压力为 16～18MPa。

超临界压力汽轮机：主蒸汽压力大于 22.15MPa。

超超临界压力汽轮机：主蒸汽压力大于 32MPa。

此外，按汽流方向可分为轴流式、辐流式和周流（回流）式汽轮机；按汽缸数目可分为单缸、双缸和多缸汽轮机；按用途可分为电站汽轮机、工业汽轮机和船用汽轮机；按布置方式可分为单轴、双轴汽轮机；按工作状态可分为固定式和移动式（如列车电站）汽轮机等。

2. 汽轮机的型号

为了便于识别汽轮机的类别，每台汽轮机都有产品型号。我国生产的汽轮机所采用的系列标准及型号已经统一，汽轮机产品型号的表示方法如图 0-5 所示。

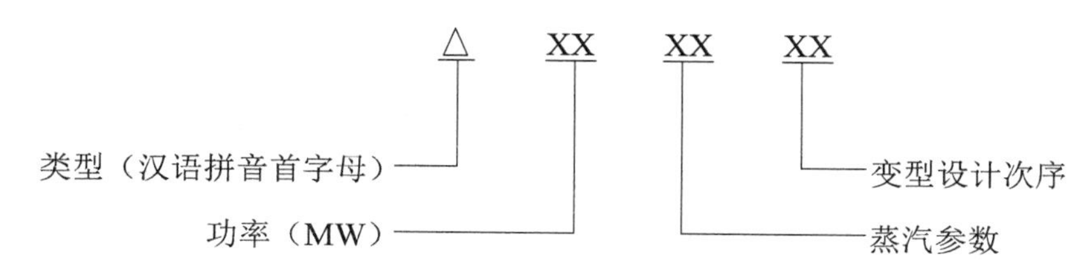

图 0-5 我国汽轮机型号代号表示方法

汽轮机型式代号见表 0-1。

表 0-1 汽轮机型式代号

代号	型式	代号	型式	代号	型式
N	凝汽式	CC	两次调整抽汽式	Y	移动式
B	背压式	CB	抽汽背压式	HN	核电汽轮机
C	一次调整抽汽式	CY	船用		

汽轮机蒸汽参数表示方式见表 0-2，表内示例中功率的单位为 MW，蒸汽压力的单位为 MPa，蒸汽温度的单位为℃。

表 0-2 蒸汽参数表示方法

型式	参数表示方式	示例
凝汽式	蒸汽初压	N50-8.83
凝汽式（具有中间再热）	蒸汽初压/蒸汽初温/再热温度	N300-16.7/538/538
抽汽式	蒸汽初压/高压抽汽压力/低压抽汽压力	CC12-3.43/0.98/0.12
背压式	蒸汽初压/背压	B25-8.83/0.98
抽汽背压式	蒸汽初压/抽汽压力/背压	CB25-8.83/0.98/0.119

三、现代汽轮机的结构简介

多级冲动式汽轮机和反动式汽轮机在现代电厂中都获得了广泛应用。这两种类型汽轮机的差异不仅表现在工作原理上，而且还表现在结构上。前者为隔板型，后者为转鼓型。为了帮助读者了解汽轮机的主要结构，接下来以几个国产汽轮机为例进行简要介绍。汽轮机各部件的结构和功能将在第一章进行详细介绍。

图 0-6 所示为东方汽轮机厂生产的双缸双排汽 300MW 冲动式多级汽轮机的纵向剖视图。虽然汽轮机由很多部件组成，但概括地看，可分为两大部分，即转动部分和静止部分。转动部分即转子，转子主要由主轴、叶轮、动叶及联轴器组成；静止部分主要由汽缸、隔板、喷嘴（静叶栅）以及轴承组成。转动部分和静止部分之间的密封是用汽封实现的，其作用是减小转动表面和静止表面之间的间隙中漏过工质的流量，以保证汽轮机有较高的效率。在汽轮机内部，凡是有压差而又不希望有大量工质流过的地方都装有汽封，如隔板汽封、叶顶汽封等，在汽缸两端转轴穿出汽缸的地方均装有轴封。汽缸的作用是形成一个空间，容纳蒸汽在其中流动和转子在其中旋转，并支撑装在汽缸内的其他部分。隔板装在汽缸上，而喷嘴（静叶栅）装在隔板上。轴承分径向轴承和推力轴承，径向轴承是用来承受转子重量及确定转子在汽缸中的径向位置的，推力轴承是用来承受转子的轴向推力及确定转子在汽缸中的轴向位置的。该汽轮机采用双缸双排汽型式，从锅炉来的新蒸汽从高、中压缸之间进入高压缸，然后逐级流动做功，高压缸末端的排汽回到锅炉的再热器再热后进入中压缸，从前向后流动做功，中压缸的排汽经导汽管进入低压缸中部。低压缸为完全对称结构，蒸汽向两侧流动做功后，乏汽从两侧的排汽口排入凝汽器。

图 0-7 所示为哈尔滨汽轮机厂生产的 300MW 汽轮机纵向剖视图。该汽轮机为亚临界、一次中间再热、单轴、双缸双排汽反动式汽轮机，采用积木块式的设计并能与 600MW 机组通用组合。其特点是动叶直接嵌装在鼓形转子的外缘上，喷嘴装在汽缸内部圆周的表面上或持环上，没有轮盘和隔板。叶片的一端可以是自由的，叶片与汽缸或喷嘴与转子之间形成很小的间隙，也可以在叶片端部附加一条围带，以形成汽封。该汽轮机为四缸四排汽式，即有一个独立的高压缸、一个独立的中压缸和两个完全相同的低压缸。

图 0-8 所示为东方汽轮机厂引进日立技术生产制造的典型高、中压合缸汽轮机高、中压部分结构示意图。高、中压缸为对头布置，采用单流程、双层缸、水平中分结构，外缸为上猫爪支撑形式，上下缸之间采用螺栓联接。在高压缸第 6 级后、高压缸排汽、中压缸 11 级后和中压缸排汽布置四级抽汽口，分别供 1 号、2 号、3 号高压加热器及除氧器用汽。高、中压内缸之间设置有分缸隔板，在高、中压外缸两端及高、中压内缸之间设置有轴端密封装置，在高、中压外缸和轴承座之间设置有挡油环。

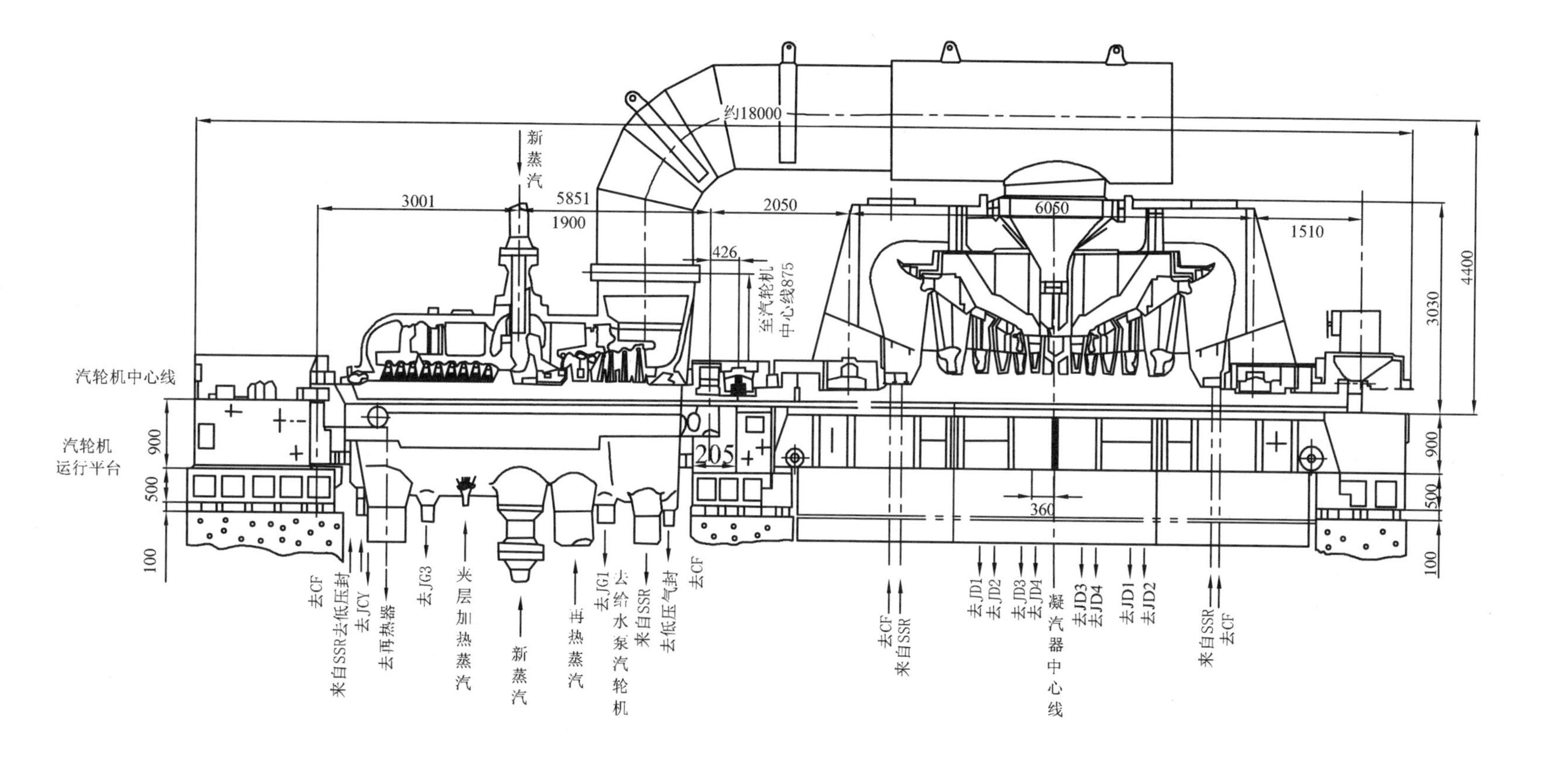

图 0-6 东方汽轮机厂生产的双缸双排汽 300MW 冲动式多级汽轮机纵向剖视图

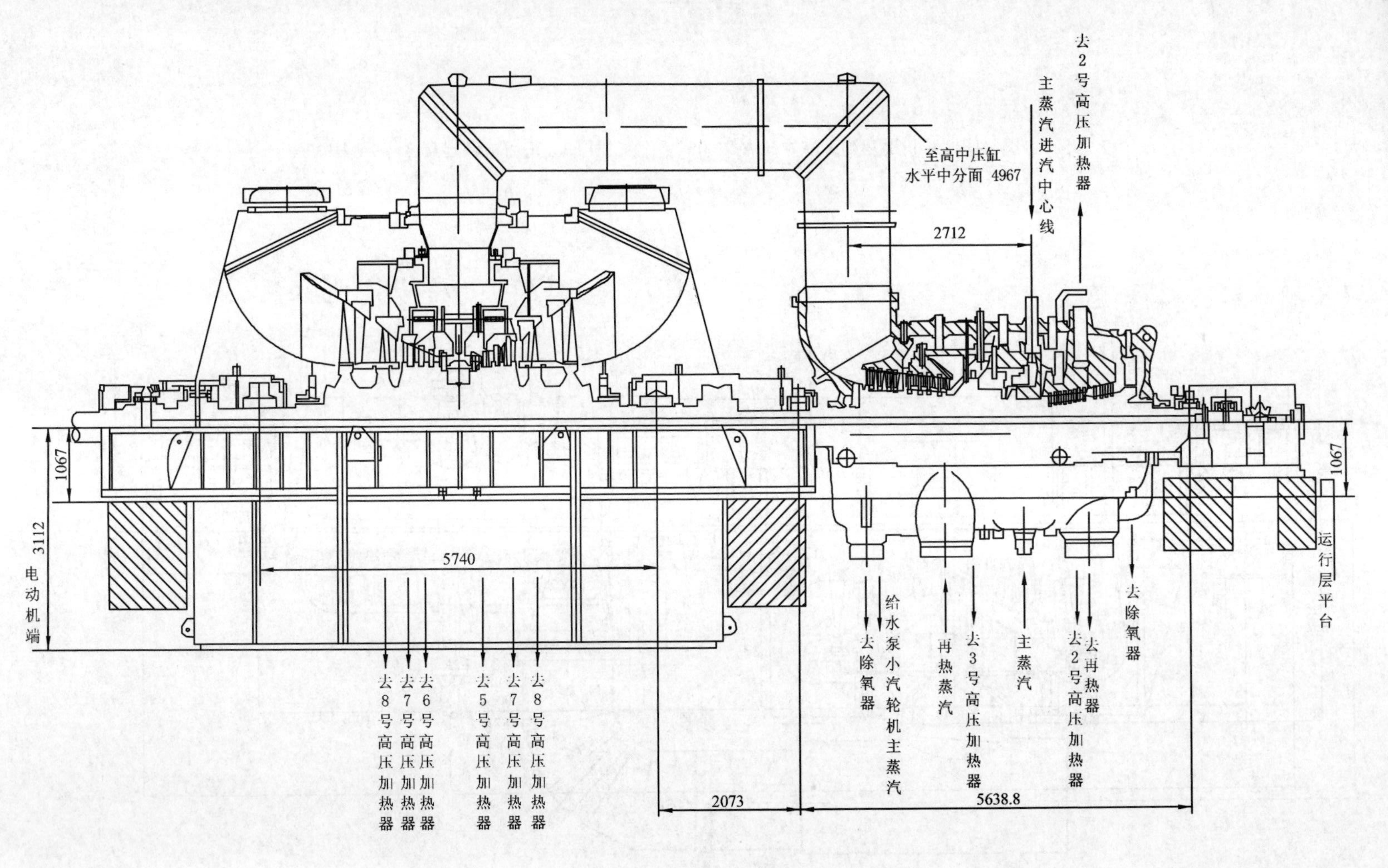

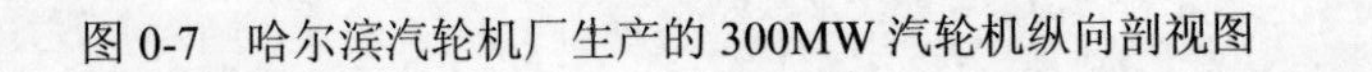
图 0-7 哈尔滨汽轮机厂生产的 300MW 汽轮机纵向剖视图

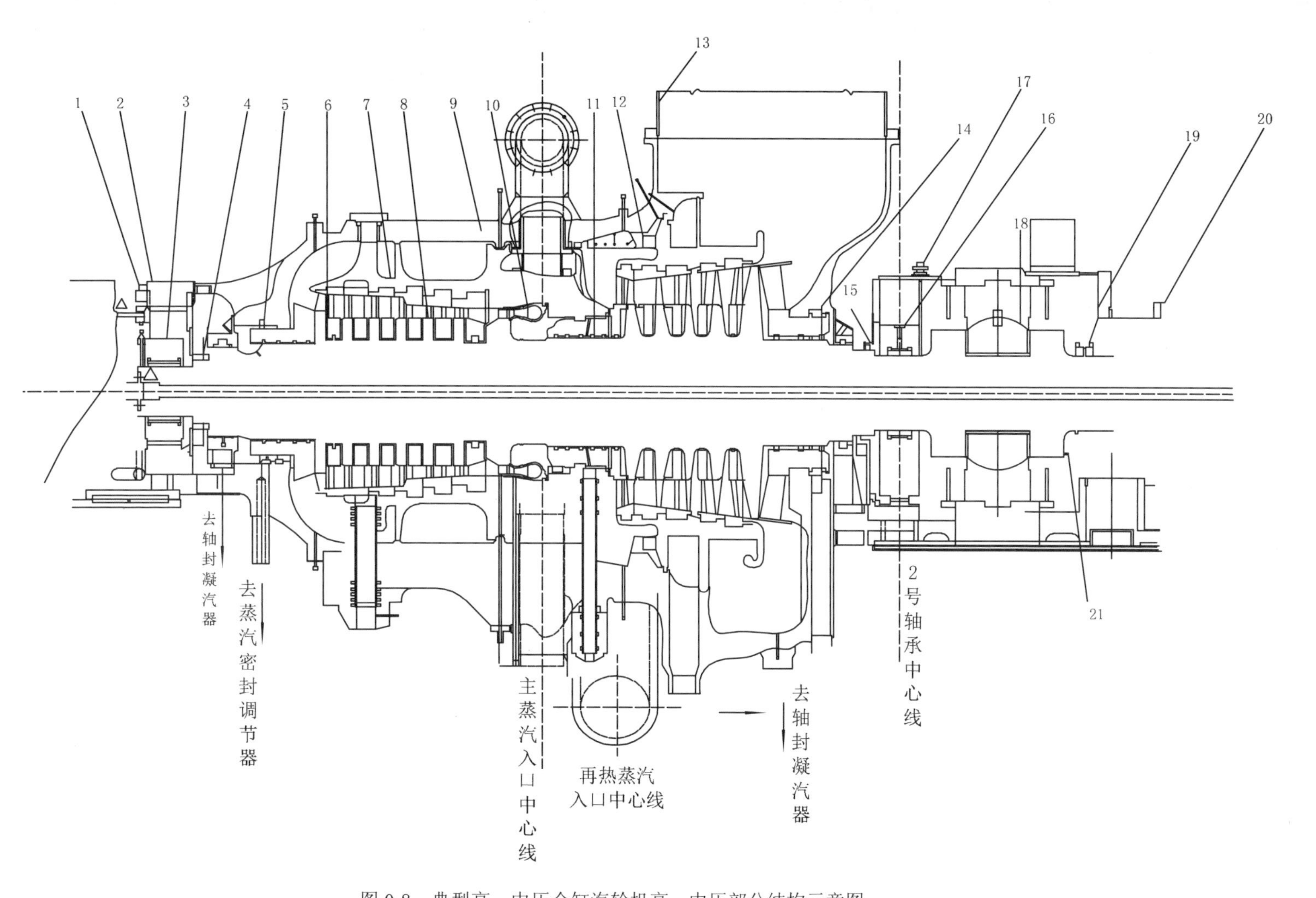

图 0-8　典型高、中压合缸汽轮机高、中压部分结构示意图

1-轴振动监测仪；2-汽轮机机架；3-1 号径向轴承；4-挡油环；5-轴封；6-喷嘴隔板；7-高压内缸；8-叶片；9-高压外缸；10-第 1 级喷嘴蒸汽室；11-轴封；12-中压内缸；13-联通管；14-轴封；15-挡油环；16-径向轴承；17-轴承振动监测仪；18-推力轴承；19 -推力轴承磨损监测器；20-转子；21-轴向位移监测仪

思考题

0-1 试简述汽轮机的分类方法。

0-2 试简述汽轮机型号的表示方法。

第一章　汽轮机的主要结构

通过绪论可知，汽轮机本体是汽轮机设备的主要组成部分，它具体由静止部分（静子）和转动部分（转子）组成。其中，静止部分包括汽缸、喷嘴（静叶栅）、隔板、隔板套（或静叶持环）、汽封、轴承、滑销系统以及有关紧固件等；转动部分包括动叶栅、叶轮（或转鼓）、主轴和联轴器以及紧固件等旋转部件。特别地，静止部分的喷嘴、隔板与转动部分的叶轮、叶片组成蒸汽热能转换为机械能的通流部分。本章将分别对各部件的结构和功能进行介绍。

第一节　汽轮机静止部分结构

一、汽缸

汽缸即汽轮机的外壳，是汽轮机静止部分的主要部件之一。它的作用是将汽轮机的通流部分与大气隔绝，以形成蒸汽能量转换的封闭空间，以及支承汽轮机的其他静止部件（如隔板、隔板套、喷嘴室等）。

由于汽轮机的型式、容量、蒸汽参数、是否采用中间再热以及制造厂家的不同，汽缸的结构也有多种形式。汽缸一般为水平中分形式，上、下两个半缸通过水平法兰用螺栓紧固。为了便于加工和运输，汽缸也常以垂直结合面分成几段，各段通过法兰螺栓连接。汽缸通过猫爪或撑脚支承在轴承座或基础台板上。汽缸的外部连接有进汽管、排汽管和抽汽管等管道。对于中小功率的汽轮机，一般设计制造成单缸体。功率较大（100MW 以上）的机组，特别是再热机组，都设计成多缸结构，按汽缸进汽参数的不同，分别称为高压缸、中压缸和低压缸，像国产 200MW 机组有高、中、低压三个缸，国产 300MW 机组有高、中压合缸和低压缸两个缸，国产 600MW 有一个高压缸、一个中压缸和两个低压缸共四个缸。汽缸工作时受力情况复杂，除了承受缸内外汽（气）体的压差以及汽缸本身和装在其中的各零部件的重量等静载荷外，还要承受蒸汽流出静叶时对静止部分的反作用力，以及各种连接管道冷热状态下，对汽缸的作用力以及沿汽缸轴向、径向温度分布不均匀所引起的热应力。特别是在快速启动、停机和工况变化时，温度变化大，将在汽缸和法兰中产生很大的热应力和热变形。由于汽缸形状复杂，内部又处在高温、高压蒸汽的作用下，因此在设计其结构时，汽缸的结构应满足以下几点。

（1）要保证有足够的强度和刚度，足够好的蒸汽严密性。

（2）保证各部分受热时能自由膨胀，并能始终保持中心不变。

（3）通流部分有较好的流动性能。

（4）汽缸形状要简单、对称，壁厚变化要均匀，同时在满足强度和刚度的要求下，尽量减小汽缸壁和连接法兰的厚度。

（5）节约贵重钢材消耗量，高温部分尽量集中在较小的范围内。

（6）工艺性好，便于加工制造、安装、检修，也便于运输。

概括地说，汽缸的形体设计应力求简单、均匀、对称，汽缸的形体设计应力求简单、均匀、对称，使其能顺畅地膨胀和收缩，以减小热应力和应力集中，并且具有良好的密封性能。

1. 高、中压缸

高压汽缸的工作特点是缸内所承受的压力和温度都很高，因此要求汽缸的缸壁应适当地厚，法兰的尺寸和螺栓的直径等也要相应地加大，当机组启动、停机和工况变化时，将导致汽缸、法兰和螺栓之间因温差过大而产生很大的热应力，甚至使汽缸变形、螺栓拉断。

通常蒸汽初参数不超过 8.83MPa、535℃的中、小功率汽轮机都采用单层缸结构。随着机组容量的增大和蒸汽初参数的不断提高，若仍采用单层缸结构，会导致缸内外压差增大，所以缸壁及法兰需做得较厚。为保证中分面的气密性，其联接螺栓必须有很大的预紧力，故其尺寸很大，因此需要设置加热（或冷却）装置；整个高压缸需用耐高温的贵重合金钢制造，提高了造价；由于法兰比缸壁厚得多，在机组启动、停机和变工况时，温度分布不均匀将产生很大的热应力和热变形，这对设备安全和延长设备工作寿命极为不利。

高参数大容量汽轮机的高压缸多采用双层缸结构，如图 1-1 所示。一般对于初参数在 12.7MPa、535℃及以上的汽轮机都将高压缸做成双层汽缸。双层缸结构的优点是把单层缸承受的巨大蒸汽压力分摊给内外两层缸，减少了每层的压差与温差，缸壁和法兰可以相应减薄。

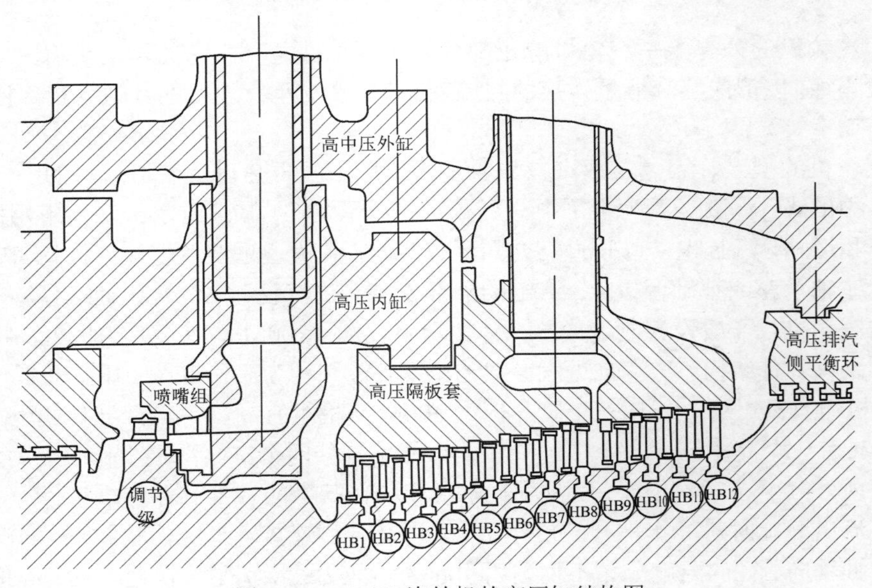

图 1-1　300MW 汽轮机的高压缸结构图

汽轮机高、中压缸的布置有两种方式，一种是高、中压合缸，即高、中压缸合并成一个汽缸；另一种是高、中压分缸，即分成两个汽缸。分缸和合缸布置各有优缺点。在汽轮机高、中压缸的布置上，采用合缸和分缸两种方式的厂家都有。一般来讲，功率在 350MW 以上的机组不宜采用合缸方案。因为机组容量进一步增大后，若采用合缸，将使汽缸和转子过大、过重，汽缸上进汽和抽汽口较多，以致管道布置困难，机组对负荷变化的适应性减弱。

高、中压缸采用合缸后，相应要设置一套高、中压缸的冷却系统，此系统除用于对内缸的冷却外，还用于降低再热蒸汽包围的中压缸进汽口处的叶片根部和转子的温度，以改善受影响区域的叶根和转子蠕变速度，减少转子弯曲的可能性，如图 1-2 所示。

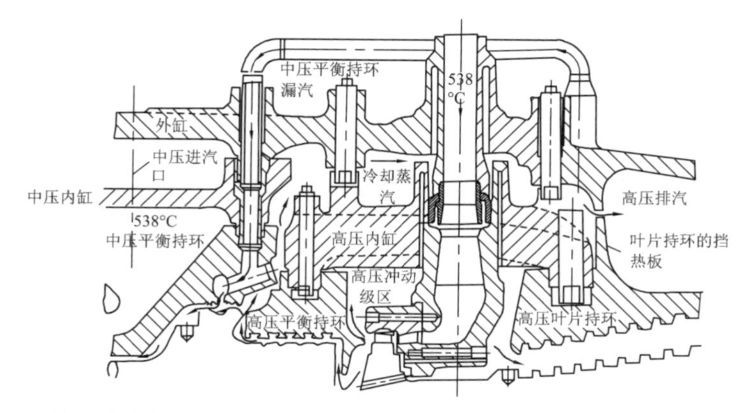

图 1-2　优化引进型 300MW 机组高、中压内外缸蒸汽冷却（加热）系统结构图

2. 低压缸

大功率机组低压缸工作压力不高，温度较低，但由于蒸汽容积大，低压缸的尺寸很大，尤其是排汽部分。因此在低压缸的设计中，强度已不成为主要问题，而如何保证缸体的刚度，防止缸体产生挠曲和变形，合理设计排汽通道则成了主要问题。另外，低压缸进、排汽温差较大，因此对于体积庞大的低压缸来说，另一个关键问题是如何解决好热膨胀。为了改善低压缸的热膨胀，大机组低压缸均采用双层汽缸结构（有的采用三层缸结构），将通流部分设计在内缸中，使体积较小的内缸承受温度变化，而外缸和庞大的排汽缸则均处于排汽低温状态，其膨胀变形较小。图 1-3 所示为国产 300MW 机组低压缸结构图。该 300MW 机组的低压缸采用三层缸结构，两端轴承座与下外缸连为一体，安装面为同一平面，故在运行中能保持轴承座与缸体同心。

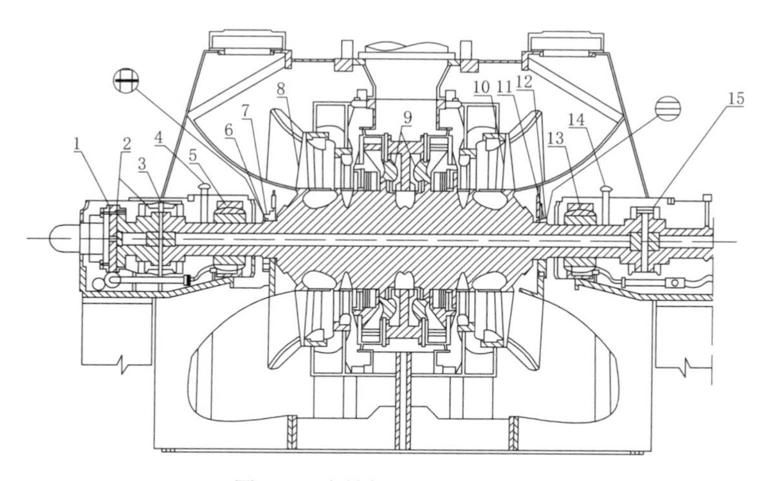

图 1-3　汽轮机低压缸剖面图

1-测速装置（危急遮断系统）；2-联轴器；3-差胀检测器；4-振动检测器；5-轴承；6-外汽封；7-汽封；8-叶片；9-低压持环；10-叶片；11-偏心和鉴相器；12-汽封；13-轴承；14-振动检测器；15-联轴器

机组的低压缸采用两层内缸和一层外缸的三层缸结构，主要是考虑到低压缸的进排汽温差较大，在额定工况下进汽温度为 336℃，排汽温度为 33℃，两者之差达 303℃，是整个机组中承受温差最大的部分。通流部分分段设在第一层和第二层内缸中，在第一层内缸的外壁上装

有隔热板，而庞大的排汽缸处于排汽低温状态，其膨胀变形较小。这样低压缸的较大温差可在三层缸壁面之间得到合理分配，改善了低压缸外壳温度的分布，使之均匀，避免产生翘曲和热变形而影响动静部分的间隙，提高了机组运行的可靠性。

3. 进汽部分

进汽部分指调节汽阀后蒸汽进入汽缸第 1 级喷嘴这段区域。它包括调节汽阀至喷嘴室的主蒸汽 （或再热蒸汽）导管、导管与汽缸的连接部分和喷嘴室。它是汽缸中承受蒸汽压力和温度最高的部分。

随着参数、容量的提高，对汽缸形状的对称性及受热的均匀性要求越来越高。这就要求喷嘴室必须沿汽缸圆周均匀分布，汽缸上下都有进汽管，这时调节汽阀再安装在汽缸上就不合适了。与汽缸分开的蒸汽室是大功率、高参数汽轮机进汽部分的特点之一，采用分开结构的蒸汽室，主要基于以下的考虑。

（1）超高参数的机组，高压缸都采用了双层缸的结构，运行中，因内外缸有相对膨胀，这样就不可能把进汽部分与内缸合为一个整体。

（2）进汽部分承受的压力和温度都很高，一般都采用比汽缸更好的金属材料来制造，为了合理利用优质高温金属材料，采用分开结构较合理。

（3）进汽部分温度很高，而相比之下，汽缸温度稍低，如果把蒸汽室和汽缸连成一个整体，由于其形状复杂，温度分布不均匀，势必产生很大的热应力，使汽缸产生变形，严重时甚至产生裂纹。

图 1-4 为哈尔滨汽轮机厂生产的 300MW 机组的调节汽阀－蒸汽室－喷嘴组的排列布置图，高压高温的主蒸汽流经布置在高、中压缸两侧的两个主汽阀后，进入各自的三只调节汽阀的蒸汽室，蒸汽经六个调节汽阀分别控制的六组喷嘴室、喷嘴组后进入汽缸冲动动叶做功。调节汽阀与汽缸之间用六根较长并按大弯曲半径弯成的柔性很大的进汽管连接，以避免受到较大的应力。

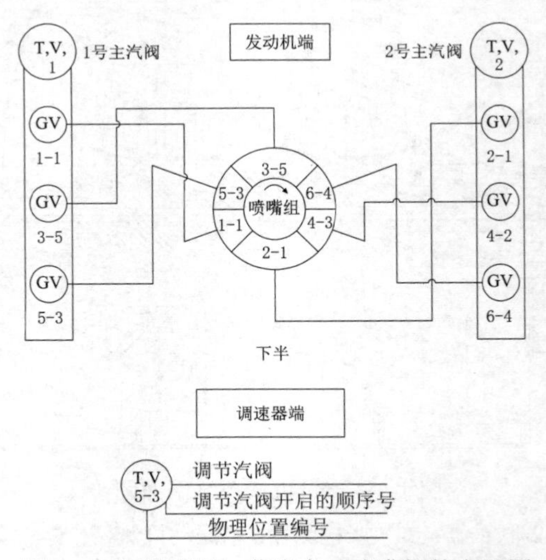

图 1-4 调节汽阀－蒸汽室－喷嘴组的布置图

4. 汽缸的支承和滑销系统

随着机组容量的增大，转子、汽缸等部件的尺寸、质量也增加，而且采用再热系统会使管系作用在汽轮机上的力更为复杂，因此，保证汽轮机在受热或冷却过程中汽缸能按要求自由地膨胀、收缩就显得特别重要。为保证机组安全经济地运行，同时还要动静部分对中不变或变化很小，汽缸的支承定位就成为机组设计安装中的一个重要问题。

在设计汽缸的滑销系统时，必须遵循这样的原则：既要允许汽缸各部件的热膨胀，又要保证汽缸与转子中心线一致。汽缸的支承定位包括外缸在轴承座和基础台板（座架、机架等）上的支持定位、内缸在外缸中的支持定位以及滑销系统的布置等。

（1）汽缸的支承。汽缸通过轴承座及本身的搭脚支承在基础台板（或称座架、机座）上，基础台板又用地脚螺栓固定在基础上。通常只有小型汽轮机的基础台板才采用整块的铸件，功率稍大的汽轮机基础台板都由几块铸件组成。

1）猫爪支承。汽缸通过其水平法兰延伸的猫爪作为承力面，支承在轴承座上，称为猫爪支承。汽轮机的高、中压缸均采用这种支承方式。猫爪支承分为上猫爪支承和下猫爪支承两种方式。

（a）上猫爪支承。由上汽缸水平法兰前后伸出猫爪来支承汽缸，称为上猫爪支承。上猫爪支承均为中分面支承。图 1-5 所示为上猫爪支承结构图，这种支承方式与下猫爪中分面支承一样，汽缸受热膨胀时，不会影响汽缸的中心线。

（b）下猫爪支承。下猫爪支承就是由下汽缸水平法兰前后延伸出的猫爪（称为下猫爪）作为支承猫爪（或工作猫爪），分别支承在汽缸前后的轴承座上。下猫爪支承又可分为非中分面支承和中分面支承两种。图 1-6（a）所示为非中分面猫爪支承。这种猫爪支承的承力面与汽缸水平中分面不在一个平面内。图 1-6（b）所示为中分面猫爪支承，其与非中分面支承不同的是，猫爪的位置抬高了，其承力面正好与汽缸中分面在同一水平面上。

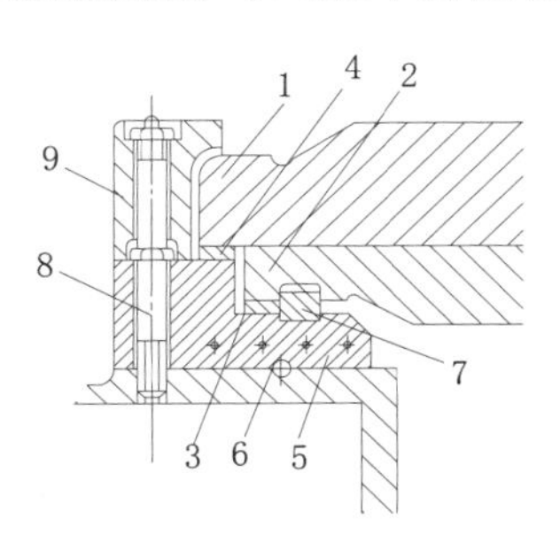

图 1-5　上猫爪支承结构

1-上缸猫爪；2-下缸猫爪；3-安装垫铁；4-工作垫铁；5-水冷垫铁；6-定位销；7-定位销；8-紧固螺栓；9-压块

2）台板支承。对于所有汽轮机组，由于低压缸所处的温度低，而且低压缸外形尺寸较大，所以，一般不采用猫爪支承，而是用下缸伸出的撑脚支承在基础台板上。这样，低压缸的支承比汽缸中分面低得多（图 1-7），因此当低负荷汽缸过热时，转子和汽缸的对中将发生变化。但因其温度低，膨胀较小，影响并不大。

（2）滑销系统。汽轮机在启动、停机和运行时，汽缸的温度变化较大，将沿长、宽、高几个方向膨胀或收缩。由于基础台板的温度升高低于汽缸，如果汽缸和基础台板为固定连接，则汽缸将不能自由膨胀。为了保证汽缸能定向自由膨胀，并能保持汽缸与转子中心一致，避免因膨胀不畅产生不应有的应力及机组振动，因而必须设置一套滑销系统。在汽缸与基础台板、汽缸与轴承座和轴承座与基础台板之间应装上滑销，以保证汽缸自由膨胀，又能保持机组中心不变。汽缸的自由膨胀是汽轮机制造、安装、检修和运行中的一个重要问题。

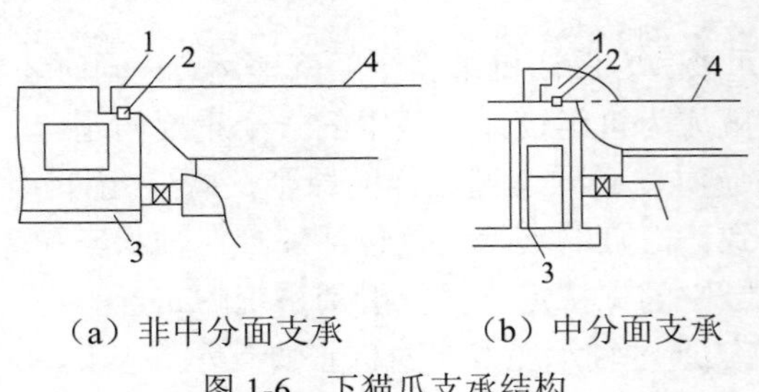

（a）非中分面支承　　（b）中分面支承

图 1-6　下猫爪支承结构

1-猫爪；2-横销；3-轴承座；4-汽缸中分面

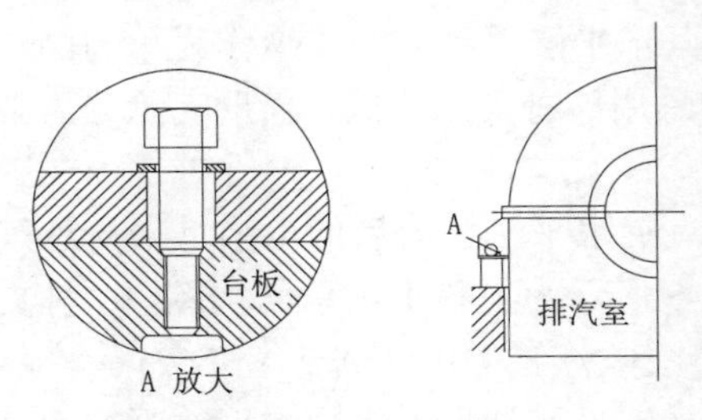

图 1-7　低压缸支承

根据滑销的构造形式、安装位置和不同的作用，滑销系统通常由立销、纵销、横销、猫爪横销、斜销、角销等组成。图 1-8 为滑销构造示意图。热膨胀时，立销引导汽缸沿垂直方向滑动，纵销引导轴承座和汽缸沿轴向滑动，横销则引导汽缸沿横向滑动并与纵销（或立销）配合，确定膨胀的固定点，称为死点。对凝汽式汽轮机来说，死点多布置在低压排汽口的中心或附近，这样在汽轮机受热膨胀时，对庞大笨重的凝汽器影响较小。

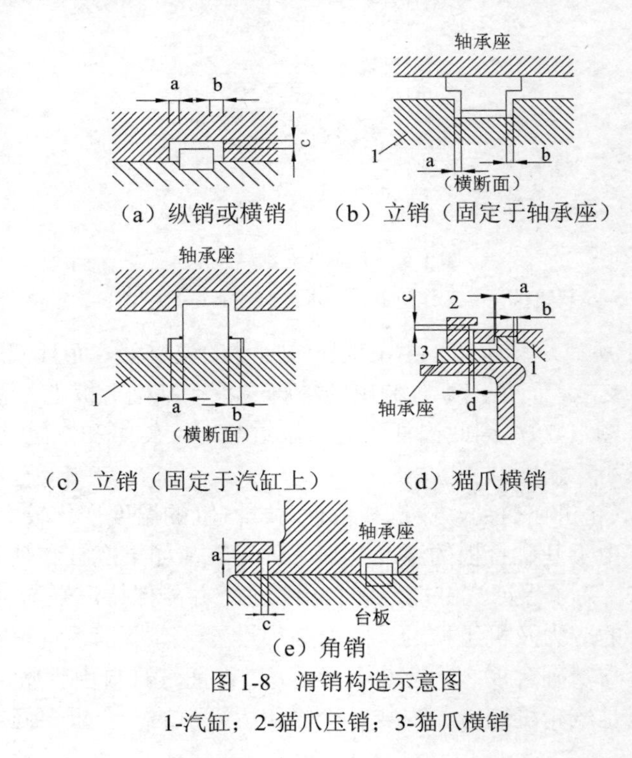

（a）纵销或横销　　（b）立销（固定于轴承座）

（c）立销（固定于汽缸上）　　（d）猫爪横销

（e）角销

图 1-8　滑销构造示意图

1-汽缸；2-猫爪压销；3-猫爪横销

二、喷嘴组、隔板、隔板套和静叶环、静叶持环

高参数大功率汽轮机为了调节灵活、控制方便，大多采用喷嘴配汽方式。其第一级喷嘴往往根据调节汽阀的个数分成相应的喷嘴组，并固定在单独铸造的喷嘴室上，压力级的喷嘴都固定在隔板上或构成静叶环。

1. 喷嘴组

大功率汽轮机常用的喷嘴组主要有两种：一种是整体铣制焊接而成的，另一种是精密铸造而成的。

图 1-9 所示为整体铣制焊接喷嘴组。在一圆弧形锻件上直接将静叶铣出[图 1-9（a）]，然后在叶片顶端焊上圆弧形的隔叶件，静叶与隔叶件及圆弧形锻件形成的内环一起构成喷嘴气道。隔叶件的外圆上再焊上外环，构成完整的喷嘴组。喷嘴组通过凸肩装在喷嘴室的环形槽道中，靠近汽缸垂直中分面的一端，用密封销和定位销将喷嘴组固定在喷嘴室中；在另一端，喷嘴组与喷嘴室通过 π 形密封键密封配合。这样，热膨胀时，喷嘴组以定位销一端为死点向密封键一端自由膨胀。这种喷嘴组密封性能和热膨胀性能比较好，广泛应用于高参数汽轮机上。

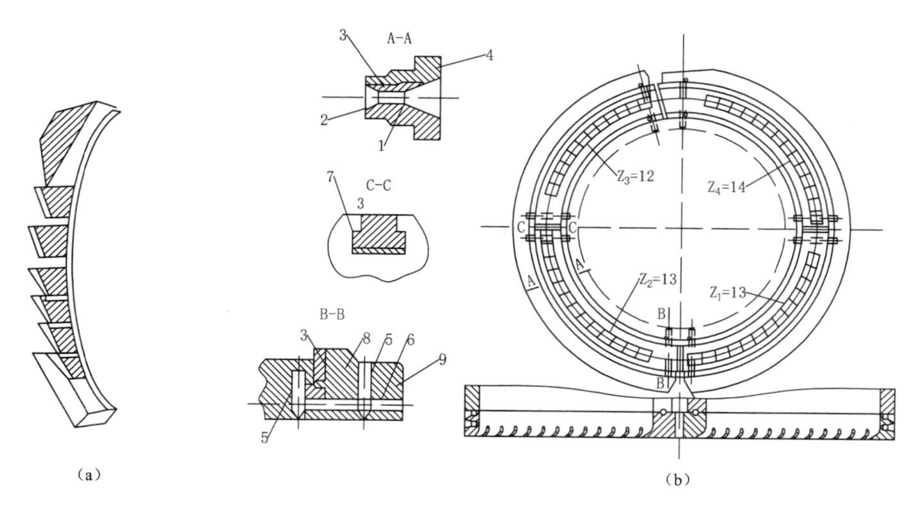

图 1-9　整体铣制焊接喷嘴组

1-内环；2-静叶；3-隔叶件；4-外环；5-定位销；6-密封销；7-π 形密封键；8-喷嘴组首块；9-喷嘴室

铸造喷嘴组采用精密铸造的方法将喷嘴组整体铸出，它在喷嘴室中的固定方法与上述喷嘴组基本相同。与整体铣制焊接喷嘴组相比，这种喷嘴组的制造成本低，而且可以得到足够的表面粗糙度和精确的尺寸，使喷嘴流道型线更好地满足蒸汽流动的要求，提高喷嘴的效率，因此得到越来越广泛的应用。

2. 隔板

隔板是汽轮机各级的间壁，用以固定汽轮机各级的静叶片和阻止级间漏汽，并将汽轮机通流部分分隔成若干个级。它可以直接安装在汽缸内壁的隔板槽中，也可以借助隔板套安装在汽缸上。隔板通常做成水平对分形式，其内圆孔处开有隔板汽封的安装槽，以便安装隔板汽封。

高压部分的隔板承受着高温高压蒸汽的作用，低压部分的隔板承受着湿蒸汽的作用。它的具体结构要根据工作温度和作用在隔板两侧的蒸汽压差来决定，主要有两种形式，即焊接隔

板和铸造隔板。通常在高、中压部分用焊接隔板，在低压部分用铸造隔板。

隔板主要由隔板体、静叶片和隔板外缘等几部分组成。

图 1-10 为焊接隔板的结构图。焊接隔板具有较高的强度和刚度、较好的气密性，用于350℃以上的高、中压级。图 1-10（a）是上海汽轮机厂生产的 300MW 机组的第 10 压力级的隔板结构。隔板进汽侧设置加强筋，如图 1-10（b）所示。它的隔板体，隔板外缘及加强筋是一个整体。这种结构增加了隔板强度和刚度，减少了喷嘴损失。

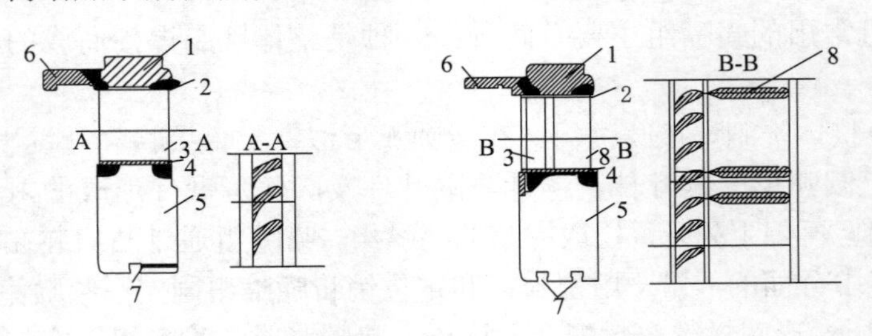

（a）普通焊接隔板：（b）带加强筋的焊接隔板

图 1-10 焊接隔板

1-隔板外环；2-外围带；3-导叶片；4-内围带；5-隔板体；6-径向汽封安装环；7-汽封槽；8-加强筋

铸造隔板是在浇铸隔板体的同时将已成型的喷嘴叶片放入其中，一体浇铸而成，如图 1-11 所示。它的喷嘴叶片可用铣制、冷拉、模压以及爆炸成型等方法制成。这种隔板加工制造比较容易，成本低，但是通流表面光洁度较差，使用温度也不能太高，一般用于工作温度低于 350℃的级。

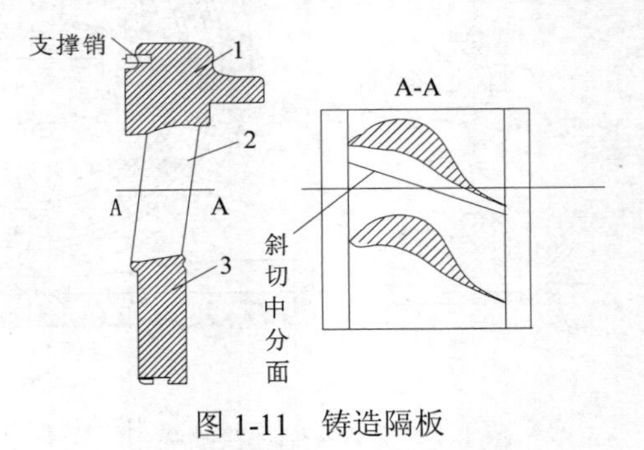

图 1-11 铸造隔板

1-外缘；2-静叶片；3-隔板体

3. 隔板套

隔板套用来固定隔板。现代高参数大功率汽轮机往往将相邻的几级隔板装在同一隔板套中，隔板套再固定于汽缸上。隔板套结构上的分级基本上是由汽轮机抽汽情况决定的，相邻隔板套之间有抽汽，这样可充分利用隔板套之间的环状汽流通道，而无须借加大轴向尺寸的办法取得必要的抽汽流通面积。

4. 静叶环和静叶持环

在反动式汽轮机中没有叶轮和隔板，动叶片直接装在转子的外缘上，静叶则固定在汽缸内壁或静叶持环上。静叶持环的分级一般是考虑便于抽汽口的布置而定的。静叶环和静叶持环一般为水平中分式。

图 1-12 为上海汽轮机厂生产的 300MW 汽轮机的低压缸内静叶持环的布置图。

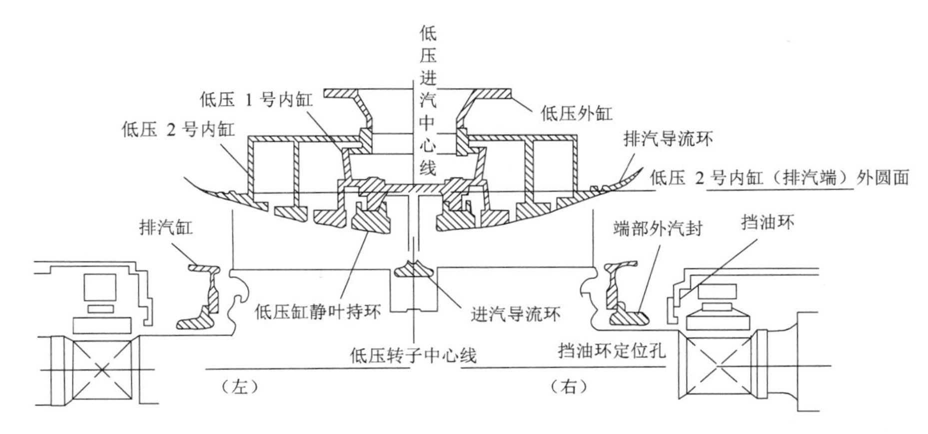

图 1-12　上海汽轮机厂生产的 300MW 汽轮机低压缸静叶持环布置图

三、轴承

轴承是汽轮机的一个重要组成部件。汽轮机采用的轴承有径向支持轴承和推力轴承两种。径向支持轴承用来承担转子的重量和旋转的不平衡力，并确定转子的径向位置，以保持转子旋转中心与汽缸中心一致，从而保证转子与汽缸、汽封、隔板等静止部分的径向间隙正确。推力轴承承受蒸汽作用在转子上的轴向推力，并确定转子的轴向位置，以保证通流部分动静间正确的轴向间隙。推力轴承被看成转子的定位点，或称为汽轮机转子对静子的相对死点。

1．轴承工作原理

由于汽轮机轴承是在高转速、大载荷的条件下工作，因此，要求轴承工作必须安全可靠，另外还要求摩擦力小。为了满足这两个要求，汽轮机轴承都采用以油膜润滑理论为基础的滑动轴承。这种轴承采用循环供油方式，由供油系统连续不断地向轴承供给压力、温度合乎要求的润滑油。转子的轴颈支承在浇有一层质软、熔点低的巴氏合金，俗称乌金的轴瓦上，并作高速旋转。为了避免轴颈与轴瓦直接摩擦，必须用油进行润滑，使轴颈与轴瓦间形成油膜，建立液体摩擦，从而减小轴颈和轴瓦间的摩擦阻力。摩擦产生的热量由回油带走，使轴颈得以冷却。油膜的工作原理如图 1-13 所示。

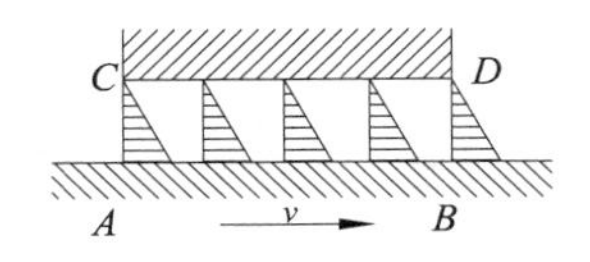

（a）有相对运动，无施加垂直方向载荷状态

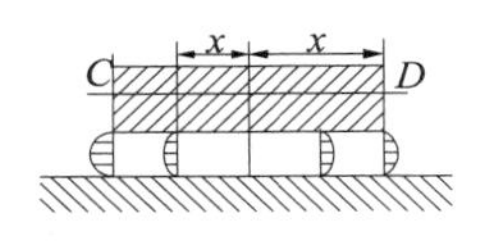

（b）无相对运动，有垂直方向载荷状态

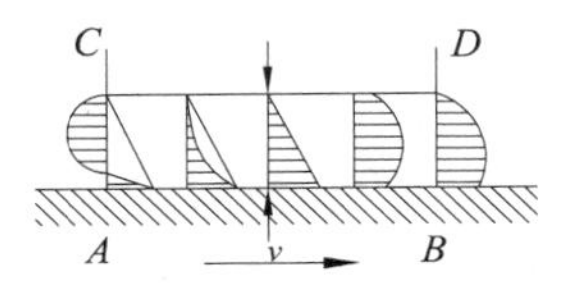

（c）既有相对运动，也有垂直方向载荷状态

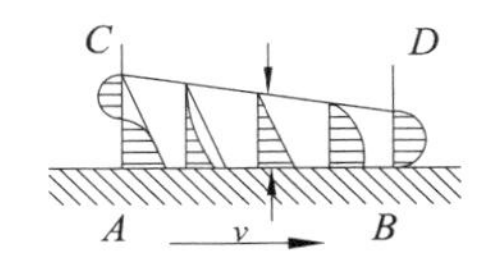

（d）两平面间构成楔形，有相对运动和垂直方向的载荷状态

图 1-13　油膜的工作原理

两平面 AB 和 CD 分别处于四种不同的状态，其四周充满油。图 1-13（a）所示为两平面

平行，它们之间只有相对运动，没有施加垂直方向载荷；图 1-13（b）所示为两平面平行，它们之间没有相对运动，只有垂直方向的载荷；图 1-13（c）所示为两平面平行，它们之间既有相对运动，也有垂直方向的载荷；图 1-13（d）所示为两平面间构成楔形，且有相对运动和垂直方向的载荷。在（a）情况下，平面 *AB* 带入与带出间隙的油量相等，两平面间的间隙与相对运动的速度 *v* 无关，且不定；在（b）情况下，间隙间的油被挤出，最后间隙变为零，两平面间形不成油膜；在（c）情况下，平面 *AB* 带入间隙的油量小于其带出的油量和挤出的油量之和，因此间隙也会逐渐变小，也形不成油膜；在（d）种情况下，当速度 *v* 达到一定值后，可使平面 *AB* 带入的油量等于其带出的油量和被挤出的油量之和，此时两平面间即可维持一定的间隙，从而形成油膜。

2. 径向支持轴承

径向支持轴承的型式很多，按轴承支承方式可分为固定式和自位式两种；按轴瓦形式可分为圆柱形轴承、椭圆形轴承、三油楔轴承等。

（1）圆柱形轴承（图 1-14）。这种轴承的轴瓦内径为圆柱形，静止时，顶部间隙为侧面间隙的两倍；工作时，轴颈下形成一油楔。它的稳定性不如其他两种轴承，常被用于中小容量机组或大机组的低压转子上。

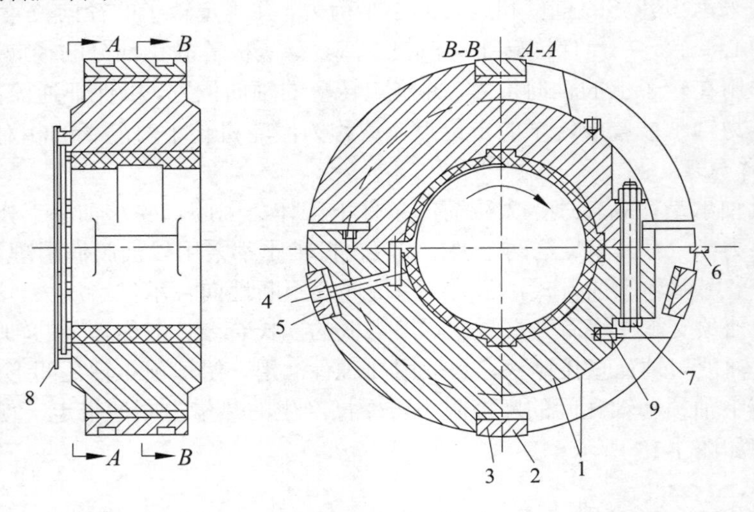

图 1-14 圆柱形轴承

1-轴瓦；2-垫块；3-垫片；4-节流孔板；5-进油口；6-锁饼；7-连接螺栓；8-油挡；9-止落螺钉

（2）椭圆形轴承。椭圆形轴承的结构与圆柱形轴承基本相同，只是轴瓦的内孔侧面间隙加大了，并呈椭圆形，如图 1-15 所示。由于轴承上部间隙减小，除下部的主油楔外，在上部又增加了一个副油楔。由于副油楔的作用，压低了轴心位置，使轴承的工作稳定性得到了改善；由于轴承侧面间隙的加大，使油楔的收缩更剧烈，有利于形成液体摩擦及增大了轴承的承载能力。这种轴承的比压一般可达 1.17～1.96MPa。椭圆形轴承在中、大型机组上得到了广泛的应用。

（3）三油楔轴承。图 1-16 所示为国产 125MW、300MW 汽轮发电机组上所采用的不对称三油楔轴承的结构简图。轴瓦上有三个长度不等的油楔，上瓦两个，下瓦一个，它们所对应的角度分别为 θ_1=105°～110°，θ_2=θ_3=55°～58°，每个油楔入口的最大间隙为 0.27mm。为了使油楔分布合理又不使结合面通过油楔区，上下瓦结合面 *M-M* 与水平倾斜一个角度 φ，通常

φ=35°。润滑油首先进入轴瓦的环形油室，然后从三个进油口进入三个油楔中。转轴转动时，三个油楔中的油膜作用力分别作用在轴颈的三个方向上，如图 1-16 中 F_1、F_2、F_3 所示，这样可使轴颈比较稳定地在轴承中运转，启动时，从顶轴油泵打来的顶轴油被送入两只油孔中去，以便建立顶轴油压将轴顶起。

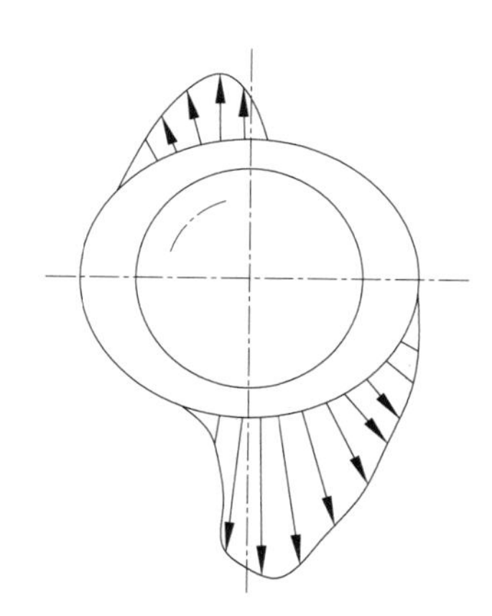

图 1-15　椭圆形轴承轴瓦示意图

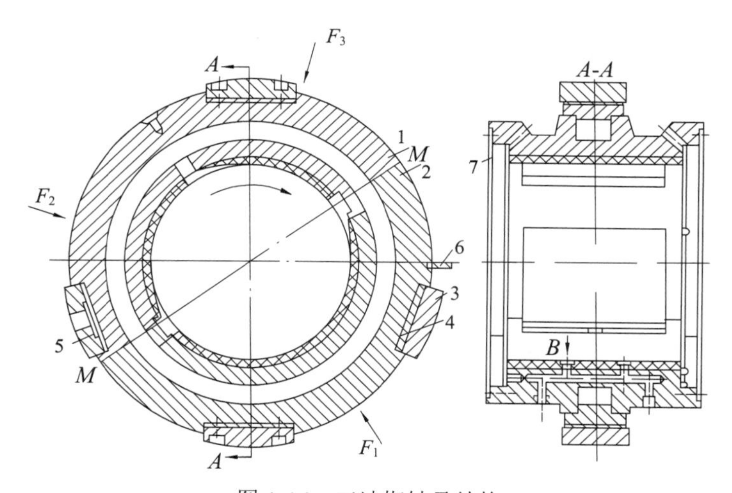

图 1-16　三油楔轴承结构

1-上半轴承；2-下半轴承；3-垫块；4-垫片；5-节流孔板；6-锁饼；7-油挡

3. 推力轴承

推力轴承的作用是确定转子的轴向位置和承受作用在转子上的轴向推力。虽然大功率汽轮机通常采用高、中压缸对头布置以及低压缸分流等措施减小了轴向推力，但轴向推力仍具有较大数值，一般可达几吨至几十吨。如考虑到工况变化，特别是事故工况，例如水冲击、甩负荷等，还能出现更大的瞬时推力以及反向推力，从而对推力轴承提出了较高的要求。通常应用最广泛的推力轴承是密切尔式推力轴承，这种轴承在沿轴瓦平均圆周速度展开图上，瓦块表面与推力盘之间能构成一角度，它们之间可形成楔形油膜以建立液体摩擦。瓦块可做成固定的或摆动的，大功率机组一般都为摆动的。

推力轴承的工作原理可用图 1-17 来说明。当转子的轴向推力经过油层传给瓦片时，其油

压合力 Q 并不作用在瓦片的支承点 O 上，而是偏在进油口一侧。因此合力 Q 便与瓦片支点的支反力 R 形成一个力偶，使瓦块略微偏转形成油楔。随着瓦片的偏转，油压合力 Q 逐渐向出油口一侧移动，当 Q 与 R 作用于一条直线上时，油楔中的压力便与轴向推力保持平衡状态，在推力盘与瓦片之间建立了液体摩擦。

（a）油压力 Q 与支反力 R 形成一力偶　　（b）油压力 Q 与支反力 R 作用于一条直线上

图 1-17　推力瓦片与推力盘间油楔的形成

第二节　汽轮机转动部分结构

一、转子

汽轮机的转动部分总称为转子，主要由主轴、叶轮（或轮鼓）、动叶栅及联轴器等组成，它是汽轮机最主要的部件之一，起着工质能量转换及扭矩传递的任务。转动部分汇集各级动叶栅上得到的机械能，并传给发电机（或其他机械）。汽轮机转子可分为轮式和鼓式两种基本型式。轮式转子具有安装动叶片的叶轮，鼓式转子则没有叶轮，动叶片直接装在转鼓上。通常冲动式汽轮机转子采用轮式结构，反动式汽轮机转子采用鼓式结构。按主轴与其他部件间的组合方式，轮式转子有整锻式、套装式、焊接式和组合式四种结构形式。

1. 整锻转子

如图 1-18 所示，整锻转子的叶轮，轴封、联轴节等部件与主轴系由一整体锻件加工而成，没有热套部件，因而消除了叶轮等部件高温下可能松动的问题，对启动和变工况的适应性较强，适于在高温条件下运行。其强度和刚度均大于同一外形尺寸的套装转子，且结构紧凑，轴向尺寸短，机械加工和装配工作量小。缺点是锻件尺寸大，工艺要求高，加工周期长，且大锻件的质量难以保证，贵重材料消耗量大，不利于材料的合理利用。

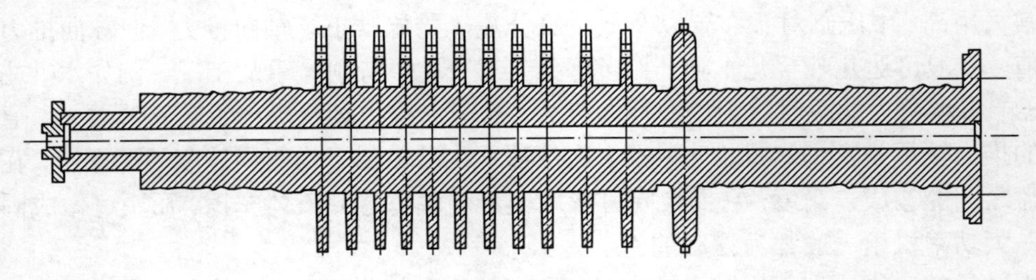

图 1-18　整锻转子

在高温区工作的转子一般都采用这种结构，如国产 125MW、200MW、300MW 汽轮机的高压转子都是整锻转子。现代大型汽轮机，由于末级叶片长度增加，套装叶轮的强度已不能满足要求，所以许多机组的低压转子也采用了整锻结构，如美国西屋公司系列机组、美国 GE 公司的 350MW 机组等。目前我国引进的 300MW、600MW 型机组的高、中、低压转子均为整锻转子。

2. 套装转子

套装转子的结构如图 1-19 所示，转子上的叶轮、轴封套、连轴节等部件是分别加工的，热套在主轴上。为防止配合面发生松动，各部件与主轴之间采用过盈配合，并用键传递力矩。

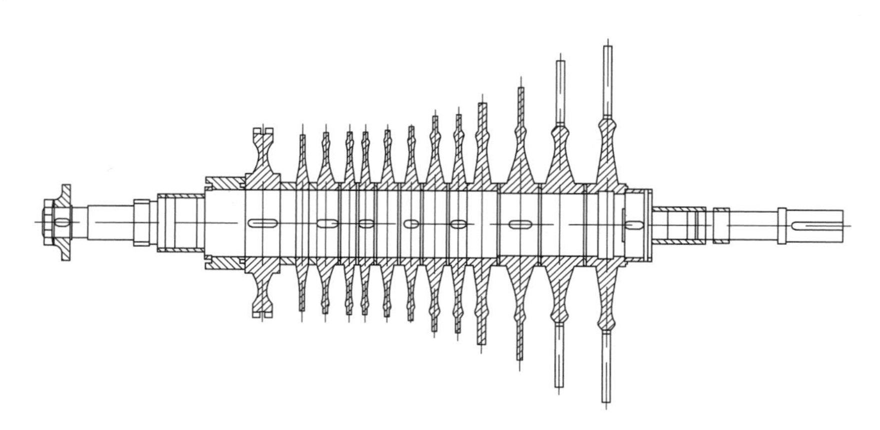

图 1-19　套装转子

套装转子的锻件尺寸较小，加工方便，质量容易得到保证，而且不同部件可以采用不同的材料，可以合理利用材料。但在高温下，由于金属产生蠕变，叶轮内孔直径会逐渐增大，最后导致装配过盈量消失，使叶轮与主轴之间产生松动，从而造成叶轮中心与转子中心偏离，造成转子质量不平衡，机组产生振动，且快速启动适应性差。因此，套装转子不宜用于高温高压汽轮机的高、中压转子，只适应于中压汽轮机或高压汽轮机的低压部分，如国产 200MW 汽轮机的低压转子即为这种结构。

3. 焊接转子

焊接转子主要由若干个叶轮和两个端轴拼焊而成，其结构如图 1-20 所示。焊接转子的优点是采用无中心孔的叶轮，可以承受很大的离心力，强度好，相对质量小，结构紧凑，刚度大。焊接转子不需要采用大型锻件，叶轮与端轴的质量容易得到保证，其工作的可靠性取决于焊接质量，故要求焊接工艺高、材料的焊接性能好。随着冶金和焊接技术的不断发展，焊接转子的应用必将日益广泛。

汽轮机的低压转子直径大，特别是大功率汽轮机的低压转子质量较大，叶轮承受很大的离心力。采用套装结构，叶轮内孔在运行中将发生较大的弹性变形，因而需要设计较大的装配过盈量，但同时会引起很大的装配应力。若采用整锻转子，则因锻件尺寸太大，质量难以保证，故往往采用焊接转子。如引进的法国 300MW 汽轮机的低压转子以及我国生产的图 1-20 所示的焊接转子 125MW 和 300MW 汽轮机均采用了焊接结构。瑞士制造的 1300MW 双轴反动式汽轮机的高、中、低压转子均为焊接转子。

4. 组合转子

整锻－套装组合转子也是汽轮机常采用的转子结构形式，如图 1-21 所示。它利于整锻转子与套装转子的各自特点，在高温区采用叶轮与主轴整体锻造结构，而在低温区采用套装结构。这样既可保证高温区各级叶轮工作的可靠性，又可避免采用过大的锻件，而且套装的叶轮和主轴可以采用不同的材料，有利于材料的合理利用。组合转子广泛应用于高参数、中等容量的汽轮机上，如国产 200MW 汽轮机的中压转子。

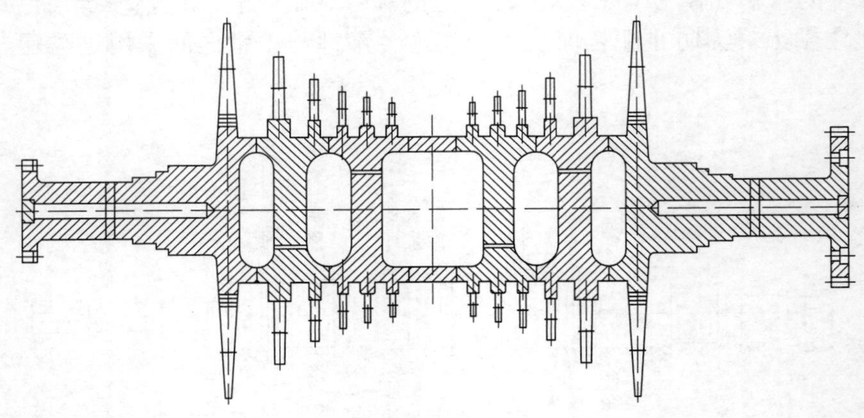

图 1-20　焊接转子

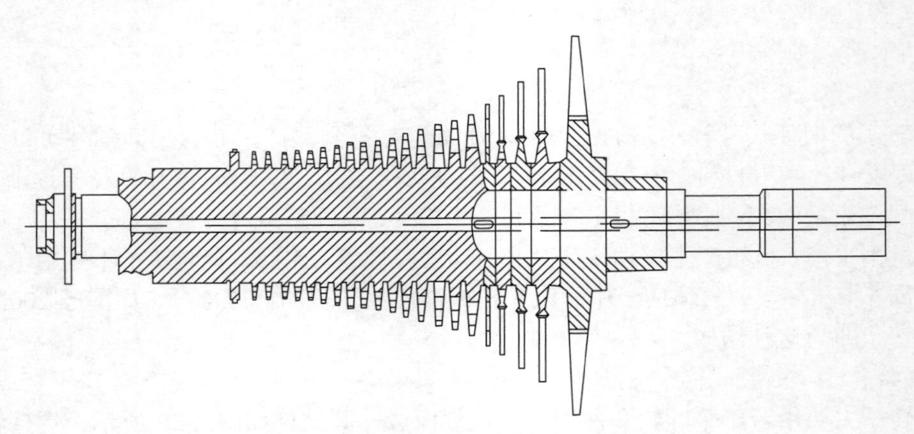

图 1-21　组合转子

大型汽轮发电机组高、中压转子采用整锻结构后，由于高、中压转子高温段工作条件恶劣，且随着转子整体直径的增大，离心力和同一变工况速度下的热应力也相应增加，在高温条件下受离心力作用而产生的金属蠕变速度，以及在离心力和热应力共同作用下而产生的金属微观缺陷发展的危险也有所增长，为此需对高温区段的转子进行蒸汽冷却，以减少金属蠕变变形和降低启动工况下的热应力。一般情况下均采用较低温度的蒸汽来冷却主蒸汽和再热蒸汽进口处的转子部位。

二、叶轮

叶轮是用来装置叶片并传递汽流力在叶栅上产生的扭矩的。由于处在高温工质内并以高速旋转，叶轮受力情况相当复杂：除叶轮自身和叶片等零件的质量引起的巨大离心力外，还有因温度沿叶轮径向分布不均匀所引起的热应力、叶轮两边蒸汽的压差作用力以及叶片－叶轮振动引起的振动应力，对于套装叶轮，其内孔上还受到因装配过盈而产生的接触压力。所以正确地选择叶轮的结构形式是非常重要的。

叶轮的结构与转子的结构形式密切相关，图 1-22 为套装式叶轮的纵截面图，由图中可见叶轮由轮缘、轮面和轮毂三部分组成。轮缘上开有叶根槽以装置叶片，其形状取决于叶根的型式；轮毂是为了减小内孔应力的加厚部分，其内表面上通常开有键槽；轮面把轮缘与轮毂连成一体，高、中压级叶轮的轮面上还通常开有 5～7 个平衡孔。

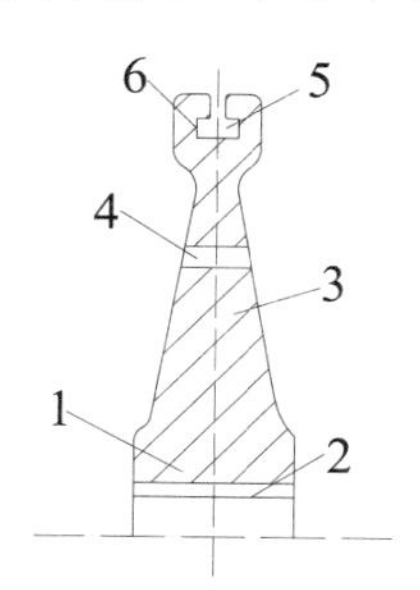

图 1-22　套装式叶轮

1-轮毂；2-键槽；3-轮面；4-平衡孔；5-叶根槽；6-轮缘

按照轮面的型线可将叶轮分成等厚度叶轮、锥形叶轮、双曲线形叶轮和等强度叶轮等。轮面的型线主要是根据叶轮的工作条件来选择的。

图 1-23 给出了各种形式叶轮的纵截面图。图 1-23（a）和图 1-23（b）为等厚度叶轮，这种叶轮加工方便，轴向尺寸小，但强度较低，一般用在圆周速度为 120～130m/s 的场合。图 1-23（b）为整锻转子的高压级叶轮，所以没有轮毂。图 1-23（c）为等厚度叶轮在内径处有加厚部分，其圆周速度可达 170～200m/s。图 1-23（d）和图 1-23（e）为锥形叶轮，这种叶轮不但加工方便，而且强度高，可用在圆周速度为 300m/s 的场合，因而获得了最广泛的应用，套装式叶轮几乎全是采用的这种结构形式。图 1-23（f）为双曲线形叶轮，与锥形叶轮相比，它的重量轻，但强度不一定高，且加工较复杂，故仅用在某些汽轮机的调节级中。图 1-23（g）为等强度叶轮，这种叶轮没有中心孔，强度最高，圆周速度可达 400m/s 以上，但对加工要求高，故一般均采用近似等强度的叶轮型线以便于制造。此种叶轮多用在盘式焊接转子或高速单级汽轮机中。

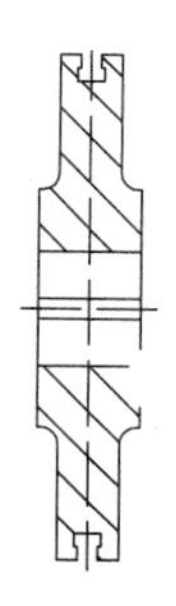

（a）等厚度叶轮

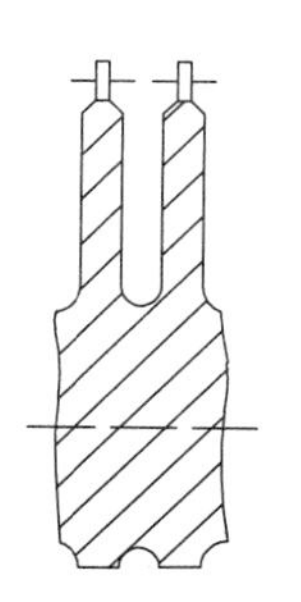

（b）等厚度叶轮

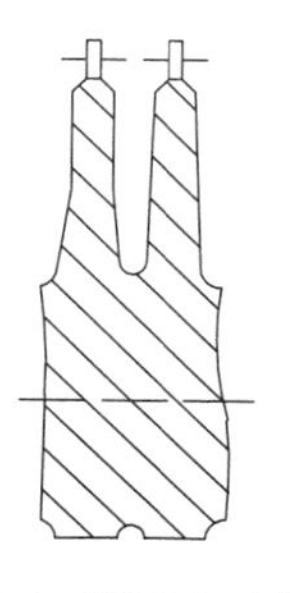

（c）等厚度叶轮

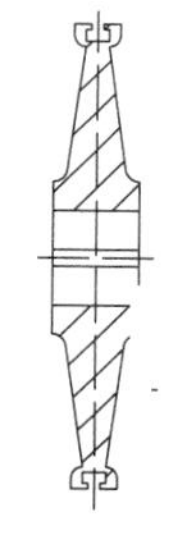

（d）锥形叶轮

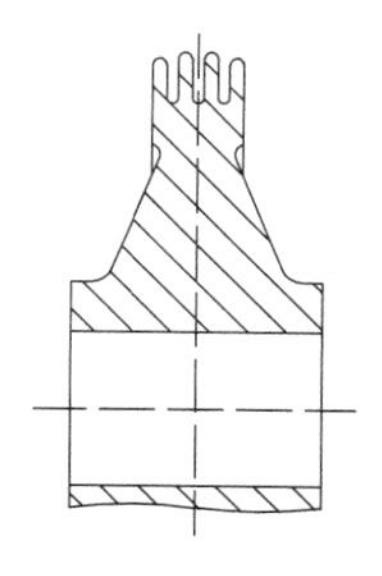

（e）锥形叶轮

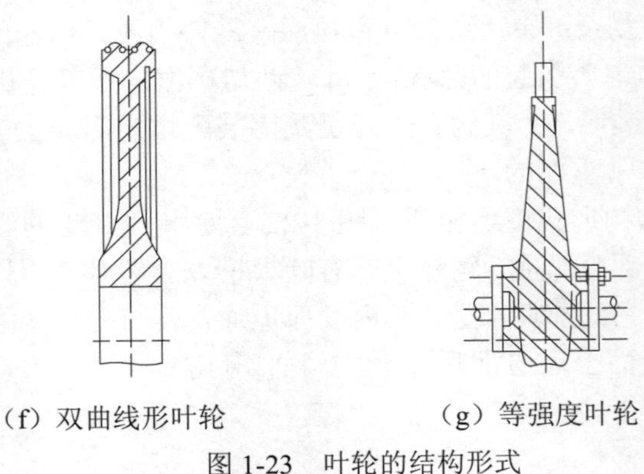

（f）双曲线形叶轮　　（g）等强度叶轮

图 1-23　叶轮的结构形式

三、动叶片

动叶片就是在汽轮机工作过程中随汽轮机转子一起转动的叶片，也称为工作叶片。动叶片安装在叶轮或转鼓上，由多个叶片组成动叶栅。其作用是将蒸汽的热能转换为动能，再将动能转换为汽轮机转子旋转机械能，使转子旋转。叶片是汽轮机重要的零件之一，是汽轮机中数量和种类最多的零件，其工作条件很复杂，除因高速转动和汽流作用而承受较高的静应力和动应力外，还因其分别处在高温过热蒸汽区，两相过渡区和湿蒸汽区内工作而承受高温、腐蚀和冲蚀作用。

为使汽轮机安全经济地运行，在设计、制造叶片时，对动叶的要求有：具有良好的空气动力特性，提高流动效率；要有足够的强度；对于湿汽区工作的叶片，要有良好的抗冲蚀能力；要有完善的振动特性；结构合理，工艺良好。

叶片一般由叶型部分、叶根部分和叶顶连接件组成，如图 1-24 所示。

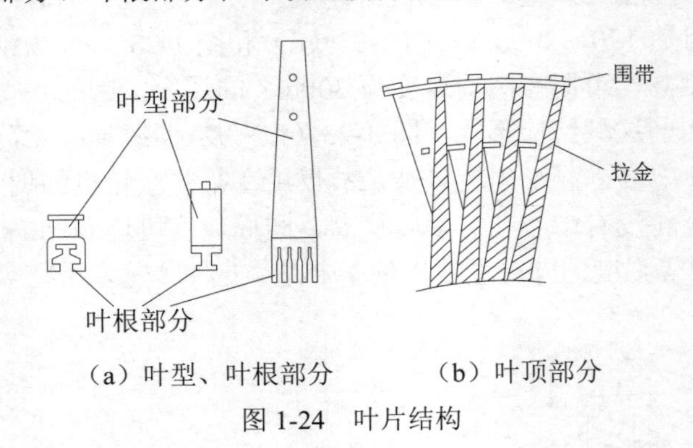

（a）叶型、叶根部分　　（b）叶顶部分

图 1-24　叶片结构

1. 叶型部分

叶型部分也称作叶身或工作部分，它是叶片的基本部分。叶型部分的横截面形状称为叶型，叶型决定了汽流通道的变化规律。为了提高能量转换效率，叶型部分应符合气体动力学要求。叶型的结构尺寸主要决定于静强度和动强度的要求和加工工艺的要求。

按叶型沿叶高是否变化，叶片分为叶型沿叶高不变的等截面直叶片和叶型沿叶高变化的变截面扭叶片。扭叶片叶型沿叶高的变化要求满足一定规律。

在湿蒸汽区工作的叶片，为了提高抵抗水滴侵蚀的能力，其上部进汽边的背面通常经过强化处理，如表面镀铬、局部高频淬硬、电火花强化、氮化、焊硬质合金等。

2. 叶根

叶根是将叶片固定在叶轮或转鼓上的连接部分，其作用是紧固动叶，使叶片在经受汽流的推力和旋转离心力作用下，不致从轮缘沟槽里拔出来。因此它的结构应保证在任何运行条件下叶片都能牢靠地固定在叶轮或转鼓上，同时应力求制造简单、装配方便。常用的叶根结构形式有 T 型叶根、叉型叶根和纵树型叶根等。

（1）T 型叶根。T 型叶根结构如图 1-25 所示，这种叶根结构简单，加工装配方便，工作可靠，强度能满足较短叶片的工作需要，为短叶片所普遍采用。

（2）叉型叶根。叉型叶根结构如图 1-26 所示。叶根的叉尾从径向插入轮缘的叉槽中，并用铆钉固定。这种叶根使轮缘不承受偏心弯矩，叉尾数目可根据叶片离心力大小选择，因而强度高、适应性好。

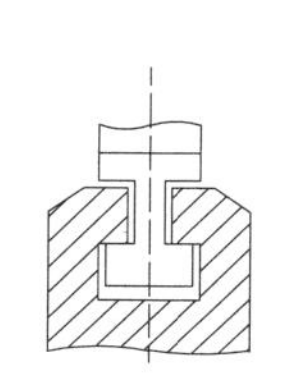

（a）T 型叶根

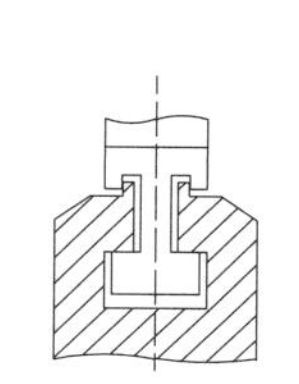

（b）外包 T 型叶根

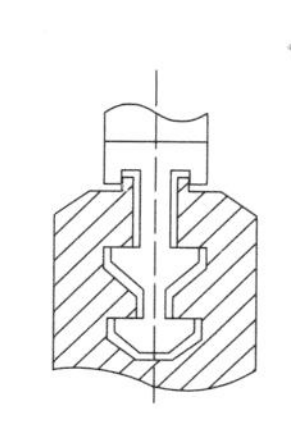

（c）双 T 型叶根

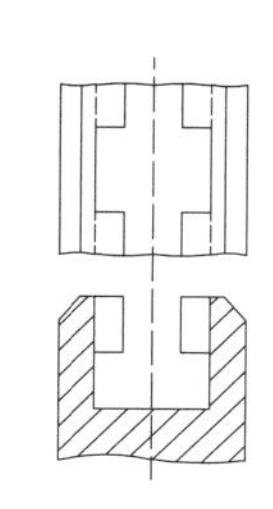

（d）装入 T 型叶根的切口

图 1-25　T 型叶根

（3）纵树型叶根。纵树型叶根结构如图 1-27 所示，这种叶根和轮缘的轴向断口设计成尖劈状，以适应根部的载荷分布，使叶根和对应的轮缘承载面都接近于等强度，因此在同样的尺寸下，纵树型叶根承载能力高。叶根两侧齿数可根据叶片离心力的大小进行选择。

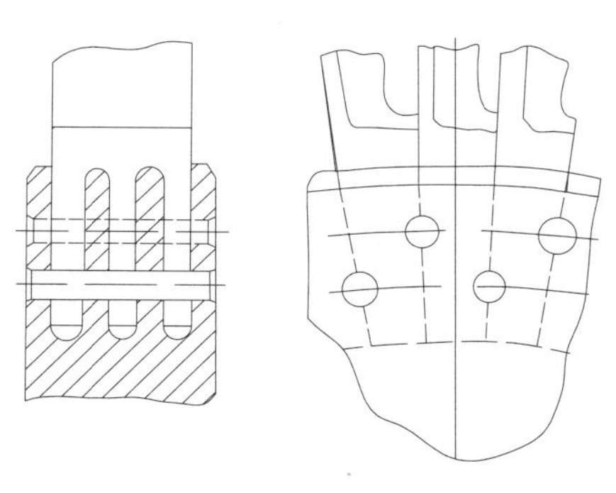

图 1-26　叉型叶根

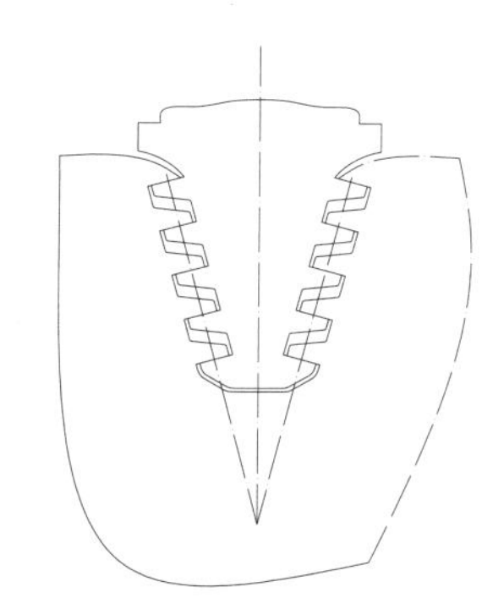

图 1-27　纵树型叶根

3. 叶顶部分

叶顶部分包括在叶顶处将叶片连接成组的围带和在叶型部分将叶片连接成组的拉金。汽轮机同一级的叶片常用围带或拉金成组连接，有的是将全部叶片连接在一起，有的是几个或十几个成组连接。采用围带或拉金可增加叶片的刚性，降低叶片中汽流产生的弯应力，调整叶片频率以提高其振动安全性。围带还构成封闭的汽流通道，防止蒸汽从叶顶逸出，有的围带还做出径向汽封和轴向汽封，以减少级间漏汽。

围带的结构形式很多，图 1-28（a）所示的是整体围带。这种围带是与其叶片在同一块毛坯上铣出的，叶片装好后围带也就相互靠紧而形成一圈围带。图 1-28（b）所示的是铆接或焊接围带，采用这种结构的叶片，在其顶部要加工出铆钉头。用作围带的钢带要按铆钉头的节距冲好铆钉孔，待备好的钢带放上以后，用铆接或焊接，或者铆接加焊接的方法把钢带固定在叶片上，一般是 4～16 只叶片用一段钢带联成一组。还有一种用在大型机组末级叶片上的弹性拱形围带，如图 1-28（c）所示，这种围带可以有效地加强叶片的刚性，控制叶片的 A 型振动和扭转振动，此时叶顶需做出与弹性拱形片相配合的铆接部分。

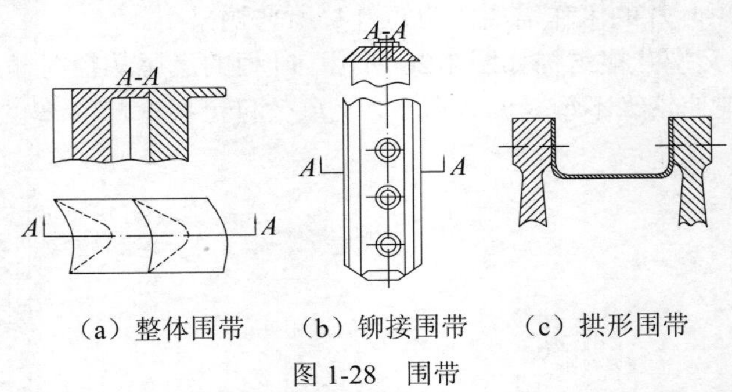

（a）整体围带　（b）铆接围带　（c）拱形围带

图 1-28　围带

汽轮机的较长叶片常用拉金将叶片连接成组。拉金为 6～12mm 的实心或空心金属线，穿在叶型部分的拉金孔中。拉金与叶片间可以采用焊接结构，也可以采用松装结构；连接方式有整圈连接，成组连接、网状连接和 Z 形连接等，如图 1-29 所示。通常每级叶片上穿有 1～2 圈拉金，最多 3 圈。

焊接拉金的作用是减小叶片的弯应力，改变叶片的刚性，提高其振动安全性。松拉金的作用是增加叶片的离心力，以提高叶片的自振频率； 增加叶片的阻尼，以减小叶片的振幅；同时对叶片的扭振也起到了一定的抑制作用。但由于拉金处在汽流通道的中间，从而引起了附加的能量损失；同时拉金孔削弱了叶片的强度，所以在满足了强度和振动要求的情况下，有的长叶片也可以设计成自由叶片。

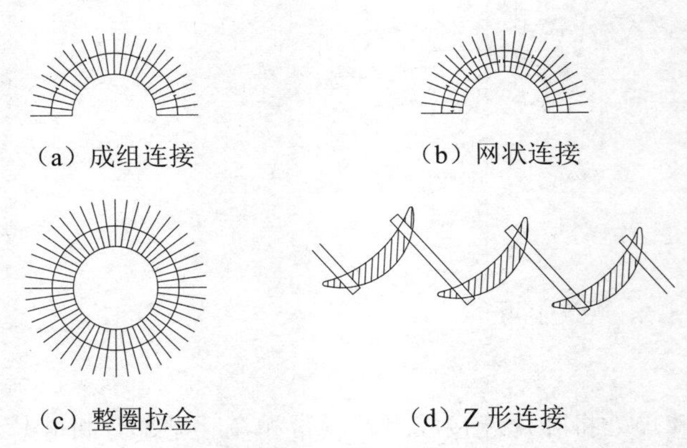

（a）成组连接　（b）网状连接

（c）整圈拉金　（d）Z 形连接

图 1-29　拉金的连接方式

当叶片不用围带连接或为自由叶片时，叶顶通常削薄，这样可以减小叶片质量，同时起到汽封的作用，并防止运行中叶顶与汽缸相碰时损坏叶片。

四、联轴器

联轴器又叫靠背轮或对轮，用来连接汽轮机的各个转子以及发电机的转子，并将汽轮机的扭矩传给发电机。在多缸汽轮机中，如果几个转子合用一个推力轴承，则联轴器还将传递轴向推力。

联轴器一般有三种形式：刚性联轴器、半挠性联轴器和挠性联轴器。

1. 刚性联轴器

刚性联轴器的结构如图 1-30 所示，两个半联轴器直接刚性相连。按联轴器对轮与主轴的连接方法不同，刚性联轴器有装配式和对轮与主轴成整体两种结构。

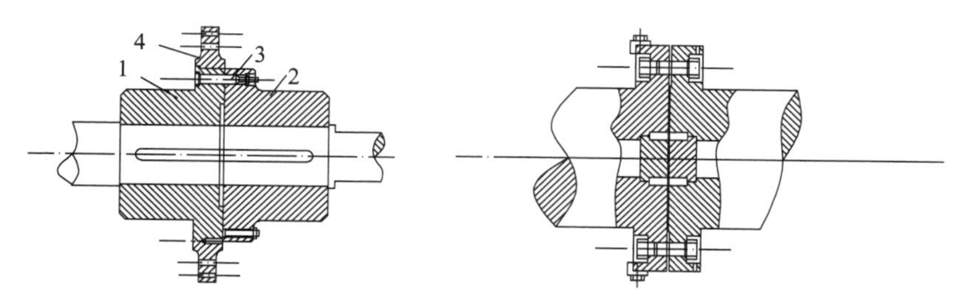

（a）套装联轴器　（b）整锻转子（联轴器与主轴成一整体）

图 1-30　刚性联轴器

1，2-联轴器（对轮）；3-螺栓；4-盘车齿轮

图 1-30（a）为套装的联轴器，联轴器 1 和 2 用热套加双键分别套装在相对的轴端上，对准中心后再一起铰孔，并用配合螺栓 3 紧固，以保证两个转子同心。扭矩就是通过这些螺栓以及对轮端面间的摩擦力由一个转子传给另一个转子的。联轴器法兰的圆周上常套装着盘车齿轮 4，以备盘车装置驱动转子之用。高参数大容量汽轮机常采用整锻或焊接式转子，它的联轴器常与主轴成一整体，这种联轴器的强度和刚度均较套装式高，也无松动危险。

2. 半挠性联轴器

半挠性联轴器的结构如图 1-31 所示。联轴器 1 与主轴锻成一体，对轮 2 则用热套加双键套装在相对的轴端上，两对轮之间用一波形半挠性套筒 3 连接起来，并配以螺栓 4 和 5 紧固。波形套筒在扭转方向是刚性的，在弯曲方面则是挠性的。

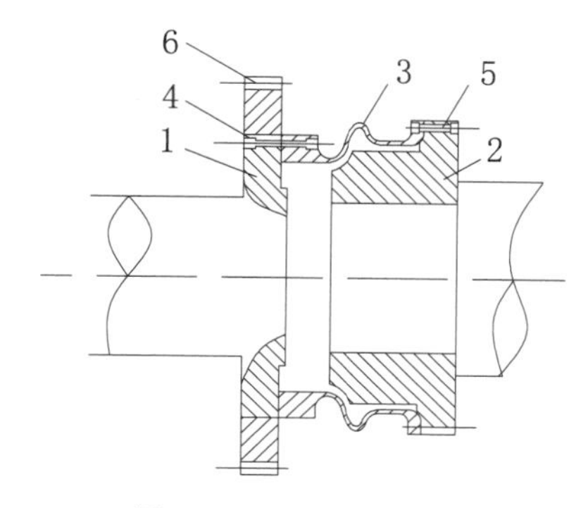

图 1-31　半挠性联轴器

1，2-联轴器；3-波形套筒；4，5-螺栓；6-齿轮

3．挠性联轴器

挠性联轴器通常有两种形式：齿轮式和蛇形弹簧式。齿轮式联轴器多用在小型汽轮机上以连接汽轮机转子与减速箱的主动轴，其基本结构是两半联轴器都加工出外齿，它们又同时与带内齿的套筒啮合。蛇形弹簧联轴器多用于汽轮机转子与主油泵轴的连接，其基本结构是在两半联轴器的外圆上对等地铣出若干个齿，再把用钢带绕成的蛇形弹簧沿圆周嵌在齿内。

五、盘车装置

在汽轮机内不进蒸汽时就能使转子保持转动状态的装置称为盘车装置。盘车装置的作用是在汽轮机启动冲转前或停机后，让转子以一定速度连续转动起来，以保证转子均匀受热或冷却，从而避免转子产生热弯曲。

盘车装置的分类有以下几种型式：按其动力来源分，可分为电动盘车和液动盘车；按其结构特点分，可分为具有螺旋轴的电动盘车、具有摆动齿轮的电动盘车以及具有链轮－蜗轮蜗杆的电动盘车；按盘车转速的高低分，可分为低速盘车（转速为 2～4r/min）和高速盘车（转速为 40～70r/min）。

1．具有螺旋轴的盘车装置

这种装置的工作原理如图 1-32 所示。电动机 1 通过小齿轮 2 和大齿轮 3，啮合齿轮 6 和盘车大齿轮 7 两次减速后带动汽轮机主轴 8 转动。啮合齿轮的内表面铣有螺旋齿与螺旋轴相啮合，并可沿螺旋轴左右滑动。推转手柄可以改变啮合齿轮在螺旋轴上的位置，并同时控制盘车装置的润滑油门和电动机行程开关。

投入盘车时，拔出保险销 10，将手柄 9 向左扳至工作位置时，该装置即开始工作。这时滑阀 12 的油口已打开，润滑油可以进入盘车装置，行程开关 11 已闭合，电动机 1 开始运转。由于受手柄的扳动，啮合齿轮 6 向右移动和凸肩 5 靠拢，并和汽轮机主轴上的盘车齿轮 7 啮合。电动机运转时，小齿轮 2 和大齿轮 3 也随之转动，并使螺旋轴 4 按图 1-32 所示方向转动。由于螺旋轴上的螺纹旋向如图 1-32 所示，当螺旋轴按图示方向转动时，将通过啮合齿轮和盘车齿轮带动汽轮机转子旋转。

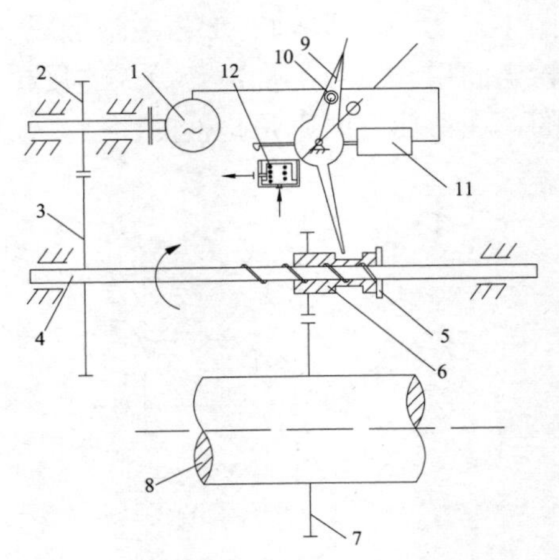

图 1-32　具有螺旋轴的盘车装置示意图

1-电动机；2-小齿轮；3-大齿轮；4-螺旋轴；5-凸肩；6-啮合齿轮；7-盘车齿轮；8-汽轮机主轴；9-手柄；10-保险销；11-电动机行程开关；12-润滑油滑阀

冲动转子后，当转子转速高于盘车转速时，啮合齿轮由主动变为从动，随着转动而向左移，最后退出啮合位置。此时，在啮合齿轮的推动下手柄向右返回断开位置，并被保险销自动锁住。至此，通向盘车装置的油源和电源全部切断，该装置停止工作。

如果操作停止按钮切断电源，也可使盘车装置停止工作。此时，盘车装置自身的转速会迅速下降，而转子则因其惯性大转速下降缓慢，啮合齿轮同样会被推向左边。随后各部件的动作与上边所述该装置自动退出的过程完全一样。

多数国产中，小型机组及上海汽轮机厂的 125MW、300MW 汽轮机采用的是这种装置。

2. 具有链轮一蜗轮蜗杆的盘车装置

具有链轮一蜗轮蜗杆的盘车装置的传动齿轮系统展开图如图 1-33 所示。该装置主要由电动机、传动齿轮系统、操纵杆及联锁装置等组成。

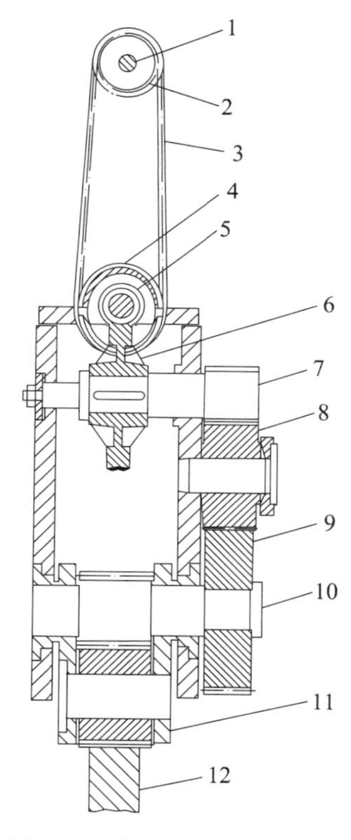

图 1-33　传动齿轮系统展开图

1-电动机；2-主动链轮；3-传动链条；4-被动链轮；5-蜗杆；6-蜗轮；7-第一级小齿轮轴；8-惰轮；9-减速齿轮；10-主齿轮轴；11-啮合齿轮；12-盘车大齿轮

传动齿轮系统主要是用来传递电动机的力矩并进行三级减速的，电动机轴带动着主动链轮 2 旋转，通过传动链条 3 带动被动链轮 4、蜗杆 5、蜗轮 6、蜗杆轴小齿轮（第一级小齿轮）7 以及惰轮 8 来带动减速齿轮 9，减速齿轮则用链与主齿轮轴 10 相连接，主齿轮轴 10 带动着与传动齿轮相啮合的啮合齿轮 11 转动，最后带动装在汽轮机联轴器上的盘车大齿轮 12 转动，从而带动转子转动。

操纵杆使啮合齿轮 11 与盘车大齿轮 12 相啮合（或退出），将盘车投入运行（或退出）。啮合齿轮 11 可在主齿轮轴 10 上转动，齿轮轴装在两块侧板上，而侧板又以主齿轮轴 10 为支轴转动，这些侧板的内端用适当的连杆机构与操纵杆相连接。因此，将操纵杆移到投入位置时，啮合齿轮 11 即与盘车大齿轮 12 相啮合，则可以传递电动机的扭矩，带动转子旋转。当将操纵杆移到退出位置时，啮合齿轮即和盘车大齿轮退出啮合状态。由于旋转方向以及啮合齿轮相对于侧板转动点位置的原因，所以只要啮合齿轮在盘车大齿轮上施加转动力矩，其转矩总会使它保持啮合状态。两个挡板限制了啮合齿轮向盘车大齿轮上的位移，从而限制了齿轮的啮入深度。

盘车装置可以自动投入运行。当机组停止运行及转动控制开关到盘车装置自动运行的位置，则可开始自动投入程序。此后，控制开关在正常情况下是停留在这个位置上的。

当转子的转速降到大约 600r/min 时，自动顺序电路被接通，润滑油将供给盘车装置，当转子逐渐静止至“零转速”时，压力开关闭合，使空气阀开启，压力空气进入汽缸活塞的上部，活塞下移，带动操纵杆做顺时针转动，使齿轮和转动齿轮顺利啮合，此时活塞继续下移，接近触点，使盘车电动机启动，盘车装置将自动投入。

当操纵杆顺时针转动时，若齿轮和盘车大齿轮顶部相碰而不能顺利啮合，此时活塞将不再运动，而在压缩空气作用下汽缸向上运行。当触点接通时，盘车电动机瞬时转动，使齿轮和传动齿轮啮合，在压缩空气作用下，汽缸活塞相对汽缸向下移动而使触点接通，电动机正常启动，盘车自动投入。

随着齿轮啮合的顺利进行，转子将以盘车装置的速度，即 2.5r/min 运转，引起“零转速”的增加，压力开关则跳开，空气将被隔离，盘车装置正常工作。

汽轮机通入蒸汽冲动转子后，当转子转速高于盘车转速时，盘车大齿轮所施加的转矩能使啮合齿轮自动脱离啮合，并带动操纵杆向着“退出”位置移动，这时将关闭电动机开关，并提供脱开用的压缩空气，以保证啮合齿轮完全脱开，当操纵杆到达完全脱开的位置时，限位开关将关掉盘车电动机和切断压缩空气。当转速升到大约为 600r/min 之后，连续自动程序将不起作用，盘车装置将停止运行，并关掉盘车装置的润滑油，至此，盘车工作结束。国产 300MW 汽轮机采用上述这种盘车装置。

思考题

1-1 试简述汽轮机本体主要由哪些部件组成。

1-2 试简述叶片上采用围带和拉金的作用。

1-3 试简述转子按组合方式划分有哪几类。

1-4 试简述联轴器的作用是什么。

1-5 试简述汽缸的作用是什么，它在设计制造过程中应满足哪些要求。

1-6 试分析为什么超高参数机组的高、中压缸采用双层缸结构。

1-7 试对比分析高、中压缸和低压缸的支撑方式有什么不同。

1-8 试简要说明滑销系统的组成及各类滑销的作用。

1-9 试列举隔板有哪几种形式。

1-10 试简要说明轴承的工作原理。

1-11 试简要说明盘车装置的作用。

第二章　汽轮机的工作原理

基于绪论和第一章对于汽轮机基本原理和本体结构的介绍，本章将对汽轮机的工作原理进行讨论，定量分析工质在汽轮机的基本工作单元中的流动和热力过程，得出各流动参数、热工参数和动力参数的计算方法。随后通过研究单级和多级汽轮机中各项能量损失的产生原因和计算方法，来得到衡量汽轮机单机和汽轮发电机组能量转换效率的各项经济性指标，最终深入了解汽轮机组的热工设计内容和运行特性。

第一节　汽轮机级的基本概念

一、汽轮机的级

"级"是汽轮机最基本的工作单元。由此汽轮机从结构上可分为单级汽轮机和多级汽轮机——只有一个级的汽轮机称为单级汽轮机，有多个级的汽轮机称为多级汽轮机。现代大功率汽轮机都是由若干个级构成的多级汽轮机。由于级的工作过程在一定程度上反映了整个汽轮机的工作过程，因此为了理解和掌握整个汽轮机的工作原理，首先需要了解汽轮机级的结构、流动和能量转换特点。

汽轮机的级在结构上是由喷嘴（静叶栅）和对应的动叶栅所组成的。其结构如图 2-1 所示。静叶栅和动叶栅构成许多相同的蒸汽通道，蒸汽在这些通道中流动做功并进行能量转换，因此这些通道称为汽轮机的通流部分。其中，静叶按一定的距离和一定的角度排列形成喷嘴（静叶栅），属于汽轮机的固定部分（静子），第一级喷嘴直接安装在汽缸上，其余各级喷嘴安装在隔板上；动叶按一定的距离和一定的角度安装在叶轮上形成动叶栅，属于汽轮机的转动部分（转子）。

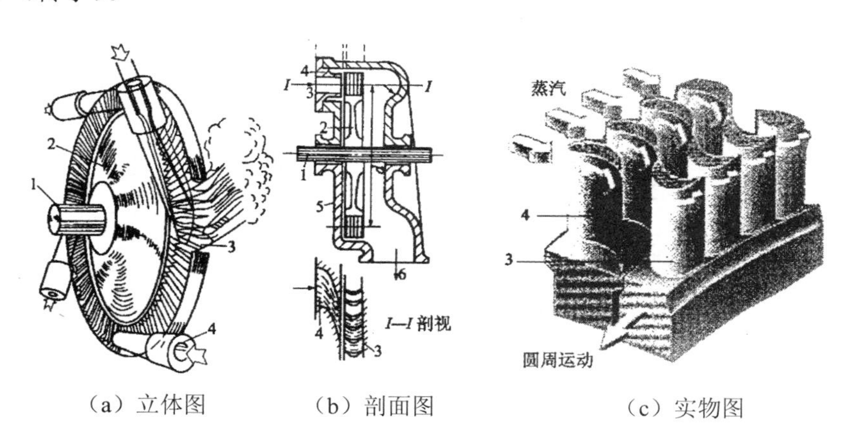

（a）立体图　　（b）剖面图　　（c）实物图

图 2-1　汽轮机级的结构图

1-主轴；2-叶轮；3-动叶片；4-喷嘴；5-汽缸；6-排汽口

从本质上说，汽轮机级的工作过程是将工质（蒸汽）的能量转变为汽轮机机械能的一个能量转换过程。首先，具有一定的压强和温度的蒸汽先在固定不动的喷嘴中（以及部分在动叶栅中）膨胀，膨胀时蒸汽压强和温度降低而速度增加，在喷嘴出口形成高速汽流，实现热能向动能的转换。从喷嘴流出的高速汽流以一定的角度进入动叶通道，在动叶通道中改变速度大小和方向，对动叶产生一个作用力，推动转子转动做功，从实现动能向机械能的转换。

在汽轮机的级中，能量的转换是通过冲动作用和反动作用两种方式实现的。

二、蒸汽的冲动作用原理及冲动式汽轮机

由动量定理可知，当一个运动的物体碰到另一个静止的或速度较低的物体时，就会受到阻碍而改变其速度的大小和方向，同时给阻碍它运动的物体一个作用力，这个力称为冲动力。冲动力大小取决于运动物体的质量和速度的变化：质量或速度的变化越大，冲动力就越大。若阻碍运动的物体在此力作用下产生了速度变化，根据能量守恒定律，运动物体动能的变化值就等于其做出的机械功。例如，将高速汽流冲击在一个静止的小车上，则汽流的速度发生变化，对车产生冲动作用力，使小车向前移动而做功。小车所做的功即汽流动能的变化。这种利用冲动力做功的原理就是冲动作用原理。

在汽轮机中，从喷嘴中流出的高速蒸汽流冲击在汽轮机的动叶上，受到动叶的阻碍而改变了其速度的大小和方向，同时蒸汽流给动叶施加了一个冲动力。无膨胀动叶通道内蒸汽的流动情况如图 2-2 所示，汽轮机以转速 n 工作时，旋转着的动叶栅具有圆周速度 u（牵连速度）。假定从喷嘴出来的高速汽流速度为 c_1（绝对速度），则蒸汽以相对速度 w_1 流进动叶通道，由于受到动叶的阻碍不断地改变运动方向，当蒸汽从动叶通道流出时，其相对速度为 w_2，绝对速度为 c_2。动叶中各处蒸汽相对于汽缸的绝对速度 c、相对速度以 w 及动叶的圆周速度 u 都构成矢量三角形

$$c = w + u \tag{2-1}$$

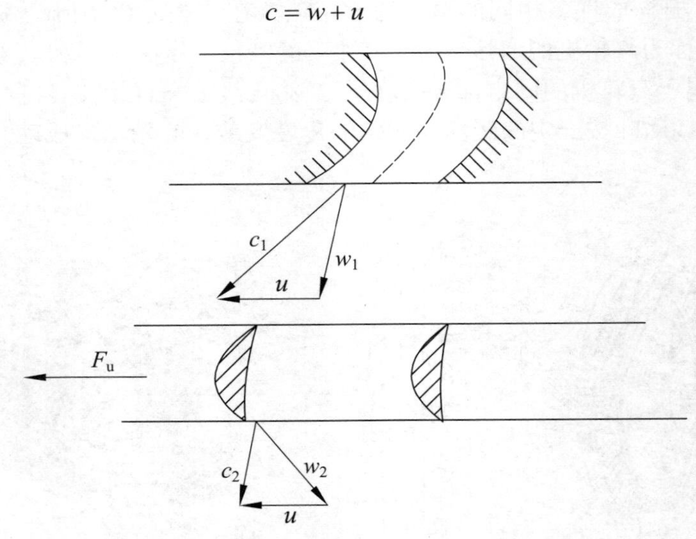

图 2-2　无膨胀动叶通道内蒸汽的流动情况

其中，由于蒸汽流在动叶通道内不膨胀加速，即相对速度大小 $w_1 = w_2$，而只随通道形状改变流动方向。由动量定理可知，蒸汽对动叶施加了一个冲动力，该力在轮周方向的分力 F_u 对动叶做功使动叶带动转子转动。F_u 的大小主要决定于单位时间内通过动叶栅的蒸汽质量及

其速度的变化（具体计算式见本章第二节）。

我们将蒸汽的热能转变为动能的过程仅在喷嘴中发生而工作叶片只把蒸汽的动能转变成机械能的汽轮机叫作冲动式汽轮机。即蒸汽仅在喷嘴中产生压强降，而在叶片中不产生压强降。

图 2-1 可看成一台最简单的冲动式汽轮机的构造图。单级冲动式汽轮机断面结构如图 2-3 所示，其中带箭头的实线表示蒸汽在汽轮机内的压强变化情况；带箭头的虚线表示蒸汽在汽轮机内绝对速度变化的情况。

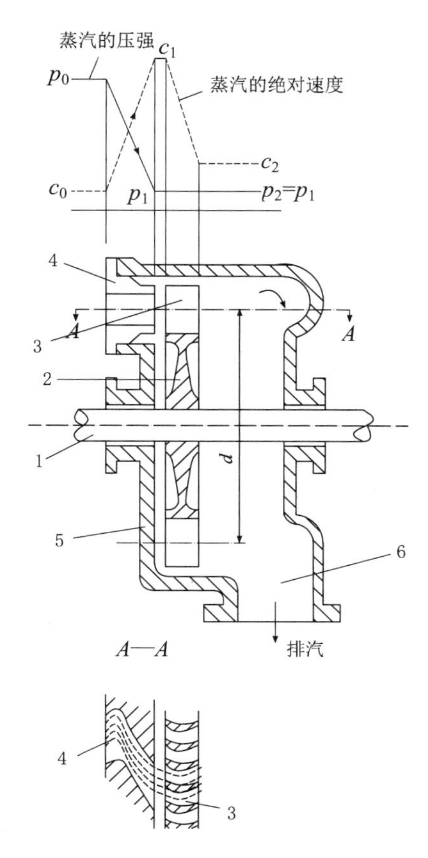

图 2-3　单级冲动式汽轮机断面结构

1-轴；2-叶轮；3-叶片；4-喷嘴；5-汽缸；6-排汽管

具体来说，新蒸汽进入喷嘴之前具有的压强为 p_0，初速度大小为 c_0。流经喷嘴 4 之后，蒸汽膨胀，压强降至 p_1，而速度升高至 c_1，在喷嘴和叶片之间的间隙处，其压强和速度不变。但是当蒸汽流过叶片时，一部分动能转变为机械能。因而蒸汽的速度从 c_1 降至 c_2。蒸汽流过叶片后，改变了方向，由于在冲动式汽轮机的叶片内没有压强降，因此叶片出口处的蒸汽压强 p_2 等于入口处的蒸汽压强 p_1。做功后的蒸汽，仍具有一部分能量，其将从排汽管 6 排到汽轮机以外。

冲动式多级汽轮机结构示意图如图 2-4 所示。图中上部为多级汽轮机结构示意，其总体结构的特点是汽缸内装有隔板和轮式转子。图示的冲动式多级汽轮机由四级组成，第一级称为调节级，其余三级称为压强级。汽轮机负荷发生变化时，通常利用依次开启的调节阀使第一级喷嘴的流通面积变化来改变蒸汽流量，因此将第一级称为调节级。第一级的喷嘴分组装在喷嘴室里，每个调节阀分别控制一组喷嘴。压强级（定义见本节后文）的喷嘴装在隔板上，隔板分为上下两半，分别装在上缸及下缸上。蒸汽在每一级中膨胀，推动转子旋转做功，从而逐级膨胀做功。最终，整个汽轮机的功率是各级功率之和，所以多级汽轮机的功率可以很大。此外，为防止隔板与轴之间的间隙漏汽，隔板上装有隔板汽封 9，同时为防止蒸汽通过高压缸与轴之间的间隙向外漏，或防止空气通过低压缸与轴之间的间隙向里漏，还分别在各间隙处装有轴封 8。图中下部为蒸汽在汽轮机中膨胀时压强、流速、焓的变化过程，由于流经各级的蒸汽压强逐渐降低、比体积逐渐增大，因此蒸汽的体积流量逐渐增大。为了使蒸汽顺利通过，通流面积应逐渐增大，最后做过功的蒸汽排入凝汽器中。

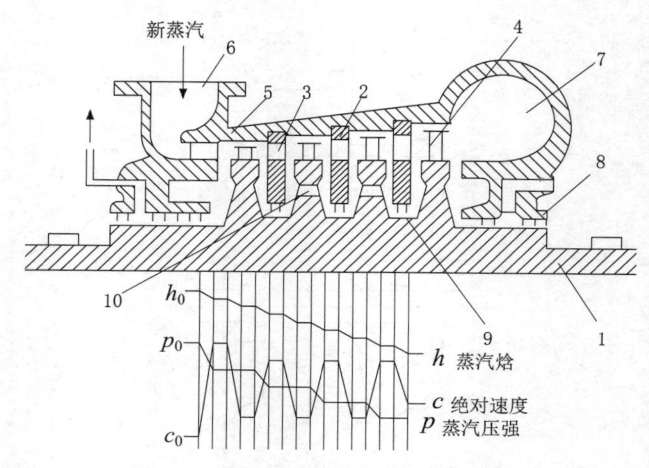

图 2-4 冲动式多级汽轮机结构示意图

1-转子；2-隔板；3-喷嘴；4-动叶片；5-汽缸；6-蒸汽室；7-排汽室；8-轴封；9-隔板汽封；10-平衡孔

三、蒸汽的反动作用原理及反动式汽轮机

反动力的产生与冲动力的产生原因不同。反动力是由一个物体（如蒸汽）以一个较大的加速度离开或通过另一物体时，后者骤然获得反作用力而产生的，气体的动量变化越大，物体所受反动力越大。如火箭内燃料燃烧而产生的高压气体以很高的速度从火箭尾部喷出，由牛顿第三定律，这时从火箭尾部喷出的高速气流就给火箭一个与气流方向相反的作用力，在此力的推动下火箭就向上运动，这种由于膨胀加速产生的作用力称为反动力。利用反动力推动物体做功的原理就是反动作用原理。

蒸汽在汽轮机动叶栅中流动时，一方面给动叶栅一个冲动力 F_i 的作用，当蒸汽随动叶汽道改变方向的同时仍继续膨胀加速，即 $w_1<w_2$，则加速的蒸汽流流出汽道时，将对动叶栅施加一个与蒸汽流流出方向相反的反作用力，即反动力 F_τ，如图 2-5 所示。需要注意的是，此时产生的冲动力 F_i 和反动力 F_τ 的方向都不与轮周方向一致。两个力的合力 F 作用在动叶栅上，其在轮周方向上的分力 F_u 使动叶栅旋转而产生机械功。

所以，随着反动力的产生，蒸汽在动叶栅中完成了两次能量的转换，首先是蒸汽经动叶栅膨胀，将热能转换成蒸汽流动的动能，同时随着蒸汽的加速，又给动叶栅一个反动力，推动转子转动，完成动能到机械功的转换。

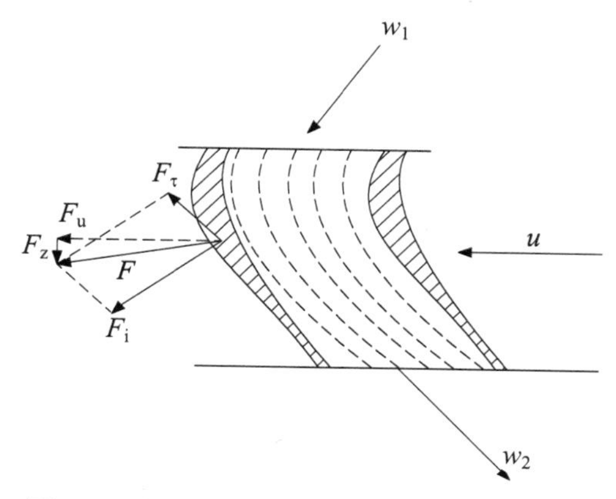

图 2-5　有膨胀的动叶通道内蒸汽的流动情况

因此，我们将蒸汽的热能转变为动能的过程不仅在喷嘴中发生，而且在叶片中也同样发生的汽轮机，叫作反动式汽轮机。即蒸汽不仅在喷嘴中进行膨胀，产生压强降，而且在叶片中也进行膨胀，产生压强降，如图 2-6 所示。蒸汽在喷嘴中膨胀，使其压强从 p_0 降至 p_1，蒸汽速度大小从 c_0 增至 c_1，然后进入动叶片继续膨胀，压强从 p_1 降至 p_2。蒸汽在动、静叶片中两次膨胀，动叶出口的蒸汽速度 c_2 似乎应该比动叶入口的速度大，但由于流经动叶片的蒸汽对动叶片产生一个冲动力 F_i，离开动叶片时又对动叶片产生一个反动力 F_τ，其合力 F 在轮周方向上的分力 F_u 推动叶轮做功，消耗了动能，因此这时动叶片出口的蒸汽速度 c_2 不会比 c_1 大。

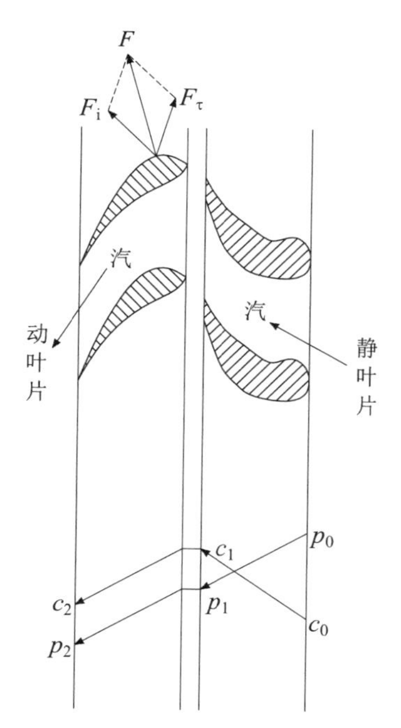

图 2-6　蒸汽流在反动式汽轮机级中的流动

反动式多级汽轮机结构如图 2-7 所示。图 2-7 中上部为多级汽轮机结构示意，其总体结构特点是汽缸内无隔板或装有无隔板体隔板，并采用了鼓形转子，动叶栅直接嵌装在鼓形转子的外缘上；另外，由于反动式汽轮机动叶片前后蒸汽压差较大，所以动叶片上将产生很大的轴向推力，为了减少其轴向推力，高压端轴封还设有平衡活塞 4，用蒸汽平衡管 7 与凝汽器相通，使平衡活塞上产生一个与汽流的轴向推力方向相反的平衡力，当平衡活塞的面积选择适当时，可平衡轴向推力。图 2-7 中下部为蒸汽在汽轮机中膨胀时压强、流速、焓的变化过程，各参数的变化过程基本与冲动式多级汽轮机相同。

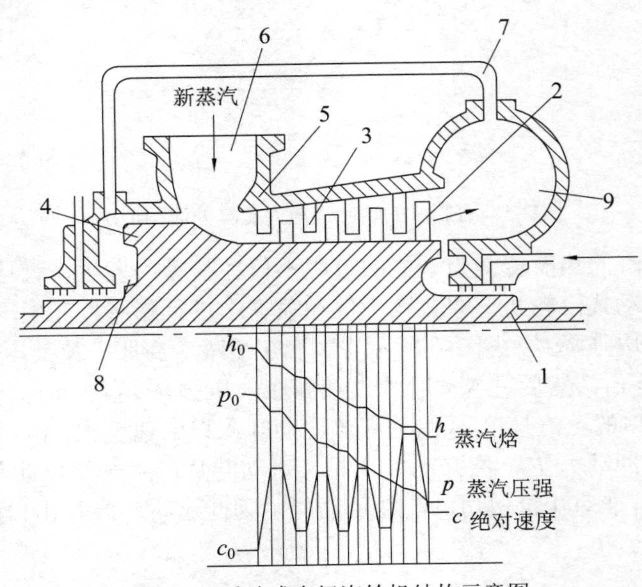

图 2-7 反动式多级汽轮机结构示意图

1-鼓形转子；2-动叶片；3-喷嘴；4-平衡活塞；5-汽缸；6-新蒸汽室；7-蒸汽平衡管；8-平衡室；9-排汽室

四、汽轮机级的反动度和级的类型

由于级中的动叶栅可以仅受蒸汽冲动力的作用，也可以既受冲动力的作用，又受反动力的作用。为了说明汽轮机级中反动力的相对大小，也即蒸汽在动叶栅内膨胀程度的大小，引入反动度的概念，以 Ω_{m} 表示，定义为蒸汽在动叶栅中膨胀的理想比焓降 Δh_{b} 和在整个级中膨胀的滞止理想比焓降 Δh_{t}^* 之比，即

$$\Omega_m = \frac{\Delta h_{\mathrm{b}}}{\Delta h_{\mathrm{t}}^*} \tag{2-2}$$

蒸汽在级中膨胀的热力过程线如图 2-8 所示，0 点表示级前（喷嘴前）的蒸汽状态点，0*点表示蒸汽等熵滞止到初速等于零时的状态点，1 点为喷嘴出口的蒸汽状态点，2 点为动叶出口的蒸汽状态点。p_1、p_2 分别表示喷嘴出口压强和动叶出口压强大小。

因此，级的滞止理想比焓降 Δh_{t}^* 表示蒸汽从滞止状态点 0*在级内等熵膨胀到 p_2 时的比焓降。而级的理想比焓降 Δh_{t} 表示蒸汽从级前状态点 0 在级内等熵膨胀到 p_2 时的比焓降。同理，也可以定义出蒸汽在喷嘴中等熵膨胀时的滞止理想比焓降 Δh_{n}^*，和蒸汽在动叶中等熵膨胀的理想比焓降Δh_{b}。

需要说明的是，由于蒸汽滞止状态点 0*表示蒸汽流在级前（喷嘴前）的滞止状态点，即假设喷嘴进口初速 c_0 滞止为零的状态，因此 0*点和级前状态点 0 的比焓降等于喷嘴前汽流速

度 c_0 所具有的动能，以 Δh_c 表示，即

$$\Delta h_c = \frac{c_0^2}{2} \tag{2-3}$$

因此可得

$$\Delta h_n^* = \Delta h_n + \Delta h_c \tag{2-4}$$

式中，Δh_n 为蒸汽在喷嘴中等熵膨胀的理想比焓降。

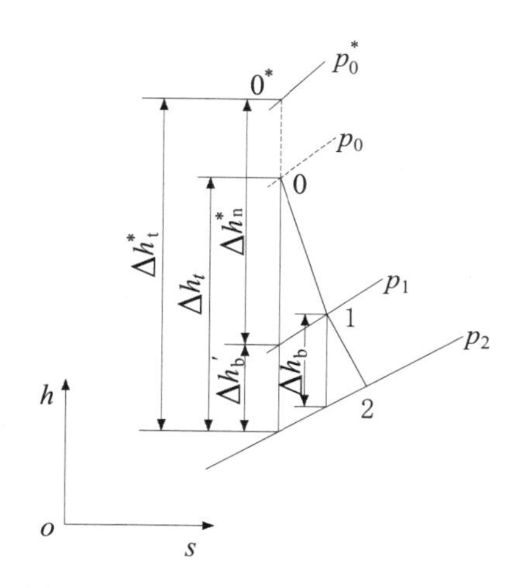

图 2-8　蒸汽在级中膨胀的热力过程线

需注意，由于在热力过程线图（*h-s* 图）上的等压线沿比熵增方向呈渐扩趋势，因此严格来说又有 $\Delta h_b > \Delta h_b'$，为简化起见，在实用中常可以认为 $\Delta h_b \approx \Delta h_b'$，级的反动度表达式由此可以写成

$$\Omega_m = \frac{\Delta h_b}{\Delta h_t^*} \approx \frac{\Delta h_b}{\Delta h_n^* + \Delta h_b} \tag{2-5}$$

进一步，根据上式可得出

$$\Delta h_b = \Omega_m \Delta h_t^* \tag{2-6}$$

$$\Delta h_n^* = (1 - \Omega_m)\Delta h_t^* \tag{2-7}$$

由式（2-6）和式（2-7）可知，反动度 Ω_m 越大，蒸汽在动叶栅中膨胀的理想比焓降 Δh_b 越大，即蒸汽对动叶栅的反动力越大；同时，蒸汽在喷嘴中膨胀的滞止理想比焓降 Δh_n^* 就越小，即蒸汽对喷嘴（和动叶栅）的冲动力越小。

在已知级的滞止理想比焓降 Δh_t^* 后，只要选定一个合适的反动度 Ω_m，便可根据式（2-5）来确定蒸汽在喷嘴的理想滞止比焓降 Δh_n^* 和动叶中的理想比焓降 Δh_b。需指出的是，一般情况下，对于较短的直叶片级，由于蒸汽参数沿叶高变化不大，上述的 Δh_n^* 和 Δh_b 是指动叶平均直径截面（动叶顶部和根部直径的平均值）上的理想比焓降，所以计算出的反动度也可认为是级的平均反动度。而对于长叶片级，蒸汽参数沿动叶高度的变化以及在动叶不同直径截面上的理想比焓降的差别不可忽略，反动度沿动叶高度将发生较大变化，因此在计算不同截面时，必须用相应截面上的反动度。

根据级的反动度 Ω_m 的大小，可把级分为以下三种类型。

（1）纯冲动级。反动度 $\Omega_m = 0$ 的级称为纯冲动级。它的工作特点是蒸汽只在喷嘴中膨胀，在动叶片中不进行膨胀而只改变流动方向，故动叶栅进出口压强相等，即

$$p_1 = p_2,\ \Delta h_n^* = \Delta h_t^*$$

（2）反动级。通常把反动度 $\Omega_m = 0.5$ 的级称为反动级。它的工作特点是蒸汽的膨胀约有一半在喷嘴中发生，另外一半在动叶栅中发生，即

$$p_1 > p_2,\ \Delta h_b = \Delta h_n^* = 0.5\Delta h_t^*$$

（3）带反动度的冲动级。这种级介于纯冲动级和反动级之间，其反动度为 $0 < \Omega_m < 0.5$，一般取 $\Omega_m = 0.05\sim0.2$。也就是说，在这种级中，蒸汽的膨胀大部分发生在喷嘴中，只有少部分膨胀发生在动叶栅中，即

$$p_1 > p_2,\ \Delta h_b < \Delta h_n^*$$

不同反动度大小对应的汽轮机级的叶形情况和热力过程线特征如 2-9 所示。不同类型级的压强、速度在级内的变化如图 2-10 所示。

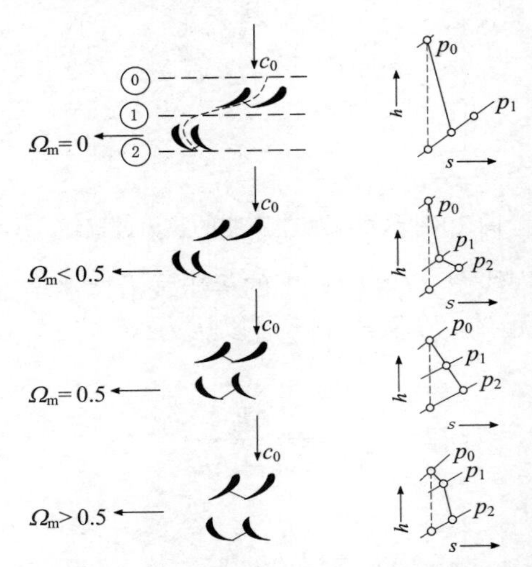

图 2-9 不同反动度大小对应的叶形情况和热力过程线特征

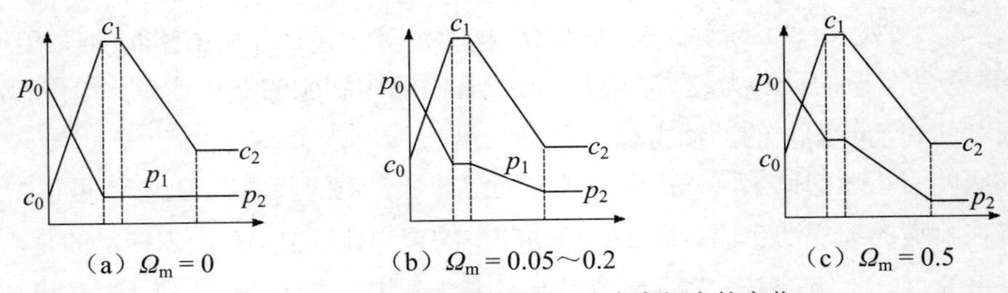

图 2-10 不同类型级的压强和速度在级内的变化

此外，按蒸汽在汽轮机级中将动能转换为转子机械能过程的次数进行分类，汽轮机的级可以分为压强级和速度级两种类型。

（1）压强级。蒸汽在级内只进行一次动能向转子机械能转换过程的级称为压强级。这种级以利用级组中合理分配的压强降或比焓降为主，效率较高，且在叶轮上只装一列动叶栅，故

又称单列级。压强级可以是冲动级，也可以是反动级。

（2）速度级。蒸汽在级内进行一次以上动能向转子机械能转换过程的级称为速度级。速度级有双列和多列之分，这种级的比焓降较大。较常用的是双列速度级，其断面结构如图 2-11 所示，它在单列级动叶栅之后增加一列导向叶栅和一列动叶栅，故称为双列速度级，又称复速级。

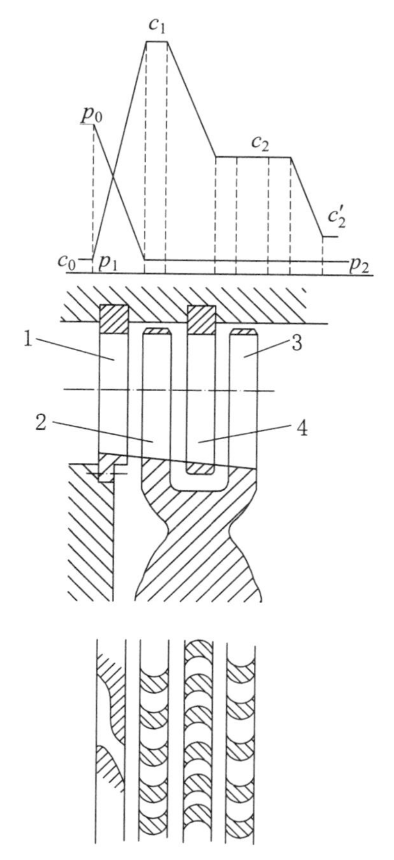

图 2-11　双列速度级（复速级）的断面简图

1-喷嘴；2-第一列动叶；3-导叶；4-第二列动叶

复速级都是冲动式的。蒸汽在喷嘴中膨胀加速后，在第一列动叶栅中只将其中一部分动能转变为机械功，蒸汽流的余速 c_2 很大。具有余速 c_2 的汽流经导向叶栅转向后，进入第二列动叶栅，将剩余的动能进一步转换为机械功。因此，复速级实际上是单列冲动级的一种延伸，它的做功能力比单列冲动级的大，但效率较低，通常在一级内承担较大的比焓降时才采用复速级。为了提高复速级的效率，可将其设计成带有一定的反动度。

第二节　汽轮机级的工作过程分析

一、汽轮机级中流动的模型简化

实际工程中，蒸汽在级的叶栅通道内为黏性可压缩流体的非定常、非连续的三元流动，流动情况非常复杂。虽然目前可以利用三元流动理论对蒸汽的实际流动状态进行计算并能得到较准确的结果，汽轮机制造厂也已经在设计时对低压缸进行三元流场计算，但在设计相对高度较小的叶栅时，传统的一元流动计算方法仍可得到满意的结果；汽轮机中许多方面的研究也主要依赖于简单的一元流动理论。因此后文中对汽轮机级中的流动特性、能量转换的讨论和阐述，将主要基于一元流动理论，而为了将实际复杂的流动简化为能反映蒸汽实际流动主要规律的简单流动模型，通常可以作如下几点假设。

（1）蒸汽是理想气体。这样在分析蒸汽在级中的热力过程时可以应用理想气体状态方程。而在提出工程实用计算公式时，也能较为容易地对蒸汽黏性的影响进行修正。

（2）流动是恒定的。即在所考虑的时间内通过叶栅任一截面的流量和蒸汽参数均不随时间变化而变化。实际上，汽轮机内不存在绝对的恒定流动，蒸汽流过一个级时，由于有动叶在喷嘴叶栅后转过，蒸汽参数将不可避免地产生波动。但当汽轮机稳定工作时，负荷和蒸汽参数的波动可以忽略不计，近似地认为是恒定流动。

（3）流动是一元的。即级内蒸汽的任一参数只沿流动方向变化，而在垂直截面上不发生变化。显然，这也和实际情况存在差别，但当级内通道曲率直径较大时，可以认为是一元流动。

（4）流动是绝热的。即蒸汽流动的过程中与外界无热交换。由于蒸汽流经一个级的时间很短暂，且叶栅一般成组布置，相邻叶片的情况相同，彼此之间没有热交换，蒸汽向外界的散热量与蒸汽所拥有的总热能相比很小，故可认为是绝热过程。

这样，蒸汽在级内的流动和能量转换就简化为理想可压缩流体的一元定常绝热流动。对于该简化模型，可以采用可压缩流体的一元流动方程组进行热力过程分析，这些基本方程包含了连续性方程、动量方程、能量守恒方程和状态及过程方程。

1. 连续性方程

由质量守恒定律，在一元恒定流动的情况下，单位时间内流过流道任一截面的蒸汽质量流量是相等的，即

$$\dot{m}=\frac{Ac}{v}=\frac{A_1c_1}{v_1}=\frac{A_2c_2}{v_2}=\cdots=\text{常数} \tag{2-8}$$

式中，$\dot{m}$ 为蒸汽质量流量，kg/s；A 为各截面处的截面积，m^2；c 为各截面处的汽流速度，m/s；v 为各截面处气体的比体积，m^3/kg。

对微元恒定流动过程，则有

$$\mathrm{d}\dot{m}=\mathrm{d}\left(\frac{Ac}{v}\right)=0 \tag{2-9}$$

$$\frac{\mathrm{d}c}{c}+\frac{\mathrm{d}A}{A}-\frac{\mathrm{d}v}{v}=0 \tag{2-10}$$

式（2-10）表明了在恒定流动中通道截面积、汽流速度和汽流比体积（或密度）三者变化率之间的关系，该式不论对理想气体还是实际气体以及流动中是否有损失均适用。式（2-10）表明，如果流动中速度变化率大于比体积变化率，则通道截面积将随速度的增大而减小；反之，则随速度的增大而增大。

2. 动量方程

对图 2-12 所示的汽流，沿流动方向任一位置截取一个微元段，进行受力分析和运动分析。若不计该微元段中汽流的重力作用，根据牛顿第二定律，则作用于该微元段上的压强、阻力和汽流运动的惯性力之间应具有如下关系：

$$Ap+\left(p+\frac{\mathrm{d}p}{2}\right)\mathrm{d}A-(p+\mathrm{d}p)(A+\mathrm{d}A)-\mathrm{d}R=\mathrm{d}m\frac{\mathrm{d}c}{\mathrm{d}t} \tag{2-11}$$

式中，A 为微元段起始端的截面积，m^2；p 为作用在截面 A 上的压强，Pa；$\mathrm{d}R$ 为作用在微元段上的摩擦阻力，N；c 为微元段起始端的流动速度，m/s；$\mathrm{d}m$ 为微元段中的蒸汽质量，$\mathrm{d}m=\rho A\mathrm{d}x=\frac{A}{v}\mathrm{d}x$，kg。

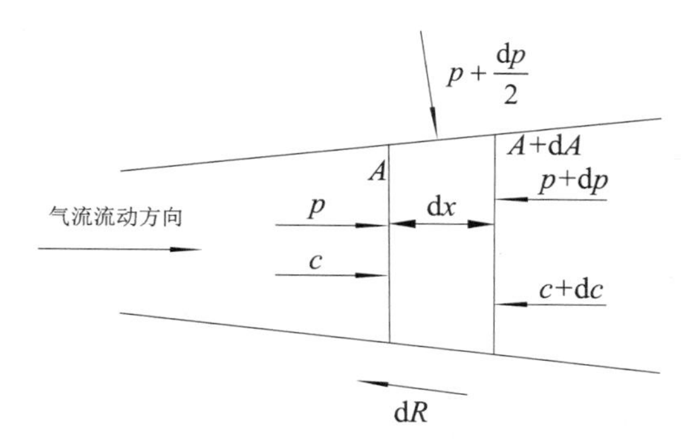

图 2-12　可压缩流体的一元定常流动的受力和运动分析示意图

将式（2-11）展开，并略去二阶微量，可得

$$-v\mathrm{d}p-R\mathrm{d}x=c\mathrm{d}c \tag{2-12}$$

$$R=\frac{\mathrm{d}R}{\mathrm{d}m} \tag{2-13}$$

式中，$\mathrm{d}x$ 为微元段长度，m；v 为微元段内的蒸汽比体积，m^3/kg；R 为作用在单位质量蒸汽上的摩擦阻力，m^2/s。

若流动是无损失的等熵流动，则 $R=0$，于是可得一元恒定定熵流动的运动方程为

$$-v\mathrm{d}p=c\mathrm{d}c \tag{2-14}$$

式中负号的含义为流动过程中的压强和阻力的变化方向与流速的变化方向相反，即当通道内汽流压强降低时，则汽流的速度增加；反之，汽流的压强升高时，速度减小。

3. 能量守恒方程

对于恒定流动，根据开口系统能量守恒定律，输入系统的能量必须等于输出系统的能量。若略去势能的变化，又认为流动绝热，则系统的能量方程式可写成

$$h_0+\frac{c_0^2}{2}=h_1+\frac{c_1^2}{2}+w \tag{2-15}$$

式中，h_0、h_1 为蒸汽流入和流出系统时的比焓，J/kg；c_0、c_1 为蒸汽流入和流出系统时的速度，m/s；w 为单位质量蒸汽流过系统时对外界做出的机械功，J/kg。

式（2-15）对于蒸汽是否有损失的流动过程都适用。

4. 状态及过程方程

汽流在某一截面上各状态参数之间的关系由状态方程式确定，对于理想气体，其状态方程式为

$$pv = RT \tag{2-16}$$

式中，p 为理想气体绝对压强，Pa；v 为理想气体比体积，m^3/kg；T 为热力学温度，K；R 为气体常数，与气体种类有关，而与气体状态无关。对于蒸汽，$R = 461.76$ J/(kg·K)。

对于水蒸气，由于其性质复杂，建立纯理论的状态方程十分困难，在理论研究中常用范德瓦尔斯方程进行修正；而在实际计算水蒸气的有关问题时，更主要采用水蒸气图表来确定其状态参数，如计算精度要求不高，也可以近似地使用理想气体状态方程。

蒸汽从一个状态变化到另一个状态时的过程可以是各种各样的，而每一个过程均可以用一定的过程方程式来描述。当蒸汽进行等熵膨胀时，其过程方程可表示为

$$pv^{\kappa} = \text{常数} \tag{2-17}$$

其微分形式为

$$\frac{\mathrm{d}p}{p} + \kappa \frac{\mathrm{d}v}{v} = 0 \tag{2-18}$$

式中，κ 为等熵指数，对于水蒸气的等熵过程，它不再像理想气体等熵过程中是一个常数，而是一个随气体状态的变化而变化的经验数值。对于过热蒸汽，$\kappa = 3$；对于湿蒸汽，$\kappa = 1.035 + 0.1x$（x 为膨胀过程初态的蒸汽干度）；对于干饱和蒸汽，$\kappa = 1.135$。

对于存在损失的绝热过程，可用多变过程方程表示：

$$pv^{n} = \text{常数} \tag{2-19}$$

式中，n 为多变过程指数。

需要注意的是，状态方程和过程方程中只有一个是独立方程，因为由状态方程可以导出各种过程方程。所以，一元恒定等比熵流动只有三个独立的基本方程，它们是研究喷嘴、动叶、级乃至整机的工作特性的基本方程式。

二、蒸汽在喷嘴中的能量转换

具有一定的压强和温度的蒸汽在喷嘴中膨胀，由运动方程式（2-14）可知，蒸汽压强和温度降低，因此蒸汽在喷嘴中实现加速运动，又由于喷嘴在汽轮机中固定不动，不对外做功，因此蒸汽所携带的热能在喷嘴中不断转换为蒸汽所具有的动能。

1. 蒸汽在喷嘴中实现能量转换的几何条件

根据连续性方程式（2-10），蒸汽在喷嘴中流动时，汽流速度和比体积的变化与喷嘴截面积的变化相关联，因此为了使蒸汽流经喷嘴后实现膨胀加速，必须有相应的喷嘴截面积变化特征与之对应。

由物理学知识可知，在定熵流动过程中，可压缩性流体的当地声速 a（m/s）可由下述的拉普拉斯声速方程计算

$$a = \sqrt{\left(\frac{\partial p}{\partial \rho}\right)_{s}} = \sqrt{-v^{2}\left(\frac{\partial p}{\partial v}\right)_{s}} \tag{2-20}$$

式中，下标 s 表示定熵过程。

式（2-20）表明了流体当地压强和比体积之间的关系，标志着流体可压缩性的大小，是流体的一个状态参数。

并引入马赫数

$$Ma = \frac{c}{a} \tag{2-21}$$

式中各符号含义与前文相同。

将式（2-10）、式（2-20）和式（2-21）三式联立推导，可以得到

$$\frac{\mathrm{d}A}{A} = (Ma^2 - 1)\frac{\mathrm{d}c}{c} \tag{2-22}$$

由式（2-22）可知，蒸汽若要在喷嘴中实现膨胀加速（即 $\mathrm{d}c > 0$），则喷嘴截面积大小沿流动方向应按以下规律变化。

（1）当喷嘴进口流速为亚声速（$Ma < 1$）时，为获得加速汽流，汽流通道的截面面积应随着汽流加速而逐渐减小（$\mathrm{d}A < 0$）。这种汽流通道的截面面积沿汽流流动方向逐渐减小的喷嘴称为渐缩喷嘴。

（2）当喷嘴进口流速为超声速（$Ma > 1$）时，为获得加速汽流，汽流通道的截面面积应随着汽流加速而逐渐扩大（$\mathrm{d}A > 0$）。这种汽流通道的截面面积沿汽流流动方向逐渐扩大的喷嘴称为渐扩喷嘴。

（3）当喷嘴进口汽流速度等于当地声速（$Ma = 1$）时，达到临界流动状态，喷嘴的截面面积达到最小值，通常称为临界截面或喉部截面。

（4）欲使汽流在喷嘴中从亚声速连续加速至超声速，则汽流通道的截面面积沿汽流方向的变化应为渐缩缩至临界截面再变为渐扩，呈缩放形。亚声速汽流先在渐缩部分中加速，到喉部达到当地声速，然后在渐扩部分进一步加速。这种喷嘴称为缩放喷嘴或拉伐尔喷嘴。

2. 喷嘴中的能量转换过程

将蒸汽在喷嘴中膨胀的热力过程从级的热力过程线（图 2-8）中提取出来，如图 2-13 所示。0 点是喷嘴前蒸汽的状态点，0*是喷嘴前的蒸汽滞止状态点。具有初速 c_0、初压 p_0、初焓 h_0 的蒸汽在喷嘴中膨胀到背压 p_1（即喷嘴所处的环境压强），在不计流动过程中摩擦损失的情况下，蒸汽沿着等熵线 0-1_t 膨胀到 1_t 点，喷嘴的理想比焓降为 Δh_n，滞止理想比焓降为 Δh_n^*，喷嘴出口处的蒸汽速度也提高至 c_{1t}。在考虑实际流动过程中损失的情况下，膨胀的热力过程中存在熵增，因此过程线沿 0-1 线进行，喷嘴出口的实际状态点为 1，对应的焓值为 h_1，且有 $h_1 > h_{1t}$，喷嘴出口的实际速度为 c_1，且有 $c_1 < c_{1t}$。需注意，1 点在热力过程线上的准确位置取决于喷嘴中损失的实际大小。

3. 喷嘴流动参数计算

（1）喷嘴出口理想速度。由于喷嘴固定不动，因此蒸汽通过喷嘴时不对外做功，即 $w = 0$。因此能量方程式（2-15）可简化为

$$h_0 + \frac{c_0^2}{2} = h_{1t} + \frac{c_{1t}^2}{2} \tag{2-23}$$

易得喷嘴出口的理想速度 c_{1t} 为

$$\begin{aligned} c_{1t} &= \sqrt{2(h_0 - h_{1t}) + c_0^2} = \sqrt{2\Delta h_n + c_0^2} \\ &= \sqrt{2(h_0^* - h_{1t})} = \sqrt{2\Delta h_n^*} \end{aligned} \tag{2-24}$$

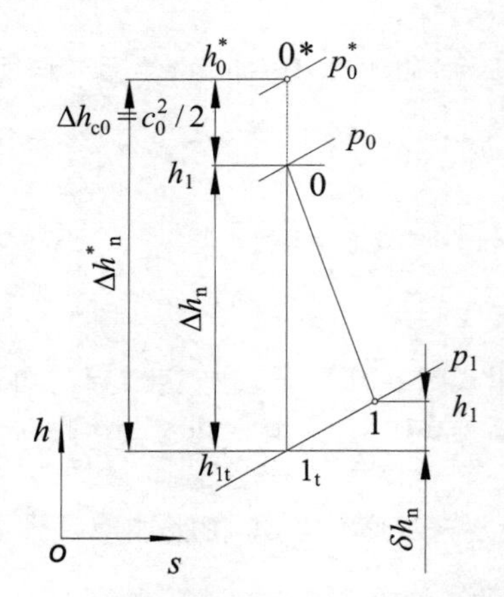

图 2-13 蒸汽在喷嘴中膨胀的热力过程线

利用上述公式计算时，蒸汽各比焓值可以通过焓熵图查取，在实用中较为方便。

而在进行理论研究时，为了表示出影响喷嘴出口汽流理想速度的因素，需要将式（2-24）进行适当变形。对于理想气体，在进行等熵过程时的比焓差可以表示为

$$h_0^* - h_{1t} = c_p(T_0^* - T_{1t}) = \frac{\kappa}{\kappa-1}R(T_0^* - T_{1t}) = \frac{\kappa}{\kappa-1}(p_0^* v_0^* - p_1 v_{1t}) \tag{2-25}$$

因此可得

$$\begin{aligned} c_{1t} &= \sqrt{\frac{2\kappa}{\kappa-1}p_0^* v_0^*\left[1-\left(\frac{p_1}{p_0^*}\right)^{\frac{\kappa-1}{\kappa}}\right]} \\ &= \sqrt{\frac{2\kappa}{\kappa-1}p_0^* v_0^*\left[1-\varepsilon_n^{\frac{\kappa-1}{\kappa}}\right]} \end{aligned} \tag{2-26}$$

式中，ε_n 为喷嘴压强比。定义为喷嘴背压 p_1 与喷嘴前的滞止压强 p_0^* 之比：

$$\varepsilon_n = \frac{p_1}{p_0^*} \tag{2-27}$$

式（2-26）表明，在给定蒸汽性质和初态的情况下，喷嘴出口理想速度 c_{1t} 仅是压强比 ε_n 的单值函数。

（2）喷嘴速度系数 φ 和喷嘴出口实际速度 c_1。蒸汽在喷嘴中流动时产生摩擦、涡流等损失，将使喷嘴出口汽流的实际速度 c_1 小于理想速度 c_{1t}，喷嘴汽流因流动损失而使得实际出口速度减小的程度用喷嘴速度系数 φ 表示，即

$$\varphi = \frac{c_1}{c_{1t}} \tag{2-28}$$

喷嘴速度系数 φ 是一个小于 1 的数，其值主要受喷嘴高度、叶型（即叶片的横截面形状）、喷嘴汽道形状、压强比及喷嘴表面粗糙度等因素的影响。引入喷嘴速度系数后，容易得到喷嘴出口汽流的实际速度 c_1 大小及喷嘴内流动损失 $\Delta h_{n\zeta}$ 的计算式为

$$c_1 = \varphi c_{1t} = \varphi\sqrt{2\Delta h_n^*} \tag{2-29}$$

$$\Delta h_{n\zeta}=\frac{c_{1t}^2}{2}-\frac{c_1^2}{2}$$
$$=(1-\varphi^2)\frac{c_{1t}^2}{2}=(1-\varphi^2)\Delta h_n^*\qquad(2\text{-}30)$$
$$=\zeta_n\Delta h_n^*$$

式中，ζ_n 为喷嘴的能量损失系数。它是喷嘴损失 $\Delta h_{n\zeta}$ 与蒸汽在喷嘴中的滞止理想比焓降 Δh_n^* 之比，即

$$\zeta_n=\frac{\Delta h_{n\zeta}}{\Delta h_n^*}=1-\varphi^2\qquad(2\text{-}31)$$

由于影响因素喷嘴速度系数 φ 较为复杂，现在还很难用理论计算进行求解 φ 值，而一般由试验确定。φ 与叶片高度关系密切，故实验数据常绘制成 φ 随叶片高度的变化曲线，读者可根据需要查阅相关文献资料。实用中，φ 值一般为 0.92～0.98，对于渐缩喷嘴，常把与叶片高度有关的损失（称为叶高损失）另用经验公式计算（详见本章第三节），这时可取 $\varphi=0.97$。

（3）喷嘴理想流量 $\dot{m}_{1t}$。由连续方程式（2-8）可得出喷嘴理想流量 $\dot{m}_{1t}$ 的定义式为

$$\dot{m}_{1t}=\frac{A_1c_{1t}}{v_{1t}}\qquad(2\text{-}32)$$

式中，v_{1t} 为喷嘴出口处的理想比体积，m^3/kg；A_1 为喷嘴出口截面积，m^2。

根据具体喷嘴进出口比焓值和出口截面积 A_1，并由蒸汽焓熵图查得喷嘴出口比体积 v_{1t}，以及由式（2-24）计算得出的蒸汽理想流速 c_{1t} 代入式（2-32），容易计算出喷嘴理想流量值 $\dot{m}_{1t}$。

需要强调的是，根据连续性方程式（2-8），蒸汽流过喷嘴任何截面的质量流量都是相同的。但实际上由于各种几何形状的喷嘴流量大小都受其最小截面的制约，所以常常按最小截面（即渐缩喷嘴的出口截面 A_1，渐缩渐扩喷嘴的喉部截面 A_{min}）来计算喷嘴理想流量。

若出于对喷嘴理想流量的理论分析需要，可将喷嘴理想速度 c_{1t} 计算式（2-26）代入喷嘴理想流量 $\dot{m}_{1t}$ 的定义式（2-32），并联立等熵过程方程式（2-17），可推得

$$\dot{m}_{1t}=A_1\sqrt{\frac{2\kappa}{\kappa-1}\frac{p_0^*}{v_0^*}\left(\varepsilon_n^{\frac{2}{\kappa}}-\varepsilon_n^{\frac{\kappa+1}{\kappa}}\right)}\qquad(2\text{-}33)$$

式（2-33）表明，喷嘴的理想流量与蒸汽的滞止初参数、蒸汽性质、喷嘴出口面积和喷嘴压强比有关。在蒸汽的滞止初参数、蒸汽性质、喷嘴出口面积一定的情况下，喷嘴的理想流量只是喷嘴压强比 ε_n 的单值函数。

（4）喷嘴流量系数 μ_n 和喷嘴实际流量 $\dot{m}_1$。实际流动中，由于存在流动损失，不仅使喷嘴出口的汽流速度降低，也将使通过喷嘴的实际流量 $\dot{m}_1$ 小于理想流量 $\dot{m}_{1t}$，通常用流量系数 μ_n 来表示实际流量比理想流量减小的程度，定义为通过喷嘴的实际流量与理想流量之比，即

$$\mu_n=\frac{\dot{m}_1}{\dot{m}_{1t}}$$
$$=\frac{A_1c_1}{v_1}\frac{v_{1t}}{A_1c_{1t}}=\varphi\frac{v_{1t}}{v_1}\qquad(2\text{-}34)$$

引入了流量系数后，容易得到喷嘴的实际流量计算式为

$$\dot{m}_1 = \mu_n \dot{m}_{1t} \tag{2-35}$$

由式（2-34）可知，喷嘴流量系数 μ_n 不仅与喷嘴速度系数 φ 有关，还与流动损失前后的比体积变化有关。就绝热过程而言，流动损失加热了蒸汽，蒸汽的出口比焓值增加，使 $v_1 > v_{1t}$，即 $v_{1t}/v_1 < 1$，则 $\mu_n < \varphi$。但在实际流动过程中，影响比值 v_{1t}/v_1 的因素很多，如蒸汽过热度、干度、进口压强、喷嘴压强比、反动度及喷嘴速度系数等，使得比值 v_{1t}/v_1 可能小于 1，大于 1 或等于 1。因此，流量系数 μ_n 很难用理论方法准确计算，通常用试验的方法求得。

具体来说，当喷嘴在过热区工作时，一般由于喷嘴损失所引起的比体积变化较小，因而流量系数近似等于喷嘴速度系数，即 $\mu_n \approx \varphi = 0.97$。当喷嘴在湿蒸汽区工作时，由于蒸汽通过喷嘴的时间极短，有一部分应凝结的饱和蒸汽来不及凝结，未能放出汽化潜热，产生了“过冷”现象，即大部分蒸汽没有获得这一部分蒸汽凝结时应放出的汽化潜热，故蒸汽温度较低，使蒸汽的实际比体积 v_1 反而小于理想比体积 v_{1t}，即 $v_{1t}/v_1 > 1$，因此可能出现实际流量 $\dot{m}_1$ 大于理想流量 $\dot{m}_{1t}$ 的情况，其流量系数大于 1，一般取 $\mu_n = 1.02$。

4. 喷嘴中汽流的临界参数

联立等熵过程方程式（2-17）和当地声速定义式（2-20），可推得

$$a = \sqrt{\kappa p v} = \sqrt{\kappa R T} \tag{2-36}$$

由式（2-36）可知，当地声速不是一个固定不变的常数，它与汽流性质及其状态有关，因此也是一个状态参数。由于理想气体的等熵指数 κ 和气体常数 R 是不变的，所以当地声速 a 正比于热力学温度 T 的平方根。蒸汽在喷嘴中膨胀时，由于压强、温度不断降低，当地声速逐渐降低，同时汽流速度逐渐增加，会出现在某一截面上汽流速度等于当地声速的临界状态，此时汽流所处的状态参数称为临界参数，用下标 cr 表示。

（1）临界速度 c_{cr} 和临界压强 p_{cr}。临界状态时，喷嘴内的临界速度 c_{cr} 可以方便地由式（2-24）改写得到

$$c_{cr} = \sqrt{2(h_0^* - h_{cr})} \tag{2-37}$$

式中的临界比焓值 h_{cr} 可由水蒸气焓熵图查得。为此还需要引入临界压强比的概念。

首先，临界流速可由式（2-26）改写得到

$$c_{cr} = \sqrt{\frac{2\kappa}{\kappa-1} p_0^* v_0^* \left[1 - \left(\frac{p_{cr}}{p_0^*}\right)^{\frac{\kappa-1}{\kappa}}\right]} \tag{2-38}$$

而在临界截面，又有 $c_{cr} = a = \sqrt{\kappa p_{cr} v_{cr}}$，联立上两式及等熵过程方程（2-17），易得到

$$p_{cr} = p_0^* \left(\frac{2}{\kappa+1}\right)^{\frac{\kappa}{\kappa-1}} \tag{2-39}$$

及

$$\varepsilon_{cr} = \frac{p_{cr}}{p_0^*} = \left(\frac{2}{\kappa+1}\right)^{\frac{\kappa}{\kappa-1}} \tag{2-40}$$

式（2-40）中的 ε_{cr} 称为临界压强比。它是汽流达到声速时的当地压强（临界压强）p_{cr} 与滞止压强 p_0^* 之比。临界压强比是分析喷嘴内流动的一个重要参数，当截面上工质的压强与滞

止压强之比等于临界压强比，意味着气流速度达到了从亚声速到超声速的转折点。且由式（2-40）可知，临界压强比的大小仅与等熵系数（蒸汽性质）有关，对于过热蒸汽，$\kappa = 1.3$，则 $\varepsilon_{cr} = 0.546$；对于干饱和蒸汽，$\kappa = 1.135$，则 $\varepsilon_{cr} = 0.577$。

将式（2-39）代入式（2-38），整理后还可得

$$c_{cr} = \sqrt{2\frac{\kappa}{\kappa+1}p_0^* v_0^*} \tag{2-41}$$

由式（2-41）可知，由于蒸汽滞止参数由初参数确定，因此临界流速只决定于进口截面上的蒸汽初参数。

因此在工程实用中，一般先由喷嘴进口蒸汽的状态确定临界压强比 ε_{cr}，通过式（2-40）反求出临界压强 p_{cr}，再由水蒸气焓熵图通过等熵过程查得临界比焓值 h_{cr}，从而即可求得临界速度 c_{cr}。

（2）临界流量 $\dot{m}_{cr}$。由喷嘴理想流量计算式（2-33）可知，在蒸汽的滞止初参数、蒸汽性质和喷嘴出口面积确定的情况下，喷嘴的理想流量只是喷嘴压强比 ε_n 的单值函数，对于渐缩喷嘴来说，其函数曲线如图 2-14 所示。

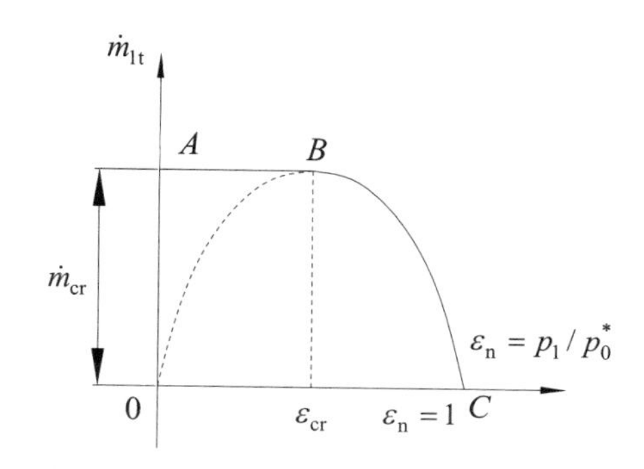

图 2-14 渐缩喷嘴的流量与压强比的关系曲线

图 2-14 中以喷嘴压强比 ε_n 为横坐标，喷嘴理想流量 $\dot{m}_{1t}$ 为纵坐标，两者的变化关系如下：

当背压大于临界压强，即 $p_b > p_{cr}$，对于渐缩喷嘴而言，蒸汽在喷嘴内可以实现完全膨胀加速，喷嘴出口压强将降至背压为止，即 $p_1 = p_b$。如果 $p_1 = p_0$，即 $\varepsilon_n = 1$，意味着喷嘴进出口压强相等，因此喷嘴内没有蒸汽流动，即 $c_1 = 0$，$\dot{m}_{1t} = 0$。而随着背压 p_b 逐渐降低，在 $p_1 < p_b < p_{cr}$ 时，经过喷嘴完全膨胀的蒸汽出口压强 p_1 也随背压降低，并保持 $p_1 = p_b$ 的关系，而 c_1 和 $\dot{m}_{1t}$ 逐渐增大，直到 $p_b = p_{cr}$ 为止，此时蒸汽出口流速 c_1 增加到临界流速 c_{cr}，蒸汽理想流量也增大到最大临界值 $\dot{m}_{cr}$，在图 2-14 中如曲线 $\overset{\frown}{CB}$ 所示。

当背压进一步降低，即 $p_b < p_{cr}$，对于渐缩喷嘴而言，由于出口压强 p_1 无法再降低至低于临界压强 p_{cr} 的值，因此将保持为 $p_1 = p_{cr}$，喷嘴出口流速和喷嘴理想流量也将分别保持为临界流速 c_{cr} 和临界流量 $\dot{m}_{cr}$，后者在图中如直线 $\overline{BA}$ 变化。可见虽然按式（2-33）进行分析，喷嘴理想流量的变化应为曲线 $\overset{\frown}{CBO}$，但对于渐缩喷嘴来说，$\overset{\frown}{BO}$ 一段曲线在实际中是不会出现的，而只能按照曲线 $\overset{\frown}{CBA}$ 变化。

对于渐缩渐扩喷嘴来说，在其正常工作状况下喷嘴背压小于临界压强，即 $p_b < p_{cr}$，在喷嘴喉部的压强为临界压强 p_{cr}。根据喷嘴能量转换的几何条件，蒸汽流过喉部，蒸汽流速达到

当地声速，之后喷嘴截面积逐渐扩大，蒸汽得以进一步加速至大于当地声速。但需注意的是，此时的喷嘴理想流量并不会进一步增加，因为根据连续性方程，对于同一喷嘴，各个截面上的蒸汽质量流量应是相等的。因此只要满足蒸汽进口状态参数相同、渐缩渐扩喷嘴的喉部最小截面积 A_{min} 与渐缩喷嘴的出口截面积 A_1 相等和渐缩喷嘴出口压强 $p_1 = p_{cr}$ 这三个条件，那么两种喷嘴的流量就是相等的。可见，正常工作的渐缩渐扩喷嘴理想流量总是等于其临界最大流量，即 $\dot{m}_{1t} \equiv \dot{m}_{cr}$。

由上述分析可知，为了求解喷嘴临界流量 $\dot{m}_{cr}$，可以方便地将临界压强比 ε_{cr} 代入式（2-33）来得到：

$$\begin{aligned}\dot{m}_{cr} = \dot{m}_{max} &= A_1\sqrt{\kappa\left(\frac{2}{\kappa+1}\right)^{\frac{\kappa+1}{\kappa-1}}\frac{p_0^*}{v_0^*}} \\ &= \lambda A_1\sqrt{\frac{p_0^*}{v_0^*}}\end{aligned} \tag{2-42}$$

$$\lambda = \sqrt{\kappa\left(\frac{2}{\kappa+1}\right)^{\frac{\kappa+1}{\kappa-1}}} \tag{2-43}$$

由式（2-42）和式（2-43）可见，在蒸汽性质和喷嘴出口截面积确定的情况下，临界流量 $\dot{m}_{cr}$ 只与蒸汽的滞止初参数有关。而式中系数 λ 仅与蒸汽性质有关，对于过热蒸汽，$\kappa = 1.3$，则 $\lambda = 0.667$；对于干饱和蒸汽，$\kappa = 1.135$，则 $\lambda = 0.635$。

在工程实用计算中，也可以容易地从连续性方程式（2-8）写出临界流量 $\dot{m}_{cr}$ 的定义式

$$\dot{m}_{cr} = \frac{A_1 c_{cr}}{v_{cr}} \tag{2-44}$$

如前文所述，在确定了临界压强比 ε_{cr} 及临界压强 p_{cr}，并由水蒸气焓熵图查得临界比焓 h_{cr} 值后，也可方便地查得临界比体积 v_{cr}，代入式（2-44）便可计算出临界流量 $\dot{m}_{cr}$。

（3）彭台门系数 β。由前文的分析可知，计算喷嘴理想流量 $\dot{m}_{1t}$ 时，不论是渐缩喷嘴还是缩放喷嘴，都必须先判断喷嘴最小截面处是否在临界状态下工作，然后才能确定选用式（2-33）还是式（2-42），或者通过焓熵图查得相关蒸汽参数再使用连续性方程进行计算。在工程中，为了简化计算步骤，引入彭台门系数 β，将其定义为喷嘴理想流量 $\dot{m}_{1t}$ 和喷嘴临界流量 $\dot{m}_{cr}$ 之比：

$$\beta = \frac{\dot{m}_{1t}}{\dot{m}_{cr}} = \frac{A_1\sqrt{\frac{2\kappa}{\kappa-1}\frac{p_0^*}{v_0^*}\left(\varepsilon_n^{\frac{2}{\kappa}} - \varepsilon_n^{\frac{\kappa+1}{\kappa}}\right)}}{A_1\sqrt{\kappa\left(\frac{2}{\kappa+1}\right)^{\frac{\kappa+1}{\kappa-1}}\frac{p_0^*}{v_0^*}}} = \sqrt{\frac{\frac{2}{\kappa-1}\left(\varepsilon_n^{\frac{2}{\kappa}} - \varepsilon_n^{\frac{\kappa+1}{\kappa}}\right)}{\left(\frac{2}{\kappa+1}\right)^{\frac{\kappa+1}{\kappa-1}}}} \tag{2-45}$$

由式（2-45）可知，β 只与喷嘴压强比 ε_n 和等熵指数 κ 有关。在蒸汽类型和性质确定后，也即 κ 为定值时，亚临界状态时 β 值只与 ε_n 有关；而临界状态时 $\beta = 1$，与 ε_n 无关。工程中将

β 与 ε_n 的关系绘制成曲线，例如过热蒸汽流过渐缩喷嘴的情况下 β 随 ε_n 的变化曲线如图 2-15 所示。

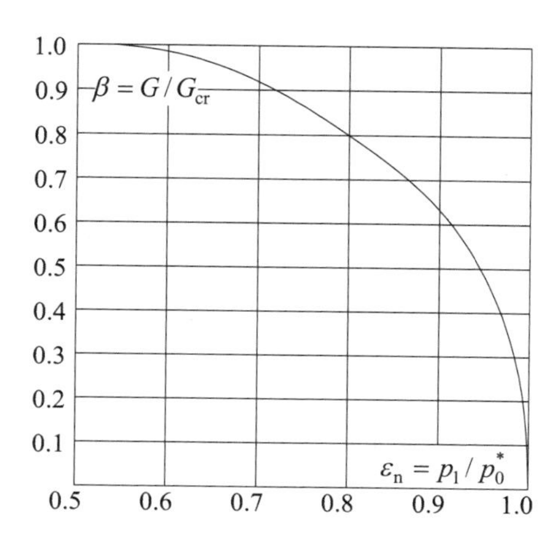

图 2-15　过热蒸汽流经渐缩喷嘴时的 β 曲线（$\kappa = 1.3$）

在引入彭台门系数后，喷嘴理想流量 $\dot{m}_{1t}$ 的计算过程得到简化，不用事先判断蒸汽流动状态，而直接根据给定工质通过压强比 ε_n 查出 β 值，再利用下式进行简便计算。

$$\dot{m}_{1t} = \beta \dot{m}_{cr} \tag{2-46}$$

三、蒸汽在动叶栅中的能量转换

经喷嘴绝热膨胀获得较高流速的蒸汽，进入动叶栅流道，对于纯冲动级，蒸汽在动叶栅中没有膨胀，只改变气流方向，根据动量定理，对动叶栅施加冲动力，推动转子转动做功，从而将所携带的动能转化为机械能；对于反动级或带反动度的冲动级，汽流除对动叶栅施加冲动力外，在动叶栅内还会进一步膨胀，使得压强逐渐降低，速度逐渐增加，从而对动叶栅施加反动力，推动转子做功。

1. 动叶栅中的能量转换过程

现代汽轮机中常采用带反动度的冲动级和反动级这两种类型的级，因此蒸汽在动叶栅中将同时存在膨胀和加速。将蒸汽在动叶栅中流动的热力过程从级中的热力过程线（图 2-8）中提取出来，如图 2-16 所示。1 点是动叶前的蒸汽状态点，1*是动叶前的蒸汽滞止状态点。动叶前具有压强 p_1 和焓值 h_1 的蒸汽以相对速度 w_1 进入动叶栅膨胀到压强 p_2，在不计流动过程中摩擦损失的情况下，蒸汽沿着等熵线 1-2_t 膨胀到 2_t 点，对应的焓值为 h_{2t}，动叶的理想比焓降为 Δh_b，滞止理想比焓降为 Δh^*_b，动叶出口处的蒸汽相对速度也变化为 w_{2t}。在考虑实际流动过程中损失的情况下，膨胀的热力过程沿 1-2 线进行，动叶栅出口的实际状态点为 2，对应的焓值为 h_2，动叶出口的实际速度为 w_2。需注意，2 点在热力过程线上的准确位置取决于动叶栅中损失的实际大小。

而当汽轮机采用纯冲动级时，动叶栅中仅存在冲动力做功，热力过程线中将没有 1-2_t 或 1-2 段，也即 $\Delta h_b = 0$。

2. 动叶栅进出口参数计算

动叶通道的形状与喷嘴相似，不同之处是由于动叶栅本身以圆周速度 u 运动，即蒸汽在动叶栅中的流动是一个相对运动。也就是说，只要把喷嘴的蒸汽参数换为动叶栅的相对参数，那么，有关喷嘴的结论都可以用在动叶上。因此，这里只需着重讨论蒸汽在动叶通道中流动计算的特殊问题。

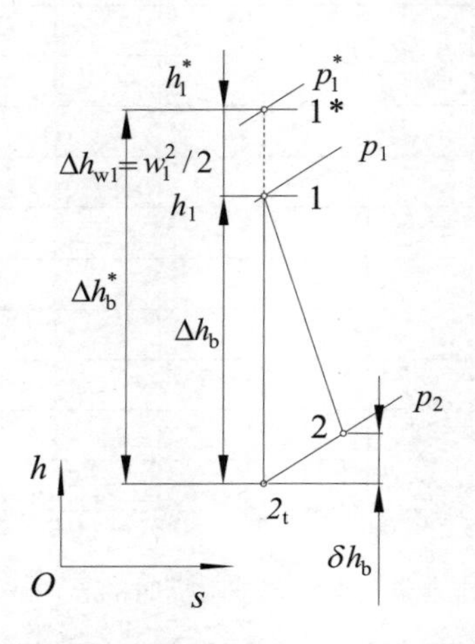

图 2-16 蒸汽在动叶栅中膨胀的热力过程线

（1）进出口速度三角形和流动参数计算。从本章第一节中的图 2-2 可知，根据相对运动原理，蒸汽在动叶栅中相对于静止的汽缸的绝对速度 c、动叶栅周速度 u 和蒸汽的相对速度 w 的矢量关系为 $\boldsymbol{c}=\boldsymbol{w}+\boldsymbol{u}$，可用矢量三角形表示，且该矢量三角形同时适用于蒸汽在动叶进口和出口的速度特征。在实际使用中，为了方便起见，通常将动叶进和出口的速度三角形绘制在一起，如图 2-17 所示。其中 α_1 和 α_2 分别为喷嘴出口和动叶出口处汽流的绝对速度方向角（也称为绝对排汽角），β_1 和 β_2 分别为动叶进口和动叶出口处汽流的相对速度方向角（也称为相对进汽角和相对排汽角）。

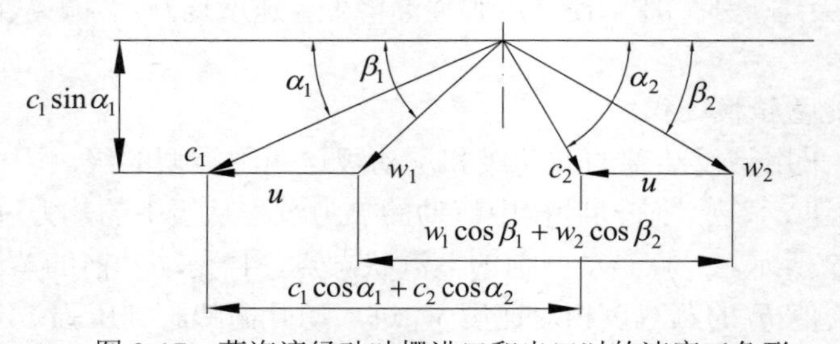

图 2-17 蒸汽流经动叶栅进口和出口时的速度三角形

动叶本身在作匀速圆周运动的速度大小 u（m/s）可由下式确定，

$$u=\frac{n\pi d_b}{60} \tag{2-47}$$

式中，n 为汽轮机的转速，r/min；d_b 为动叶栅的平均直径，m。

而又由于动叶作匀速圆周运动，即在进出口速度三角形中 u 的大小和方向都相同，因此由进出口速度三角形几何关系容易得到 $c_1\cos\alpha_1+c_2\cos\alpha_2$ 与 $w_1\cos\beta_1+w_2\cos\beta_2$ 在大小上是恒等的。

在动叶栅进口速度三角形中，由于动叶栅入口绝对速度 c_1 即是喷嘴出口的绝对速度（理想速度或实际速度），因此其大小可以由喷嘴计算中的式（2-24）或式（2-29）计算，这里不再赘述。对于蒸汽进口绝对速度的方向角（也称为绝对进汽角），当蒸汽在喷嘴斜切部分（为了保证喷嘴对出口汽流具有良好导向作用而设计的结构，详见图（2-9）无膨胀时，该方向角与喷嘴出口角相等，等于 α_1；当蒸汽在喷嘴斜切部分有膨胀时，c_1 的方向将出现偏转，该方向角应为$(\alpha_1+\delta_1)$，其中 δ_1 是汽流冲角。在汽轮机的设计中，可以从理论上推导得出气流冲角的计算式，其值是喷嘴压强比 ε_n、蒸汽定熵指数 κ 和喷嘴出口角 α_1 的函数，读者可根据需要查阅相关文献资料，而在工程实际中常将 α_1 取为 12°～20°，其中通常冲动级 α_1 = 11°～16°；反动级 α_1 = 16°～20°。

根据三角形几何关系，动叶栅进口相对速度 w_1 和方向角 β_2（相对进汽角）的大小可分别由以下两式确定：

$$w_1=\sqrt{c_1^2+u^2-2c_1u\cos\alpha_1} \tag{2-48}$$

$$\beta_1=\arcsin\frac{c_1\sin\alpha_1-u}{w_1} \tag{2-49}$$

同理，动叶栅出口汽流绝对速度 c_2 和方向角 α_2（绝对排汽角）的大小可分别由以下两式确定：

$$c_2=\sqrt{u^2+w_2^2-2uw_2\cos\beta_2} \tag{2-50}$$

$$\alpha_2=\arcsin\frac{w_2\sin\beta_2-u}{c_2} \tag{2-51}$$

由式（2-50）和式（2-51）可知，为了求解 c_2 和 α_2 的大小，需要已知动叶栅出口汽流相对速度 w_2 的大小和方向角 β_2。

（2）动叶速度系数 ψ、出口相对速度 w_2 和方向角 β_2。动叶栅出口相对速度 w_2 的大小可由蒸汽在动叶栅中流动时的能量转换特性计算，由图 2-16 可知，对于一元恒定流动，动叶栅进、出口的能量方程可表示为

$$\frac{w_1^2}{2}+h_1=\frac{w_{2t}^2}{2}+h_{2t} \tag{2-52}$$

由式（2-52）易得动叶出口蒸汽的理想相对速度 w_{2t} 的大小计算式为

$$\begin{aligned}w_{2t}&=\sqrt{2(h_1-h_{2t})+w_1^2}=\sqrt{2\Delta h_b+w_1^2}\\&=\sqrt{2\Omega_m\Delta h_t^*+w_1^2}=\sqrt{2\Delta h_b^*}\end{aligned} \tag{2-53}$$

实际过程中，蒸汽在动叶栅中的流动和在喷嘴中一样具有各种损失，这使动叶栅出口的实际相对速度小于理想相对速度，即 $w_2<w_{2t}$。一般用动叶速度系数 ψ 来反映这种损失的大小，定义为动叶栅出口实际相对速度大小 w_2 与理想相对速度大小 w_{2t} 的比值，即

$$\psi=\frac{w_2}{w_{2t}} \tag{2-54}$$

引入动叶速度系数后，容易得到动叶栅出口的实际相对速度 w_1 大小及动叶栅内蒸汽流动损失 $\Delta h_{b\zeta}$ 的计算式为

$$w_2=\psi w_{2t} \tag{2-55}$$

$$\begin{aligned}\Delta h_{b\zeta} &= \frac{w_{2t}^2}{2} - \frac{w_2^2}{2} \\ &= (1-\psi^2)\frac{w_{2t}^2}{2} = (1-\psi^2)\Delta h_b^* \\ &= \zeta_b \Delta h_b^*\end{aligned} \tag{2-56}$$

式中，ζ_b 为动叶的能量损失系数。它是动叶损失 $\Delta h_{b\zeta}$ 与蒸汽在动叶中的滞止理想比焓降 $\Delta h^*{}_b$ 之比，即

$$\zeta_b = \frac{\Delta h_{b\zeta}}{\Delta h_b^*} = 1 - \psi^2 \tag{2-57}$$

影响动叶速度系数 ψ 的因素很多，如动叶的叶型、叶高、进出口角、反动度及动叶的粗糙度等，其中与动叶高度和反动度的关系尤为密切。工程中 ψ 一般由试验确定，为计算方便，在叶高损失另行计算时（详见本章第三节），一般将 ψ 绘制成反动度 Ω_m 及 w_{2t} 的曲线以便查询，读者可以根据需要查阅相关文献和资料，ψ 值一般为 0.85～0.95。

还需指出的是，在绝热条件下，流动损失产生的热量被蒸汽吸收，使动叶栅出口的实际比焓值增大，所以动叶栅出口实际焓值为

$$h_2 = h_{2t} + \Delta h_{b\zeta} \tag{2-58}$$

最后，在汽轮机的设计中，动叶栅出口相对速度的方向角 β_2（相对排汽角）的选择随级的类型而不同。对于纯冲动级，由于蒸汽在动叶栅斜切部分不发生膨胀和偏转，可取 $\beta_2 \approx \beta_1$；对于带反动度的冲动级通常取 $\beta_2 = \beta_1-(3°～10°)$；对于反动级，由于 $\Delta h_n = \Delta h_b \approx 0.5\Delta h_t$，这表明在喷嘴和动叶栅中汽流的流动情况基本上一样，因此在实用中为了简化加工工艺，可将喷嘴与动叶采用相同的叶型，使得 $\beta_2 = \alpha_1$。

当 w_2 和 β_2 确定后，就可以根据式（2-50）和式（2-51）分别求解绝对速度 c_2 的大小和其方向角 α_2。

3. 余速动能和余速损失

当蒸汽以大于零的绝对速度 c_2 离开本级动叶时，蒸汽所带走的动能 $\Delta h_{c2} = c_2^2/2$ 称为本级的余速动能。对于单级汽轮机，这部分余速动能在该级已经不能转变为机械功，因此对该级来说是一种能量损失，因此也称为余速损失。但对于多级汽轮机，若在结构上采取一些措施（详见本章第四节），余速动能可以部分或全部被下级利用。一般用 μ_i（$i = 0, 1, 2, \ldots$）表示余速利用系数，如 μ_0 表示上级余速动能被本级利用的程度，而 μ_1 表示本级余速动能被下级利用的程度。引入余速利用系数后，上级余速动能被本级利用的量可表示为 $\mu_0\Delta h_{c0} = \mu_0 c_0^2/2$，也即本级喷嘴进口蒸汽所具有的动能，而本级的余速损失为 $(1-\mu_1)\Delta h_{c2}$。

四、蒸汽作用在动叶片上的力

由本章第一节分析可知，对于存在反动度的汽轮机级，从喷嘴流出的高速汽流进入动叶通道，对动叶施以冲动力和反动力，二者的合力为蒸汽对动叶片的作用力 F。由于蒸汽的流动方向与动叶的旋转方向有一定的角度，所以通常将这个力分解为沿圆周方向的周向力 F_u 和沿汽轮机轴线方向的轴向力 F_z。在图 2-5 中标示出坐标系、动叶进出口相对速度和方向角后的示意图如图 2-18 所示。周向力 F_u 推动叶轮旋转做功，而轴向力 F_z 使转子产生轴向位移。

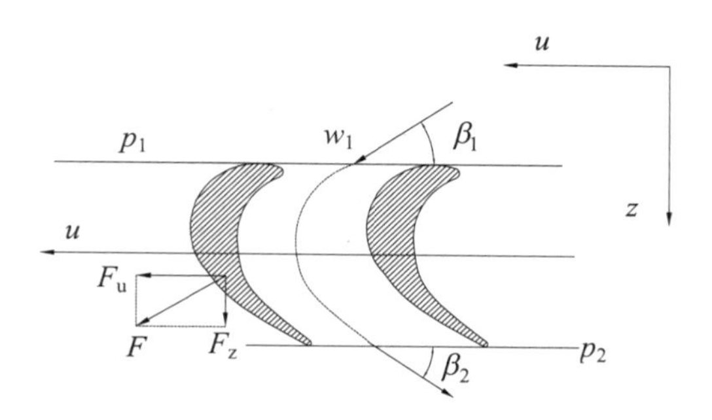

图 2-18　蒸汽作用于动叶栅上的力分析图

1．周向力 F_u 计算

在圆周方向上，假设蒸汽以质量流量 $\dot{m}$ 和相对速度 $w_1\cos\beta_1$ 流入动叶，在恒定流动的条件下，又以相对速度（$-w_2\cos\beta_2$）流出动叶，由于蒸汽的动量发生了变化，使得蒸汽受到了冲动力的作用。在圆周方向上对蒸汽应用动量定理可得

$$F_u' = \dot{m}(-w_2\cos\beta_2 - w_1\cos\beta_1) \tag{2-59}$$

式中，F_u' 为动叶在圆周方向上对汽流的作用力，N；$\dot{m}$ 为通过动叶的蒸汽质量流量，kg/s。

因此，根据牛顿第三定律，动叶所受的周向力 F_u 为

$$\begin{aligned} F_u &= -F_u' = \dot{m}(w_2\cos\beta_2 + w_1\cos\beta_1) \\ &= \dot{m}(c_2\cos\alpha_2 + c_1\cos\alpha_1) \end{aligned} \tag{2-60}$$

2．轴向力 F_z 计算

同理，在轴向上对蒸汽应用动量定理

$$F_z' + A_z(p_1 - p_2) = \dot{m}(w_2\cos\beta_2 - w_1\cos\beta_1) \tag{2-61}$$

则

$$F_z = -F_z' = \dot{m}(w_1\cos\beta_1 - w_2\cos\beta_2) + A_z(p_1 - p_2) \tag{2-62}$$

式中，F_z' 为动叶在轴向方向上对汽流的作用力，N；A_z 为动叶通道在轴向的投影面积，需根据汽轮机实际情况进行考虑，如果动叶的平均直径为 d_b，平均高度为 l_b，为全周进汽（全周进汽和部分进汽定义见本章第三节），则 $A_z = \pi d_b l_b$，m^2。

轴向力由汽轮机高压段指向低压端，只能对叶轮产生推力而不对叶轮做功，并会对汽轮机的运行造成不利影响。需指出的是，汽轮机中除了在动叶片上存在轴向推力，在叶轮面、轮毂（或转子凸肩）以及轴封凸肩上也存在轴向推力，这些力的合力构成了汽轮机转子上的总轴向推力。在多级汽轮机中，总轴向推力很大，如反动式汽轮机中可以达到 2～3MN；在冲动式汽轮机中也可达 1MN，因此该力的大小对于汽轮机的安全运行极为重要，一般要求它越小越好。在实际工程中，主要通过在汽轮机中设置推力轴承来承担这些力。除此之外，还常采取其他不同的平衡措施（如设置平衡活塞、开设平衡孔、采用鼓式转子等）减小轴向推力，使其大小符合推力轴承长期安全使用的要求。

五、汽轮机的轮周效率及速度比

1．轮周功 W_u 和轮周功率 P_u

单位时间内周向力 F_u 推动叶轮旋转所做的功，称为轮周功率 P_u（W），表达式为

$$P_u = F_u u = \dot{m}u(w_2\cos\beta_2 + w_1\cos\beta_1) = \dot{m}u(c_2\cos\alpha_2 + c_1\cos\alpha_1) \tag{2-63}$$

也可以容易得出单位质量流量蒸汽所做的轮周功 W_u（J/kg），即级的做功能力为

$$W_u = \frac{P_u}{\dot{m}} = u(w_2\cos\beta_2 + w_1\cos\beta_1) = u(c_2\cos\alpha_2 + c_1\cos\alpha_1) \tag{2-64}$$

同时，根据动叶进出口速度三角形的余弦定理，还可导出轮周功的另一表达形式为

$$W_u = \frac{1}{2}\left[(c_1^2 - c_2^2) + (w_2^2 - w_1^2)\right] \tag{2-65}$$

式（2-65）表明，单位质量流量蒸汽在一级内所做的轮周功 W_u 为两部分能量的代数和：蒸汽流流入流出该级动叶栅时的动能减少量 $(c_1^2 - c_2^2)/2$，以及蒸汽流经动叶栅过程中由于进一步膨胀，产生理想比焓降 Δh_b 而造成的动能增加量 $(w_2^2 - w_1^2)/2$。对于纯冲动级该项动能增加量为零。

另外，轮周功也可以通过能量守恒关系，从汽轮机级的热力过程线中得到其能量形式，汽轮机的轮周功应等于级内可以用来做功的比焓降，因此需要在级的滞止理想比焓降 Δh_t^* 基础上扣除流经喷嘴和动叶时的动能损失（$\Delta h_{n\zeta}$ 和 $\Delta h_{b\zeta}$）以及余速动能 Δh_{c2}，我们将这部分可以用来做功的比焓降称为轮周有效比焓降 Δh_u，即

$$W_u = \Delta h_u = \mu_0\frac{c_0^2}{2} + \Delta h_t - \Delta h_{n\zeta} - \Delta h_{b\zeta} - \Delta h_{c2} = \Delta h_t^* - \Delta h_{n\zeta} - \Delta h_{b\zeta} - \Delta h_{c2} \tag{2-66}$$

式中各符号含义与前文相同。

2. 轮周效率 η_u

单位质量流量蒸汽流过汽轮机某级时所产生的轮周功与蒸汽在该级中的理想可利用能量 E_0 之比，称为该级的轮周效率，用 η_u 来表示，即

$$\eta_u = \frac{W_u}{E_0} = \frac{\Delta h_u}{E_0} \tag{2-67}$$

需注意，定义轮周效率时不与级内滞止理想比焓降 Δh_t^* 进行比较，是因为考虑多级汽轮机中，某些级的余速动能中有部分能量或全部能量被下一级所利用，因此在计算理想能量 E_0 时，应考虑该级对上一级余速动能的利用 $\mu_0 c_0^2/2$，并减去被下一级利用的余速动能 $\mu_1 c_2^2/2$，则有

$$E_0 = \mu_0\frac{c_0^2}{2} + \Delta h_t - \mu_1\frac{c_2^2}{2} = \Delta h_t^* - \mu_1\frac{c_2^2}{2} \tag{2-68}$$

将式（2-64）和式（2-68）代入式（2-67），则可得轮周效率的表达式为

$$\eta_u = \frac{u(c_2\cos\alpha_2 + c_1\cos\alpha_1)}{\Delta h_t^* - \mu_1\frac{c_2^2}{2}} = \frac{2u(c_2\cos\alpha_2 + c_1\cos\alpha_1)}{c_a^2 - \mu_1 c_2^2} \tag{2-69}$$

式中，c_a为假想速度，定义式为$\Delta h_t^* = \frac{c_a^2}{2}$，即假定级的滞止理想比焓降$\Delta h_t^*$全部在喷嘴中膨胀时的喷嘴出口理想速度。

若将轮周功以能量的形式表示，则轮周效率又可表示为

$$\eta_u = \frac{\Delta h_t^* - \Delta h_{n\zeta} - \Delta h_{b\zeta} - \Delta h_{c2}}{\Delta h_t^* - \mu_1 \Delta h_{c2}} \tag{2-70}$$

式中各符号含义与计算方法与前文相同。

式（2-70）表明，如果汽轮机级内的喷嘴损失$\Delta h_{n\zeta}$、动叶损失$\Delta h_{b\zeta}$和余速动能Δh_{c2}比较大，则该级的轮周效率就比较低，反之亦然。轮周效率是衡量汽轮机级工作经济性的一个重要指标，应尽可能提高其值。由于在喷嘴和动叶的叶型选定后，喷嘴速度系数φ值和动叶速度系数ψ值就基本确定了，则影响轮周效率的主要因素为余速动能大小和余速动能利用程度，因此为了提高级的轮周效率，可以从两方面入手：其一是减小动叶出口绝对速度c_2的大小；其二是提高余速利用系数μ_1的大小。

3．速度比x_1

由上文分析可知，在确定流速系数φ和ψ后，轮周效率η_u的大小主要受余速动能大小和余速动能利用程度影响，也即受余速损失的影响，余速损失最小时，级具有最大的轮周效率；而余速损失的大小主要取决于动叶出口绝对速度c_2；由于动叶出口速度三角形又随进口速度三角形的变化而变化，因此可知余速损失的大小取决于动叶进口速度三角形的形状。在喷嘴出口方向角α_1不变时，动叶进口速度三角形的形状取决于其两邻边（即轮周速度u与喷嘴出口汽流速度c_1）的比值，我们将其定义为速度比x_1：

$$x_1 = \frac{u}{c_1} \tag{2-71}$$

因此可知，速度比与轮周效率存在制约关系，由此可以定义轮周效率η_u最高时，所对应的速度比称为最佳速度比，用$(x_1)_{op}$表示。

由于在设计和实验研究中，喷嘴和动叶之间的间隙很小，c_1不易测量，因此为了方便应用，常用一个假想速度比x_a来代替x_1，即用级的假想速度c_a代替速度比中的c_1，表达式为

$$x_a = \frac{u}{c_a} \tag{2-72}$$

引入假想速度比x_a后，容易通过c_1和c_a的计算式推得其与速度比x_1的数学关系

$$x_a = x_1 \varphi \sqrt{1 - \Omega_m} \tag{2-73}$$

4．速度比与轮周效率的关系

由轮周效率计算式（2-69）和上文的分析可知，计算式中含有与蒸汽在汽轮机级内流动和热力过程的诸多参数。在实际计算中，轮周效率的最终表达式将随汽轮机级类型和具体流动过程的不同而存在区别。以下分别按纯冲动级、带反动度的冲动级和反动级三种情况考虑速度比与轮周效率的关系，并由此得出三种情况下最佳速度比的表达式。

（1）纯冲动级情况。对于纯冲动级，由于$\Omega_m = 0$，$\Delta h_b = 0$，所以$w_1 = w_{2t}$，并有$w_2 = \psi w_{2t} = \psi w_1$。首先考虑本级不利用上级余速动能，本级的余速动能也不被下一级利用的情况（如单级汽轮机情况），是最简单的情形。对于该情况来说，$c_0 = 0$，且$\mu_0 = \mu_1 = 0$，因此蒸汽在喷嘴

中将完全膨胀至出口理想流速 c_{1t}（也即 c_a），于是轮周效率的表达式（2-69）化简为

$$\begin{aligned}\eta_u &= \frac{2u(c_1\cos\alpha_1 + c_2\cos\alpha_2)}{c_{1t}^2} \\ &= \frac{2u(w_1\cos\beta_1 + w_2\cos\beta_2)}{c_{1t}^2} \\ &= \frac{2u}{c_{1t}^2} w_1\cos\beta_1\left(1+\psi\frac{\cos\beta_2}{\cos\beta_1}\right)\end{aligned} \tag{2-74}$$

再根据进口速度三角形的关系 $w_1\cos\beta_1 = c_1\cos\alpha_1 - u$，并代入速度系数 φ、ψ 以及速度比的表达式，式（2-74）可以进一步化简为

$$\eta_u = 2\varphi^2 x_1(\cos\alpha_1 - x_1)\left(1+\psi\frac{\cos\beta_2}{\cos\beta_1}\right) \tag{2-75}$$

若以假想速度比的形式表示纯冲动级的轮周效率，由于纯冲动级 $\Omega_m = 0$，则由式（2-73）可得 $x_a = \varphi x_1$，代入式（2-75）可得

$$\eta_u = 2x_a(\varphi\cos\alpha_1 - x_a)\left(1+\psi\frac{\cos\beta_2}{\cos\beta_1}\right) \tag{2-76}$$

由上两式可知，在喷嘴和动叶的叶型选定后，φ、ψ、α_1、β_1 和 β_2 的数值也基本确定为常数，这时轮周效率只是速度比 x_1（或 x_a）的单值函数，规律如下：

1）当 $x_1 = x_a = 0$ 时，即 $u = 0$，易知叶轮不转动，无功的输出，轮周效率等于零。

2）当 $x_1 = \cos\alpha_1$ 时（$x_a = \varphi\cos\alpha_1$），即 $u = c_1\cos\alpha_1$，此时速度三角形应有 $\beta_1 = 90°$，且由前文分析可知对于冲动级 $\beta_1 \approx \beta_2 = 90°$，因此可得汽流作用在动叶上的轮周力等于零，蒸汽对动叶不做功，轮周效率也为零。

3）当 $0 < x_1 < \cos\alpha_1$ 时（$0 < x_a < \varphi\cos\alpha_1$），由式（2-75）可知 x_1 是随 $\cos\alpha_1$ 连续变化的曲线。

综合以上三点易知，x_1 在由 0 连续变化到 $\cos\alpha_1$ 的过程中，必存在一个使轮周效率达到最大值的速度比，即最佳速度比$(x_1)_{op}$，或以 x_a 表示的$(x_a)_{op}$，其值可以通过将式（2-75）对 x_1 或式（2-76）对 x_a 求极值的方法得到，即

$$(x_1)_{op} = \frac{1}{2}\cos\alpha_1 \tag{2-77}$$

$$(x_a)_{op} = \frac{1}{2}\varphi\cos\alpha_1 \tag{2-78}$$

对于纯冲动级，因 $\beta_1 \approx \beta_2$，$w_1 \approx w_2$，所以在相同的 α_1 和 c_1 下取不同的 u 可做出如图 2-19 所示的不同速度三角形（其中将出口速度三角形行了水平对称绘制），以阐明式（2-77）的物理含义。

由图 2-19 所示的速度三角形可知，c_1 不变，当 u 自 0 开始增大时，c_2 先是逐渐减小的；当 c_2 减小到最小后，随着 u 的增大，c_2 将开始增大。由此可知，余速动能（或余速损失）将随 x_1 的增大而先减小，减至最小值后再随 x_1 的增大而增大。

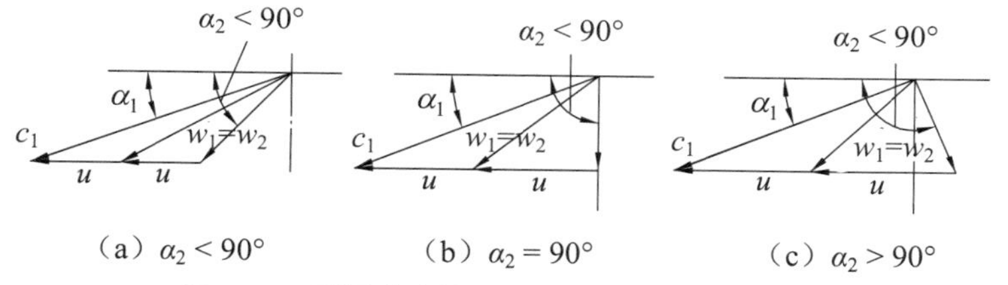

（a）$\alpha_2<90°$　（b）$\alpha_2=90°$　（c）$\alpha_2>90°$

图 2-19　不同速度比下纯冲动级的速度三角形

图 2-19 所示的速度三角形是将出口速度三角形反向和进口速度三角形画在一起而成的，由上述分析可知，c_2 达到最小值时，$\alpha_2=90°$，轮周效率应为最大，此时易从图中的几何关系得到 $x_1=u/c_1=(\cos\alpha_1)/2$，而此时的最佳速度比与式（2-77）的结果相同。由此可见，对于纯冲动级，最佳速度比的物理意义就是使动叶出口绝对速度 c_2 的方向角 α_2（绝对排汽角）为 90°（即轴向排汽）时的速度比，该情况下 c_2 值最小，η_u 最大。

在汽轮机中，由于纯冲动级一般 $\alpha_1=10°\sim16°$，最后几级的 α_1 可增大到 20°，因此纯冲动级的最佳速度比$(x_1)_{op}=0.47\sim0.49$。同时，若 $\varphi=0.97$，则$(x_a)_{op}=0.456\sim0.478$。

然后考虑纯冲动级本级利用上级余速动能，本级的余速动能也被下一级利用的情况，如多级汽轮机的中间级情况。对于该情况来说，μ_0 和 μ_1 不等于零，并同样考虑到纯冲动级的流动特征 $c_1=\varphi c_{1t}=\varphi c_a$，$w_2=\psi w_1$，$\beta_1\approx\beta_2$，再利用动叶出口速度三角形的关系，将以上各关系代入式（2-69）可推得轮周效率的表达式为

$$\eta_u=\frac{2x_a\left(\varphi\cos\alpha_1-x_a\right)\left(1+\psi\right)}{1-\mu_1\left[\varphi^2\psi^2+x_a^2\left(1+\psi\right)^2-2x_a\varphi\psi\left(1+\psi\right)\cos\alpha_1\right]}\tag{2-79}$$

将式（2-79）对 x_a 求一阶偏导数并令其等于零，可以求解出最佳速度比为

$$(x_a)_{op}=k-\sqrt{k\left(k-\varphi\cos\alpha_1\right)}\tag{2-80}$$

$$k=\frac{1-\mu_1\varphi^2\psi^2}{\mu_1\varphi\left(1-\psi^2\right)\cos\alpha_1}\tag{2-81}$$

为了对比纯冲动级在不同余速利用情况下轮周效率与速度比的关系，分别取 φ、ψ、α_1 为各自典型数值，根据式（2-79）绘出 $\mu_1=1$ 和 $\mu_1=0$ 时的轮周效率 η_u 与假想速度比 x_a 的关系曲线，如图 2-20 所示。由图 2-20 可得以下主要结论。

1）余速动能被利用时，级的最大轮周效率大于余速不能被利用时级的最大轮周效率，因此在多级汽轮机设计时，应充分利用各级的余速动能。

2）余速动能被利用时，级的最佳速度比增大了，这是 1）所导致的结果。

3）余速动能被利用的，级的轮周效率与速度比的关系曲线顶部有较大的平坦区，也就是说，余速利用使速度比对轮周效率的影响削弱了，即在较大的工况变动范围内，中间级可保持较高的轮周效率。

余速动能被利用的级的效率曲线之所以在最大值附近变化平稳，是因为如前所述，x_a 对轮周效率的影响主要是通过其对余速损失 Δh_{c2} 的影响表现出来的，由于 x_a 偏离最佳值使 c_2 和 Δh_{c2} 增大，所以轮周效率降低，但如果余速动能得到了利用，c_2 和 x_a 的变化对轮周效率的影响自然也就减弱了。

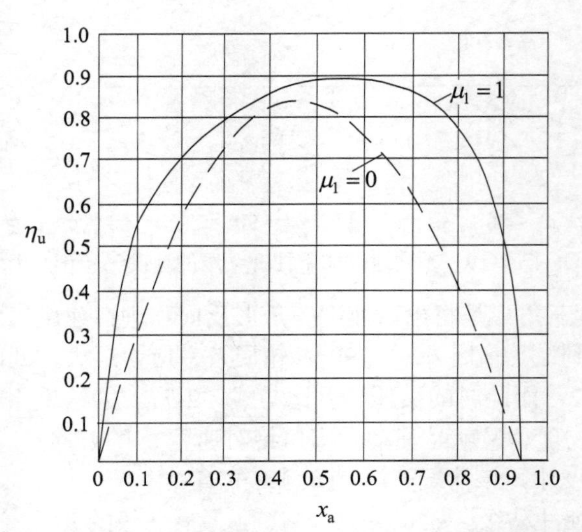

图 2-20 纯冲动级在不同的余速利用情况下轮周效率与速度比的关系曲线

而根据轮周效率曲线顶部比较平坦的特点，在汽轮机设计中，效率稍有降低便可较大地降低 x_a，而在级的直径一定时，降低 x_a 将使 c_a 和 Δh^*_t 增大，即提高了级的做功能力。

（2）反动级情况。对于反动级，$\Omega_m=0.5$，$\Delta h_n=\Delta h_b\approx 0.5\Delta h_t$（可认为 c_0 较小），由前文分析可知 $\alpha_1=\beta_2$，$\varphi=\psi$，则有 $w_2=c_1$。又根据反动式汽轮机级的工作原理可知，可以认为余速全部被利用，即 $\mu_0=\mu_1=1$。又因为在进出口三角形中圆周速度 u 大小相等，方向相同。因此易知动叶进出口速度三角形完全对称，且有 $w_1=c_2$。将上述关系代入轮周效率的计算式（2-69）中，可以推得反动级的轮周效率为

$$\eta_u=\frac{1}{1+\dfrac{\dfrac{1}{\varphi^2}-1}{x_1\left(2\cos\alpha_1-x_1\right)}} \tag{2-82}$$

由于在喷嘴形状确定后，速度系数 φ 就基本确定了，因此当式（2-82）中的 $x_1\left(2\cos\alpha_1-x_1\right)$ 为最大值时，η_u 有最大值。因此将 $x_1\left(2\cos\alpha_1-x_1\right)$ 对 x_1 求极值，可以得到反动级的最佳速度比为

$$(x_1)_{op}=\cos\alpha_1 \tag{2-83}$$

利用式（2-73）可以求得反动级时 x_a 和 x_1 的关系

$$x_a=\frac{x_1\varphi}{\sqrt{2}} \tag{2-84}$$

则可得

$$(x_a)_{op}=\frac{\varphi\cos\alpha_1}{\sqrt{2}} \tag{2-85}$$

若取 $\varphi=\psi=0.93$，$\alpha_1=20°$，则$(x_1)_{op}=0.940$，$(x_a)_{op}=0.618$。

同样，根据反动级的速度三角形也可看出反动级最佳速度比的物理意义：根据反动级的特点，可画出进出口速度三角形，如图 2-21 所示，根据上文分析，反动级动叶进出口三角形完全对称，而只有当 c_2 的方向角（绝对排汽角）为 90°（即轴向排汽）时，才能使 c_2 最小，

此时有 $u=c_1\cos\alpha_1$，即反动级的最佳速度比为 $\cos\alpha_1$，该结果与式（2-83）相同。

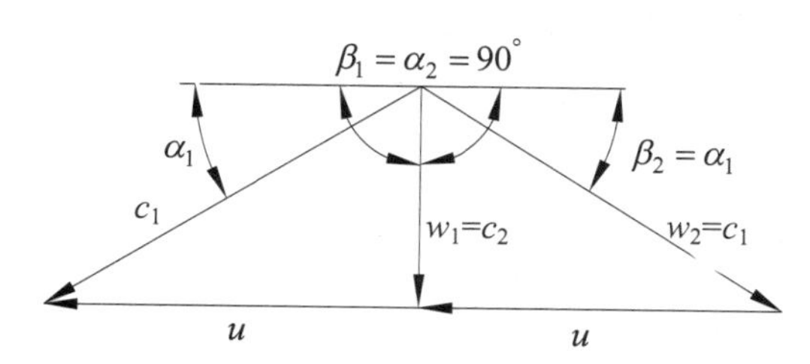

图 2-21　反动级最佳速度比下的速度三角形

另外，由式（2-82）也可得到反动级轮周效率和速度比的关系曲线，如图 2-22 所示。由图 2-22 可知，反动级的轮周效率曲线在最大值附近变化较为平坦，因此速度比在一定范围内偏离最佳值时不会引起效率的显著下降，所以反动级的变工况适应能力较强。并且由于蒸汽在反动级的动叶片中有膨胀，动叶损失较小，另外反动级的级间距离小，余速能够被下一级利用，使级的效率有所提高，因此在各自的最佳速度比下工作时，反动级的轮周效率高于纯冲动级。

但是，由于反动级的最佳速度比值比冲动级大，因此在轮周速度相同时，反动级所能承担的比焓降小，反动级的做功能力较冲动级小。而在相同的初终参数和圆周速度下，反动式汽轮机的级数要比冲动式的多。

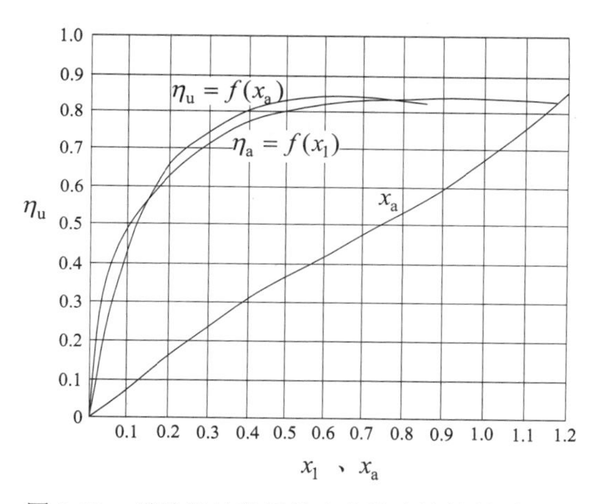

图 2-22　反动级的轮周效率和速度比的关系曲线

（3）带反动度的冲动级情况。对于带有反动度的冲动级，其反动度介于纯冲动级和反动级之间，一般为 0.05～0.30，理论上同样可以由式（2-69）推得该情况下的轮周效率表达式，但由于其表达式较为复杂，在这里不予给出，在工程中一般也仅对该情况进行理论分析，从而得出其最佳速度比与反动度和余速利用情况的关系，读者可以根据需要查阅相关文献和资料。

当 $\varphi=\psi=1$，$\beta_1\approx\beta_2$ 时，其最佳速度比可表示为

$$(x_1)_{op}\approx\frac{\cos\alpha_1}{2(1-\Omega_m)}\tag{2-86}$$

由式（2-86）可知，当 $\Omega_m=0$，也即纯冲动级情况，式（2-86）变为式（2-77）；当 $\Omega_m=0.5$，也即反动级情况，式（2-86）变为式（2-83）。这表明带反动度的冲动级，其最佳速度比介于纯冲动级和反动级之间，即$(\cos\alpha_1)/2<(x_1)_{op}<-\cos\alpha_1$，并随反动度的增大而增大。

第三节 汽轮机的级内损失和相对内效率

一、汽轮机的级内损失

由上节内容的分析可知，在理想情况下，汽轮机级热能转换为机械功的最大能量等于蒸汽在级内的理想比焓降 Δh^*_t，但实际上由于级内存在各种各样的损失，蒸汽的理想比焓降不可能全部转变为机械功，这些损失的存在，将使级的效率下降，因此为了提高汽轮机的效率，必须了解这些损失产生的原因、计算公式及减小措施。

我们将在汽轮机级内通流部分与流动、能量转换有直接联系的损失称为汽轮机的级内损失。蒸汽在汽轮机内进行能量转换的过程中，除了在叶栅内产生的喷嘴损失 $\Delta h_{n\zeta}$ 和动叶损失 $\Delta h_{b\zeta}$，以及排汽引起的余速损失 Δh_{c2} 之外，由于不同的工作条件、流动状况及不同结构形式等因素，会产生其他的级内损失。这些级内损失主要有叶高损失 Δh_l、扇形损失 Δh_θ、叶轮摩擦损失 Δh_f、部分进汽损失 Δh_e、漏汽损失 Δh_δ、湿汽损失 Δh_x 等。可见，前述的级轮周效率虽然是衡量级内蒸汽流动过程中能量转换程度的重要指标，但由于未完整考虑级内损失，因此并不是最终指标。而且，并不是每一级都存在所有这些损失。如全周进汽的级中没有部分进汽损失，采用扭叶片的级中没有扇形损失，不在湿蒸汽区工作的级没有湿汽损失等，也即在分析级内各项损失时，要根据级的结构、工作条件等实际情况进行确定。而且应注意，各项损失目前难以完全采用分析法进行计算，其计算公式大部分是根据试验研究所得，即在一定的试验条件下所获得的试验系数和半经验公式，不同的试验条件下得到的经验公式和计算结果将发生变化，这里仅限于从宏观上讨论各项级内损失的特点。

由于在绝热过程中，级内所有的能量损失都将转变成热能，加热蒸汽本身，因此级内损失都将使动叶出口的排汽焓值升高。在图 2-8 的基础上考虑了级内各项损失后，级的热力过程线修正为图 2-23 所示。

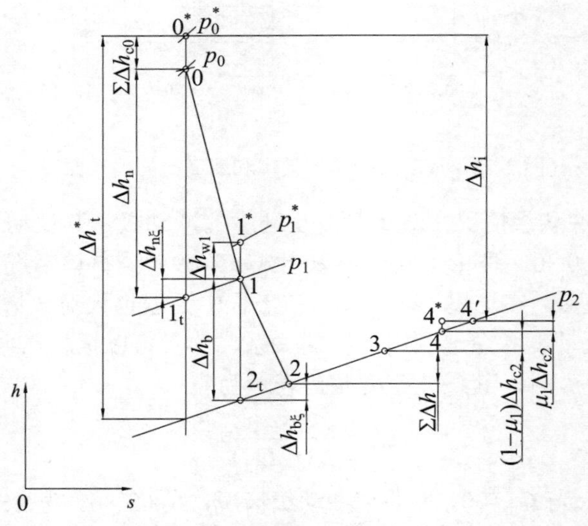

图 2-23 冲动级的实际热力过程线

图 2-23 中 0^*点为级前滞止状态点，1^*点为动叶进口的滞止状态点，若这一级的余速动能被下级部分利用，则 4^*点为下级进口的滞止状态点。图中的 $\Sigma\Delta h$ 表示除喷嘴损失 $\Delta h_{n\zeta}$、动叶损失 $\Delta h_{b\zeta}$、余速损失 Δh_{c2} 之外的其他级内各项损失之和；Δh_i 称为级的有效比焓降，它表示单位质量蒸汽所具有的理想能量中最后在转轴上转变为有效功的那部分能量。显然，级内损失越大，Δh_i 就越小。

1. 叶高损失 Δh_l

蒸汽流过动叶栅时，除了与通道中两个相邻叶片的表面存在摩擦而产生的摩擦损失外，在其通道的顶部和根部的两个端面处还将因边界层而产生摩擦损失。此外，由于内弧侧端面处的边界层摩擦损失会使端面汽流流速降低，使汽流在相邻叶片组成的弯曲流道内进行曲线运动产生的离心力（方向由背弧指向内弧）相应减小，并使内弧侧端面处的压强低于中部位置。汽流在此压差作用下从中部向端部流动。在端面的背弧侧情况则相反。因此将导致在内弧和背弧两个端面边界层内，横向的压差力大于离心力，使得边界层内的汽流在由进口流向出口的同时，还要产生由内孤向背弧的横向运动，称为二次流。而在靠近背弧侧的端面处，二次流与主流边界层相互作用，使背弧侧两端面上的边界层剧烈增厚，在大多数情况下将形成局部脱体。在汽流通道中二次流与主流方向的边界层合并堆积，最终形成由两个对称、方向相反的旋涡组成的涡流，如图 2-24 所示，由此涡流所产生的损失称为二次流损失。而在叶片通道中部位置，由于蒸汽流速大，上述压差力与汽流的离心力相平衡，故不会形成二次流损失。最终，由端部边界层摩擦损失和端部位置的二次流损失两部分共同组成的损失称为叶高损失，也叫作叶端损失。

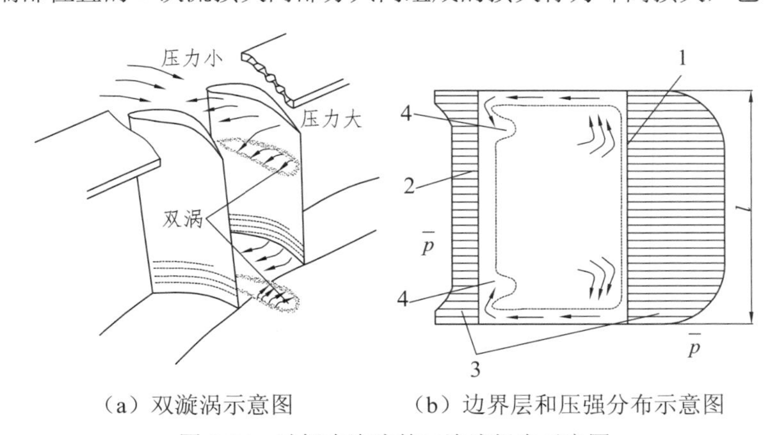

（a）双漩涡示意图　　（b）边界层和压强分布示意图

图 2-24　叶栅中汽流的二次流损失示意图

1-内弧侧；2-背弧侧；3-压强分布；4-边界层增厚区

试验表明，影响叶高损失的因素很多，如叶型、动叶栅的安装角、节距、进汽角等，其中最主要的因素是相对高度 $\bar{l}=\dfrac{l}{b}$（其中 l 为叶高，b 为叶型弦长）。当 $\bar{l}$ 大于某一值时，叶栅两端部旋涡对汽道中主流的影响不再增大，所以叶高损失的绝对值不再随 $\bar{l}$ 的增大而改变，因此 $\bar{l}$ 越大，叶高损失在总的损失中所占比例就越小。但当叶高一定时，增大 $\bar{l}$ 就必须减小弦长 b，因此在强度允许的范围内，应尽量采用较窄的叶片。

相反，叶片越短，叶高损失就相对越大，在短叶栅中叶高损失情况特别严重，为了减小这项损失，可以使叶栅斜切部分在高度上适当减小，这样汽流在斜切部分会略有加速，可减薄叶栅出口段背弧上的边界层，减少汽流向根部端面的流动，使根部的流动损失减小。

叶高损失 Δh_l 可以通过以下半经验公式计算：

$$\Delta h_l = \frac{a}{l}\Delta h_u \tag{2-87}$$

式中，a 为经验系数，由试验确定，对于单列级，$a = 1.2$，对于双列级，$a = 2$，mm；Δh_u 为轮周有效比焓降，即级内不包括叶高损失的轮周有效比焓降，表达式见式（2-66），kJ/kg；l 为叶高，对于单列级为喷嘴高度，对于双列级为各列叶栅的平均高度，具体计算式读者可根据需要查阅相关文献资料，mm。

叶高损失也可以用以下经验公式计算：

$$\Delta h_l = \zeta_l E_0 \tag{2-88}$$

$$\zeta_l = \frac{a_1}{l_n} x_a^2 \tag{2-89}$$

式中，ζ_l 为叶高损失能量系数；a_1 为经验系数，由试验确定；对于单列级，$a_1 = 9.9$；对于双列级，$a_1 = 27.6$，mm；l_n 为喷嘴平均高度，mm。其他符号含义与前文相同。

2. *扇形损失* Δh_θ

由于汽轮机的叶栅沿圆周布置成环形，因此叶栅的轴向断面呈扇形，相邻叶片并不平行，如图 2-25 所示。当采用等截面直叶片时，其叶栅的节距沿叶片高度变化，叶片越高，变化越大。喷嘴出口气流的切向速度的离心作用将气流向叶栅顶部挤压，使喷嘴出口的蒸汽压强沿叶高逐渐升高。此外，圆周速度沿叶高方向也会发生变化。

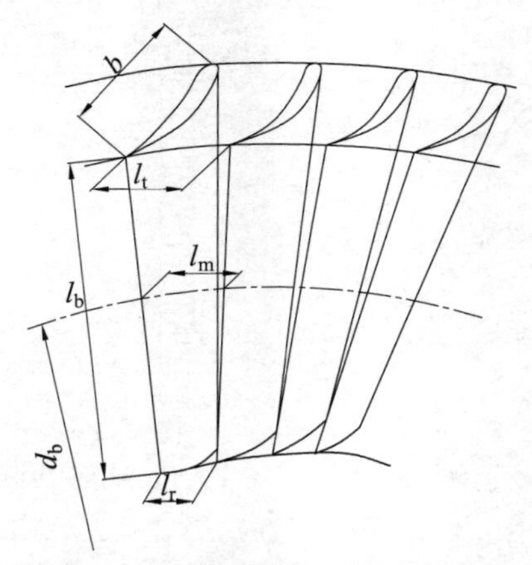

图 2-25 环形叶栅及结构参数示意图

在环形叶栅中，平均直径处参数为最佳，而在平均直径以外的叶高处的圆周速度、节距、蒸汽参数等数值将均发生偏离。如果在按一元流动理论对叶栅进行设计时，不考虑这种参数沿叶高的变化，仍以平均直径处的截面为基础选择最佳的叶栅节距及汽流角等参数，则只能保证平均直径处截面的参数符合设计条件下的最佳值，其他截面上参数偏离设计值引起附加损失，叶片越长，偏离越大。这些附加损失统称为扇形损失 Δh_θ。其大小通常用下列半经验公式计算：

$$\Delta h_\theta = \zeta_\theta E_0 \tag{2-90}$$

$$\zeta_\theta = 0.7\left(\frac{l_b}{d_b}\right)^2 \tag{2-91}$$

式中，ζ_θ为扇形损失能量系数，其他符号含义与前文相同。

由扇形损失产生的原理和上两式可知，扇形损失的大小与径高比$\theta = d_b/l_b$的平方成反比，θ越小，扇形损失越大。当$\theta > 8 \sim 12$时（短叶片），可采用等截面直叶片，叶片设计加工比较方便，扇形损失也较小；当$\theta < 8 \sim 12$时（长叶片），应按二元流动或三元流动理论考虑气流参数沿叶高方向变化的影响，把长叶片设计为型线沿叶高变化的变截面扭叶片，以减小扇形损失，提高效率，如图 2-26 所示，但扭叶片比直叶片设计加工困难，成本较高。

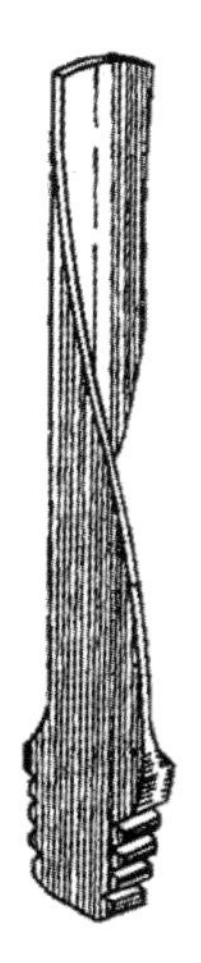

图 2-26　变截面扭叶片示意图

3. 叶轮摩擦损失 Δh_f

叶轮两侧充满具有黏性的蒸汽，当叶轮旋转时带动这些蒸汽旋转，由于无滑移边界条件，紧贴在叶轮侧面及外缘表面上的蒸汽速度与叶轮的圆周速度基本相等，而紧贴隔板壁和汽缸壁的蒸汽速度近似为零，如图 2-27 所示，因此在叶轮两侧及外缘的间隙中，蒸汽沿轴向形成速度差，从而形成了蒸汽微团之间以及蒸汽微团与叶轮之间的摩擦。克服这种摩擦和带动蒸汽质点运动，要消耗一部分轮周功。另外，由于紧靠叶轮两侧的蒸汽质点速度高，离心力大，产生向外的径向流动，而靠近隔板处的蒸汽质点由于速度小，离心力也小，因此向中心移动，填补叶轮处径向流动的蒸汽，于是在叶轮两侧形成了蒸汽涡流，这一涡流将消耗一部分轮周功，还使摩擦阻力增加。最终，以上摩擦阻力和涡流所造成的损失称为叶轮摩擦损失 Δh_f。

叶轮摩擦损失 Δh_f 可用以下半经验公式计算：

$$\Delta h_f = \zeta_f E_0 \tag{2-92}$$

$$\zeta_f = \frac{\Delta P_f}{P_{t0}} = \frac{k_1\left(\dfrac{u}{100}\right)^3 d^2 \dfrac{1}{\bar{v}}}{\dfrac{D\Delta h_t^*}{3600}} = \frac{k_1\left(\dfrac{u}{100}\right)^3 d^2 \dfrac{1}{\bar{v}}}{\dfrac{\pi\mu_s d_n l_n \sin\alpha_1 c_n \Delta h_t^*}{3600\bar{v}}}$$
$$= \frac{k_1\left(\dfrac{u}{100}\right)^3 d^2 \dfrac{1}{\bar{v}}}{0.436\times10^3 \mu_s d_n l_n \sin\alpha_1 \dfrac{1}{\bar{v}}\left(\dfrac{c_a}{100}\right)^3} \tag{2-93}$$

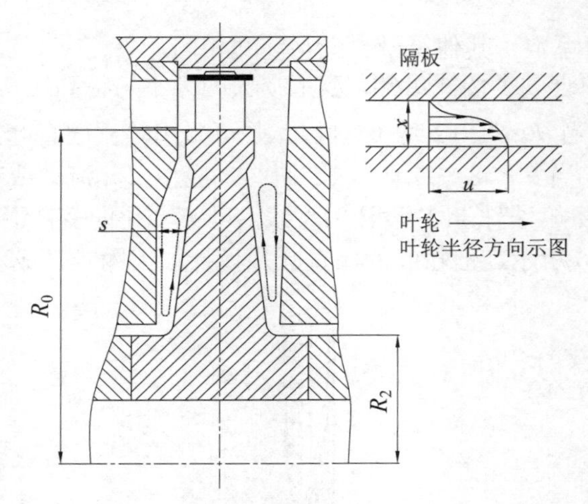

图 2-27　汽轮机级汽室内的气流速度分布示意图

式中，ζ_f为叶轮摩擦损失能量系数；ΔP_f为摩擦损失所消耗的功率，kW；P_{t0}为级的理想功率，kW；k_1为经验系数，对过热蒸汽$k_1 = 1.0$，对饱和蒸汽$k_1 = 1.2$～1.3；d为级的平均直径，m；$\bar{v}$为汽室中的蒸汽平均比体积，m^3/kg；D为级的蒸汽进汽流量，kg/h。

其他符号含义与前文相同。

若喷嘴平均直径$d_n \approx d$，喷嘴平均高度$l_n \approx l$，式（2-93）可简化为

$$\zeta_f \approx 2.3\times10^3 \frac{k_1 x_a^3 d}{\sin\alpha_1 l \mu_s} \tag{2-94}$$

由以上各式可知，影响叶轮摩擦损失的主要因素有圆周速度u、蒸汽平均比体积$\bar{v}$及级的平均直径d。从汽轮机高压级到低压级，u、$\bar{v}$、d都增大，但$\bar{v}$增大特别显著，对叶轮摩擦损失ΔP_f影响最大。在汽轮机的高压级中，由于比体积小，摩擦损失ΔP_f较大；低压级中由于比体积大，则ΔP_f较小。而且，叶轮摩擦损失系数与速度比x_a的三次方成正比，当x_a增大时，ζ_f将急剧增大。

而由叶轮摩擦损失的产生原理可知，为了减少这一损失，设计时应尽量减小叶轮与隔板间腔室的容积，即减小叶轮与隔板间的轴向距离，制造上应尽可能降低叶轮的表面粗糙度。由于反动式汽轮机采用无叶轮的鼓形转子，因此无叶轮摩擦损失。

4. 部分进汽损失 Δh_e

若喷嘴连续布满隔板（或汽缸）的整个圆周，则称为全周进汽；若喷嘴只布置在某个弧段内，其余部分不装喷嘴，则称为部分进汽，如图 2-28 所示，通常将工作喷嘴所占的弧段长度与占整个圆周长的比例e称为部分进汽度（$0 < e < 1$）。在实际汽轮机运行中，常通过汽阀控制某一段或几段喷嘴的进汽，即部分进汽，而对于采用部分进汽的级，存在部分进汽损失，否则该项损失为零。部分进汽损失Δh_e由鼓风损失Δh_w和斥汽损失Δh_s两部分组成，分别发生在不装喷嘴和装有喷嘴的弧段内。

（1）鼓风损失 Δh_w。在部分进汽的级中，喷嘴分组布置，在装有工作喷嘴的弧段内有工作蒸汽通过动叶栅通道，而在不装工作喷嘴的弧段内无工作蒸汽通过动叶栅通道。在静叶栅无喷嘴弧段和动叶栅的轴向间隙中充满了停滞的蒸汽。当动叶栅转到这段非工作弧段时，动叶两侧面与这弧段内停滞的蒸汽发生摩擦，产生摩擦损失。同时由于这部分蒸汽对动叶栅不产生推

动力，而需动叶栅像鼓风机一样带动停滞蒸汽旋转，将其从一侧鼓到另一侧，从而消耗一部分能量。最终这两部分损失组成了鼓风损失。需注意，由于动叶栅是全周布置的，所以鼓风损失是连续存在的。

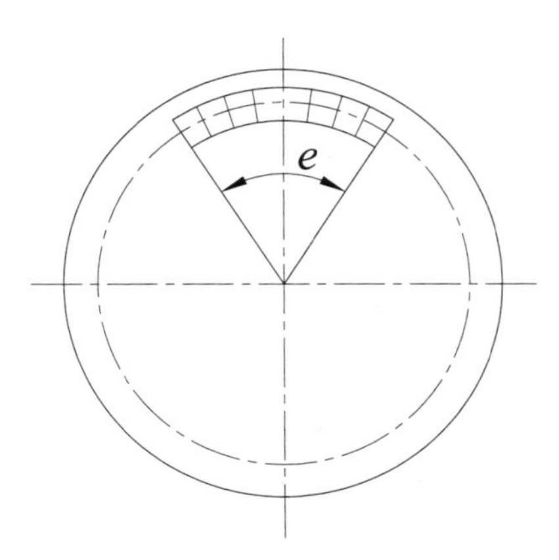

图 2-28　部分进汽隔板示意图

鼓风损失 Δh_{w} 可用以下经验公式计算：

$$\Delta h_{\mathrm{w}} = \zeta_{\mathrm{w}} E_0 \tag{2-95}$$

$$\zeta_{\mathrm{w}} = B_{\mathrm{e}} \frac{1}{e}\left(1 - e - e_{\mathrm{c}}\right) x_{\mathrm{a}}^3 \tag{2-96}$$

式中，ζ_{w} 为鼓风损失能量系数；B_{e} 为与汽轮机级的类型有关的系数，对单列级 $B_{\mathrm{e}} = 0.1\sim0.2$，对双列级 $B_{\mathrm{e}} = 0.4\sim0.7$；$e_{\mathrm{c}}$ 为装有护罩的弧段长度与整个圆周长度的比值。

由上两式可知，部分进汽度 e 越小，非工作汽流的区域越大，即部分进汽度 e 越小，则鼓风损失也越大，反之亦然。当部分进汽度小于 50%左右时，为了减小损失，可在动叶不进汽的弧段加装护罩，如图 2-29 所示。在不装喷嘴的弧段内把动叶罩住，以减少鼓动的蒸汽量，从而减小鼓风损失。

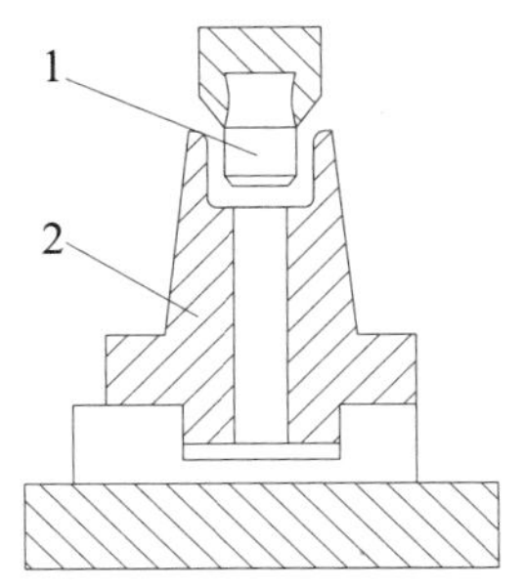

图 2-29　部分进汽时采用的护罩示意图

1-叶片；2-护罩

（2）斥汽损失 Δh_{s}。当动叶栅经过不装工作喷嘴的弧段时，会使动叶通道内充满了停滞的蒸汽，当带有停滞蒸汽的动叶通道转到静叶栅有工作喷嘴弧段时，从喷嘴出来的高速汽流为了排斥并加速这部分停滞的蒸汽，将消耗工作蒸汽的部分动能。此外，如图 2-30 所示，由于叶轮高速旋转和压强差的作用，在喷嘴组出口端 A 处的喷嘴和动叶栅间隙会产生漏汽，产生损失；而在喷嘴组进口端 B 处则相反，将出现吸汽现象，使间隙中的低速蒸汽进入动叶流道，扰乱主流，产生损失。以上这些损失称为斥汽损失，由于斥汽损失产生于静叶栅有喷嘴弧段的两端处，故又称为弧端损失。

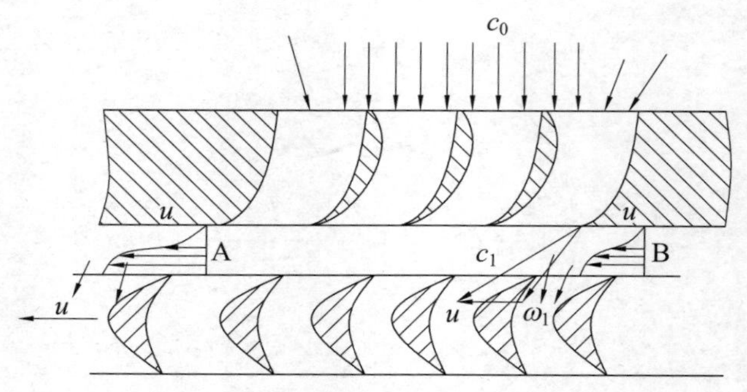

图 2-30　部分进汽时的蒸汽流动示意图

动叶栅每经过一组喷嘴弧段时就要产生一次斥汽损失，因此当部分进汽度相同时，所分的喷嘴组越多，则斥汽损失就越大。为了减少斥汽损失，应尽量减少喷嘴组数。

斥汽损失 Δh_s 可用以下经验公式计算：

$$\Delta h_s = \zeta_s E_0 \tag{2-97}$$

$$\zeta_w = C_e \frac{1}{e} \frac{Z_n}{d_n} x_a \tag{2-98}$$

式中，ζ_s 为斥汽损失能量系数；C_e 为与汽轮机级的类型有关的系数，对单列级 $C_e = 0.01 \sim 0.015$，对双列级 $C_e = 0.012 \sim 0.018$；Z_n 为喷嘴组数，若两组喷嘴间只相隔一个喷嘴节距，则作为一个喷嘴。其他符号含义与前文相同。

由上述分析可知，部分进汽损失 Δh_e 为

$$\Delta h_e = \Delta h_w + \Delta h_s \tag{2-99}$$

$$\zeta_e = \zeta_w + \zeta_s \tag{2-100}$$

式中 ζ_e 为部分进汽损失能量系数，其他符号含义与前文相同。

由上述讨论可知，为减少部分进汽损失，部分进汽度 e 不宜太小，但从减少叶高损失的角度来说，e 又不宜太大，故在选用时 e 应综合考虑，原则是使这两项损失之和为最小，通常 $0.15 \leqslant e \leqslant 0.8$。此外，还应设法减少喷嘴组数，以及减小两组喷嘴之间的间隙，使其不大于喷嘴的叶栅节距。同时，喷嘴组在圆周上安排时，应设法避免因隔板中分面结构的影响而使喷嘴组数增加。反动级由于动叶两侧压强差较大，为避免叶栅轴向间隙漏汽过大，则不能做成部分进汽的结构，故反动式汽轮机的调节级必须采用冲动级。

5. 漏汽损失 Δh_δ

在汽轮机的通流部分，隔板和转轴之间、动叶顶部与汽缸之间，在反动级中转鼓结构的静叶与转鼓之间都存在着间隙，并且各间隙前后的蒸汽都存在着压差，这使得一部分工作蒸汽不通过主汽流通道，而是经过径向间隙流过，因此将会发生不同程度的漏汽，造成损失，引起的损失称为漏汽损失。对于冲动级，有隔板漏汽损失和叶顶漏汽损失；对于反动级，有静叶根部漏汽损失和动叶顶部漏汽损失。

（1）隔板漏汽损失 Δh_p。在冲动式汽轮机的级中，由于隔板和转轴之间存在较大的压差，因

此一部分蒸汽流量 ΔG_p 将绕过喷嘴而从隔板与转轴之间的间隙中漏到后面的隔板与叶轮之间的蒸汽室中，由于这部分漏汽不经过喷嘴，所以不参加做功，形成漏汽损失，如图 2-31 所示。此外，这部分蒸汽还可能通过喷嘴和动叶根部之间的轴向间隙流入动叶栅，由于 ΔG_p 不是从喷嘴中以正确的方向进入动叶栅的，因此不但不做功，而且反而扰乱了动叶栅中的主流，造成附加能量损失。

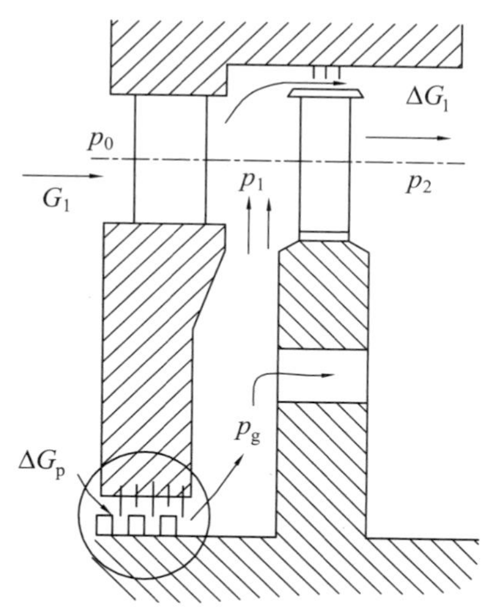

（a）隔板漏汽和叶顶漏汽

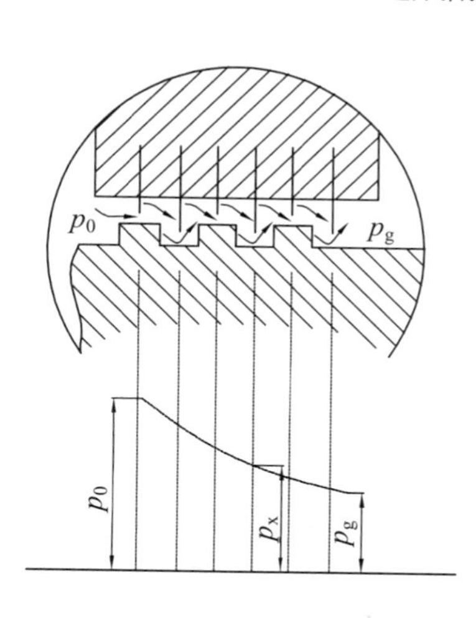

（b）高低齿汽封

图 2-31　汽轮机冲动级的汽封装置及漏汽示意图

由于蒸汽在隔板汽封中的流动情况与蒸汽在简单渐缩喷嘴中的流动情况大致相似，所以漏汽量 ΔG_p 的计算公式基本上与喷嘴流量计算公式（2-35）类似，即

$$\Delta G_p = \frac{\mu_p A_p c_{1p}}{v_{1t}} = \mu_p A_p \frac{\sqrt{2\Delta h_n^*}}{v_{1t}\sqrt{z_p}} \tag{2-101}$$

$$A_p = \pi d_p \delta_p \tag{2-102}$$

式中，μ_p 为汽封流量系数，一般取 $\mu_p = 0.7 \sim 0.8$；A_p 为汽封间隙面积，m^2；c_{1p} 为汽封齿出口流速，m/s；v_{1t} 为汽封齿出口蒸汽理想比体积，m^3/kg；z_p 为汽封高低齿齿数，如果是平齿，则应修正为 $z_p = \dfrac{z+1}{2}$，其中 z 为平齿数；d_p 为汽封高低齿两齿隙处直径的平均值，m；δ_p 为汽封间隙大小，m。

其他符号含义与计算方法与前文相同。

则隔板漏汽损失 Δh_p 为：

$$\Delta h_p = \frac{\Delta G_p}{G} \Delta h_u' \tag{2-103}$$

式中，G 为汽轮机级的质量流量，kg/s；$\Delta h_u'$ 为在轮周有效比焓降基础上扣除叶高损失和扇形损失的比焓降，即级内不包括漏汽损失的有效比焓降，$\Delta h_u' = \Delta h_t^* - \Delta h_{n\zeta} - \Delta h_{b\zeta} - \Delta h_{c2} - \Delta h_l - \Delta h_\theta$，kJ/kg。

由以上讨论可知，由于漏汽量 ΔG_p 正比于间隙面积 A_p 和间隙两侧的压差，所以为了减少漏汽损失，应从减小间隙面积和压差着手，而级中各处的压强大小由设计条件决定，通常不能随意改动。具体来说，减少漏汽损失可采取下列措施。

1）在隔板与转轴处采用梳齿形汽封（如图 2-31 右侧放大图所示）。因为梳齿形汽封的间隙可以做得很小，而且汽流通过每个齿隙时就发生一次节流作用，所以每个齿只承担整个压差的一部分，这样漏汽面积和压差都减小，从而减小了漏汽量。

2）在动叶根部设置轴向汽封，减少进入动叶的漏汽。

3）在叶轮上开平衡孔，并在动叶根部采用适当的反动度，使隔板漏汽通过平衡孔流到级后，避免漏汽进入动叶，扰乱主汽流。

（2）动叶顶部漏汽损失 Δh_t。动叶栅两侧有压强差时，由于动叶顶部和汽缸等静止部件间存在径向和轴向的间隙，因此从喷嘴流出的蒸汽有一部分 ΔG_t 经过间隙漏到动叶后，这部分漏汽不通过动叶通道，没有做功，成为了叶顶漏汽损失。叶顶漏汽的大小取决于级的反动度，因为对于冲动级，蒸汽流过动叶时不发生膨胀，因此动叶前后没有压差，动叶顶部漏汽量较小，可忽略不计；随着级的反动度的增大，动叶顶部的漏汽量增大，为减小这项损失，可在动叶顶部的围带上安装径向汽封和轴向汽封；对于无围带的动叶，可以将顶部削薄以达到汽封的作用，尽量设法减小扭叶片顶部的反动度。

同式（2-101）类似，动叶顶部漏汽量 ΔG_t 可用下式进行计算：

$$\Delta G_t = \frac{\mu_t A_t c_t}{v_{2t}} = \frac{\mu_t \pi (d_b + l_b) \bar{\delta}_t e \sqrt{2\Omega_t \Delta h_t^*}}{v_{2t}} \tag{2-104}$$

式中，μ_t 为动叶顶部间隙的流量系数，一般取 $\mu_t = 0.6\mu_n$；A_t 为汽封间隙面积，$A_t = \pi(d_b + l_b)\bar{\delta}_t$，$m^2$；$\Omega_t$ 为动叶顶部的反动度，即蒸汽在动叶顶部的相对膨胀程度；$\bar{\delta}_t$ 为动叶顶部的当量间隙，对于叶顶围带上同时装有轴向汽封和径向汽封的情况［如图 2-31（a）中右上角所示］，按式（2-105）计算，m。

$$\bar{\delta}_t = \frac{\delta_z}{\sqrt{1 + Z_r \left(\frac{\delta_z}{\delta_r}\right)^2}} \tag{2-105}$$

式中，δ_z 为动叶顶部的轴向间隙，m；δ_r 为动叶顶部的径向间隙，m；Z_r 为动叶顶部的径向汽封齿数。

则动叶顶部漏汽损失 Δh_t 为

$$\Delta h_t = \frac{\Delta G_t}{G} \Delta h_u' \tag{2-106}$$

式中符号含义与前文相同。

由于反动级的动叶栅两侧压强差较冲动级大，为了减小轴向推力，不能采用轴向面积较大的叶轮固定动叶栅，也不能采用隔板固定喷嘴叶栅，通常采用鼓式转子结构。由此结构特点可知，$\delta_1 = \delta_2 = \delta_r$，如图 2-32 所示，静叶根部漏汽损失量 ΔG_p 与动叶顶部漏汽量 ΔG_t 大小近似相等，因此两处的损失大小也近似相等，而且比冲动级要大。对于反动级，$\Delta h_n = \Delta h_b$，动叶顶部的漏汽损失常用以下经验公式计算：

$$\Delta h_t = \zeta_t E_0 \tag{2-107}$$

$$\zeta_t = 1.72 \frac{\delta_r^{1.4}}{l_b} \tag{2-108}$$

式中各符号含义与前文相同。

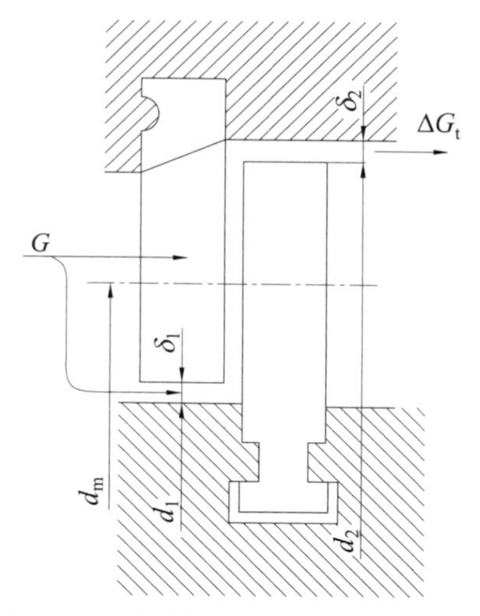

图 2-32　汽轮机反动级中漏汽示意图

6. 湿汽损失 Δh_x

蒸汽在汽轮机内做功时，随着蒸汽压强和温度降低，汽轮机的最末几级可能在湿蒸汽区内工作，此时会出现蒸汽带水现象。当级在湿蒸汽区内工作时，将产生湿汽损失。具体地说，湿汽损失一般由以下几种原因产生。

（1）湿蒸汽在喷嘴中膨胀时，一部分蒸汽凝结成水滴，使做功的蒸汽量减少，对做功造成损失。对于干度为 x 的每 1 kg 湿蒸汽中，大约减少$(1-x)$kg 的蒸汽量。这些由蒸汽凝结成的水珠不做功，而因其质量比蒸汽的质量大，因此其流速低于蒸汽流速，这样，高速蒸汽还会被低速水珠牵制，造成两者之间的碰撞和摩擦，消耗了部分动能，造成损失，通常也称为挟带损失。

（2）由于湿蒸汽流动中的水珠流速 c_{1x} 一般只能达到蒸汽流速 c_1 的 10%～13%左右。由速度三角形可知，在相同的圆周速度 u 下，水珠在进入喷嘴和动叶时，其方向角 β_{1x}（进汽角）远大于动叶栅进口几何角 β_1，流动方向将撞击在喷嘴和动叶的背弧上，如图 2-33 所示。若撞击在喷嘴背弧上，水滴就四处飞溅，扰乱主流，造成损失，通常也称为扰流损失；若撞击在动叶背弧上，对动叶栅产生制动作用，阻碍动叶的旋转，为克服水滴的制动作用力，将消耗叶轮的有用功，通常也称为制动损失。

（3）湿蒸汽的“过冷现象”也是造成湿汽损失的原因之一。在高速流动的蒸汽中，湿蒸汽的凝结往往出现滞后，不能及时释放出汽化潜热，形成了过饱和蒸汽或称过冷蒸汽，使得蒸汽不能有效地利用这部分热量，从而产生过冷损失。

由以上各种原因造成的损失总称为湿汽损失。湿汽损失 Δh_x 可用以下经验公式计算：

$$\Delta h_x = (1 - x_m)\Delta h_i' \tag{2-109}$$

式中，x_m 为级的平均干度，为该级喷嘴入口蒸汽干度 x_0 和动叶栅出口蒸汽干度 x_2 的算术平均值；$\Delta h_i'$ 为在 $\Delta h_u'$ 基础上扣除漏汽损失的比焓降，即级内不包括湿汽损失的有效比焓降，$\Delta h_u' = \Delta h_t^* - \Delta h_{n\zeta} - \Delta h_{b\zeta} - \Delta h_{c2} - \Delta h_l - \Delta h_\theta - \Delta h_\delta$，kJ/kg。

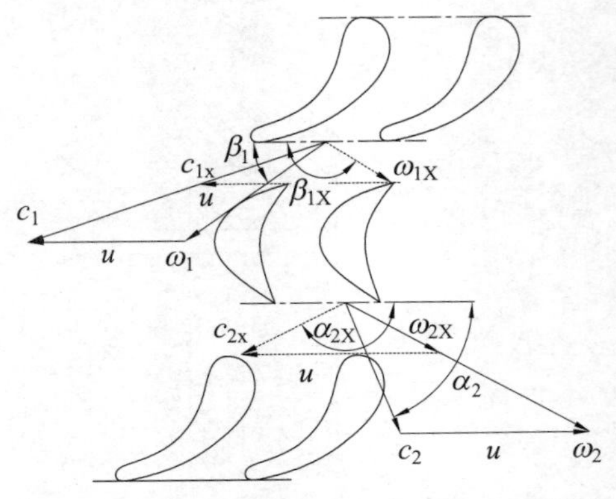

图 2-33 水滴对动、静叶栅的冲击示意图

由以上讨论可知，湿蒸汽的流动是一个很复杂的过程，对流动中湿蒸汽的“雾化”“珠化”等现象作用机理的研究，目前尚没有成熟的结果。因此，对湿汽损失的计算尚不准确。

湿蒸汽除了会使汽轮机级效率较低外，其更主要的危害在于它对叶片的浸蚀。大量实践证明，湿蒸汽的浸蚀是造成叶片损坏的主要原因之一。因此可以采用去湿装置，这将大大减少湿蒸汽中的水分，是提高动叶抗浸蚀能力的办法之一。此外，还应对叶片背弧表面进行处理，方法有：镶焊硬质合金、镀铬、局部淬硬、电火花硬化、氮化等。除上述办法外，还有很多有效的措施可提高叶片的抗侵蚀能力。但最根本的措施是运行中限制蒸汽的湿度，一般规定汽轮机末级叶片后排汽的最大可见湿度（指在 h-s 图上查得的湿度）不得超过 12%～15%。

二、汽轮机的级内损失对汽轮机热力过程的影响

如前文所述，轮周效率是衡量级内蒸汽能量转换程度的重要指标，但不是最终指标，因为其定义式中未考虑在级内产生的各项损失。而由图 2-23 可以看出，级的有效比焓降 $\Delta h_{\rm i}$ 表示单位质量蒸汽所具有的理想能量中最后转变为轴上有效功的那部分能量，以此为基准计算的效率才是衡量级内能量转换完善程度的最终指标。而且，将轮周损失以外的其他级内损失考虑进来后，才能得出保证获得最大相对内效率的级最佳速度比。

1. 级的相对内效率 $\eta_{\rm ri}$ 和相对内功率 $P_{\rm ri}$

级的有效比焓降 $\Delta h_{\rm i}$ 与级的理想能量 E_0 之比称为级的相对内效率 $\eta_{\rm ri}$，即

$$\begin{aligned}\eta_{\rm ri} &= \frac{\Delta h_{\rm i}}{E_0} \\ &= \frac{\Delta h_{\rm t}^* - \Delta h_{\rm n\zeta} - \Delta h_{\rm b\zeta} - \Delta h_{\rm c2} - \Delta h_{\rm l} - \Delta h_{\theta} - \Delta h_{\rm f} - \Delta h_{\rm e} - \Delta h_{\delta} - \Delta h_{\rm x}}{\Delta h_{\rm t}^* - \mu_1 \Delta h_{\rm c2}}\end{aligned} \tag{2-110}$$

若将级的相对内效率 $\eta_{\rm ri}$ 以各项损失系数表示，则有

$$\eta_{\rm ri} = 1 - \zeta_{\rm n} - \zeta_{\rm b} - (1-\mu_1)\zeta_{\rm c2} - \zeta_1 - \zeta_{\theta} - \zeta_{\rm f} - \zeta_{\rm e} - \zeta_{\delta} - \zeta_{\rm x} \tag{2-111}$$

式（2-111）中各符号含义与前文相同。其中虽然漏汽损失 Δh_{δ} 和湿汽损失 $\Delta h_{\rm x}$ 在前文中没有直接给出理想能量加权能量损失系数的表达式形式，但通过恒等变形也易分别得出以漏汽损失能量系数 ζ_{δ} 和湿汽损失能量系数 $\zeta_{\rm x}$ 为系数的表达形式，因此这里不再赘述。

由 $\eta_{\rm ri}$ 的表达式及前文对各项内部损失的分析可知，其与所选用的叶型、速度比、反动度、叶栅高度等有密切关系，也与蒸汽的性质和级的结构有关。

与式（2-93）中级的理想功率计算式相似，级的相对内功率 P_{ri}（kW）可由级的有效比焓降和蒸汽流量来确定，即

$$P_{ri} = \frac{D\Delta h_i}{3600} \tag{2-112}$$

式中各符号含义与前文相同。

2. 相对内效率与最佳速度比的关系

与轮周效率与最佳速度比的关系类似，级的相对内效率与速度比也有一个最佳的关系，而能保证获得最大相对内效率的速度比，才是级的最佳速度比。理论上可根据前文中级内各项损失的计算公式，分别求得它与速度比的关系；又因为由式（2-111）可知，级的相对内效率是在轮周效率的基础上扣除级内各项损失之和得到的，因此理论上可以推得级的相对内效率 η_{ri} 与速度比 x_a 的关系。但由于涉及影响因素的复杂性，实际上用解析法求解各种级的最佳速度比较为困难。在此，仅在轮周效率曲线的基础上扣除级内各项损失，以大致得到级的相对内效率曲线。

需要注意的是，由前所述的各项级内损失计算公式可知，叶高损失 Δh_l、叶轮摩擦损失 Δh_f、部分进汽损失 Δh_e 等都随着速度比的增加而增大，即使其他级内损失的计算公式中没有明显的与速度比的对应关系，但根据这些损失的机理易知，这种随速度比变化的规律同样存在，且随速度比变化的方向应是一致的，只是在数值上因具体条件而异。了解了这一规律，在设计中就能正确地选用最佳速度比。

级的相对内效率 η_{ri} 与速度比 x_a 的关系曲线如图 2-34 所示，图中曲线 a 表示叶高损失、叶轮摩擦损失和部分进汽损失系数之和（$\zeta_l + \zeta_f + \zeta_e$）随速度比 x_a 的变化曲线。为了便于比较，图中同时给出了轮周效率曲线。图中 η_{ri} 和 η_u 曲线分别表示余速利用系数为 0 时的级相对内效率曲线和轮周效率曲线；η'_{ri} 和 η'_u 曲线分别表示余速利用系数为 1 时的级相对内效率曲线和轮周效率曲线。由图可知，（$\zeta_l + \zeta_f + \zeta_e$）随 x_a 的增加而增大；而级内损失不仅使级的轮周效率降低，也会使最佳速度比值减小，即相对内效率最高时的最佳速度比小于轮周效率最高时的最佳速度比。这意味着若仍按轮周效率最高时的最佳速度比对汽轮机进行设计，不仅不能获得最高的级效率，而且还将增加制造费用。

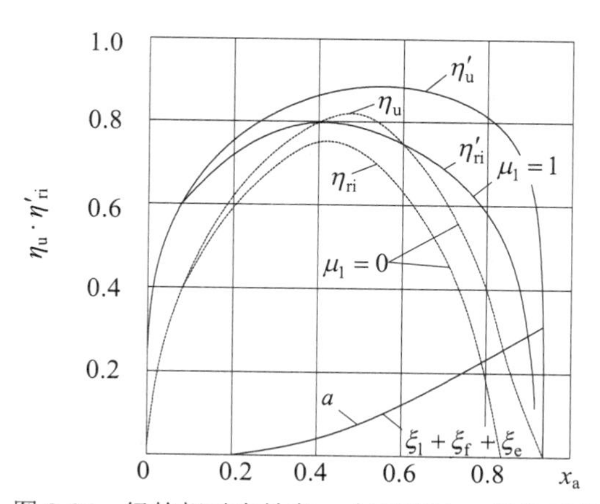

图 2-34 级的相对内效率 η_{ri} 与速度比 x_a 的关系曲线

a—损失系数（$\zeta_l + \zeta_f + \zeta_e$）与速度比 x_a 的关系曲线；η_{ri}—级的相对内效率曲线；η_u—轮周效率曲线

三、影响级相对内效率的结构因素

级内最大效率的实现，一方面需要某些热力参数达到最佳值，另一方面也依赖于通流部分结构的合理性。通流部分的结构不仅影响汽轮机的级效率，而且影响到汽轮机运行的安全，故设计时必须合理地加以确定，以提高经济性和安全性。这些结构因素大致包括盖度、轴向间隙、径向间隙、叶片宽度、拉筋和平衡孔几项。

1. 盖度

为了使蒸汽从喷嘴静叶栅流出时不致与动叶栅顶部和根部发生碰撞，从而顺利地流进动叶栅，动叶栅的进口高度 l'_b 必须稍大于喷嘴静叶栅的出口高度 l_n，两者之差称为盖度，用 Δ 表示，即 $\Delta = l'_b - l_n = \Delta_t + \Delta_r$，其中 Δ_t 称为顶部盖度，Δ_r 称为根部盖度，如图 2-35 所示。

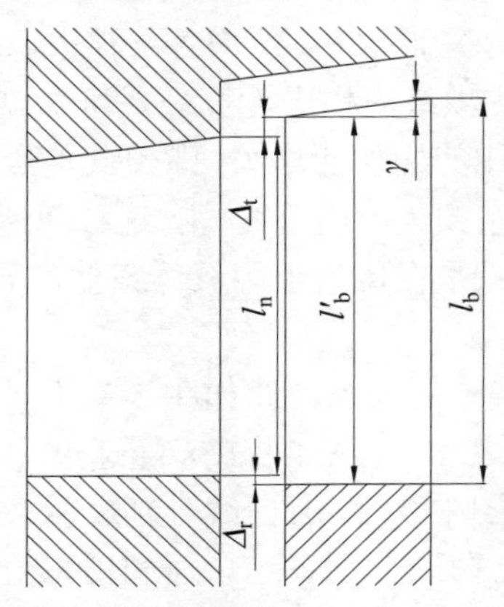

图 2-35 级的流通部分及盖度示意图

在汽轮机级中采用盖度，一方面能适应汽流径向扩散的要求，使汽流较好地进入动叶栅，减少叶顶漏汽损失；另一方面能够防止由于制造和装配上的误差，使动、静叶错位而造成喷嘴出口汽流撞击在围带和叶根上，产生额外的损失。但是如果盖度太大，将使汽流突然膨胀，以致在动叶顶部和根部产生很大的径向分速度，形成旋涡，降低级的效率，因此应合理选择最佳盖度。根据有关试验研究结果，当没有径向汽封时，盖度增大使叶顶漏汽损失减小，级效率显著提高；装有径向汽封时，盖度对级效率的影响则不明显。

在工程设计时，盖度的具体大小通常可以根据喷嘴高度查表选取，读者可根据需要查阅相关文献资料。需要注意的是，通常顶部盖度 Δ_t 要大于根部盖度 Δ_r，这是因为在离心力的作用下汽流将被压向顶部，所以顶部必须有较大的盖度。另外，当动叶栅蒸汽进出口的比体积 v_1 与 v_2 差别不大时，为了制造方便，可使动叶进出口高度相等，即 $l'_b \approx l_b$，但在汽轮机的末几级中，蒸汽压强较低并且反动度较大，动叶栅的比体积增大较快，所以常使动叶的出口高度 $l_b > l'_b$，也即使动叶的端部形成扩散形（图 2-35），一般应使扩散角 γ 不大于 15°～20°，否则易形成涡流损失。

2. 动、静叶之间的轴向间隙

动静叶栅之间的轴向间隙如图 2-36 所示，其中 δ_1 和 δ_2 为闭式轴向间隙，δ_z 为开式轴向间隙，因此动静叶栅之间的总间隙 $\delta = \delta_1 + \delta_1 + \delta_z$。

从减少漏汽角度看，开式轴向间隙 δ_z 越小越好，但由于机组运行中动静间的相对膨胀差的原因，为避免动静摩擦，δ_z 又不能太小，一般取 $\delta_z = 1.5 \sim 2.0$ mm。

闭式轴向间隙 δ_1 和 δ_2 的影响也是两方面的，较大时可减少喷嘴出口尾迹的影响，使动叶进口汽流均匀，可提高效率，但却使汽流与汽道上下壁面之间的摩擦增大，级效率降低。这种影响随着叶片高度的变化而不同，当叶高较小时，因增大闭式轴向间隙而带来的摩擦损失坏处与汽流均匀化带来的好处是互相补偿的。而在叶高较大时，效率的提高则是显著的。较大的闭式间隙还可以改善动叶的振动条件，并有利于分离低压级叶片中的水滴，所以这项措施对长叶片级是很有利的。轴向间隙的具体大小通常也可根据喷嘴高度查表选取，读者可根据需要查阅相关文献资料。

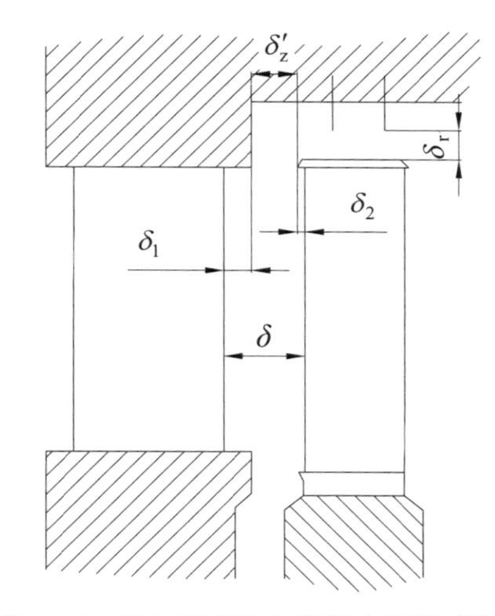

图 2-36　动叶顶部轴向和径向间隙示意图

3. 径向间隙

动静叶栅之间的径向间隙用 δ_r 表示，在叶顶加装围带和径向汽封可显著减少叶顶漏汽，如图 2-36 右上角所示，故大功率汽轮机的高压部分普遍采用叶顶径向汽封。从减小漏汽的角度看，δ_r 越小越好，但从机组振动和热膨胀看，δ_r 也不能取得太小。因此，δ_r 的选取要从安全、经济两方面考虑。一般设计时可取 $\delta_r = 0.5 \sim 1.5$mm，当叶高较大时，取偏大值，反之取偏小值。应当指出，叶顶漏汽不仅与径向间隙的大小有关，而且与径向汽封的齿数和开式轴向间隙 δ_z 的大小有关。当开式轴向间隙 δ_z 因存在差胀而需要取较大值时，需适当增加径向汽封的齿数和减小径向间隙，以控制叶顶漏汽量。

在隔板内缘与轴之间安装汽封装置，可有效减少隔板漏汽，特别是在高压级中隔板较厚时，汽封齿数可以增多并可采用高低齿的型式，效果较好，将图 2-31 中的隔板汽封部分放大后如图 2-37 所示；而对于低压级，可采用平齿汽封。图 2-37 中，汽封凹槽的开挡 Δ 和径向间隙 δ_p 都要取得恰当，既要考虑封汽效果，也要考虑防止动静摩擦：δ_p 太大，封汽效果不好；δ_p 太小，热膨胀时容易发生动静摩擦；Δ 太大，齿数就减少，漏汽量增加；Δ 太小，当差胀增大时，齿片容易碰坏。一般 $\Delta = 11 \sim 12$ mm，$\delta_p = 0.5 \sim 1.5$ mm。

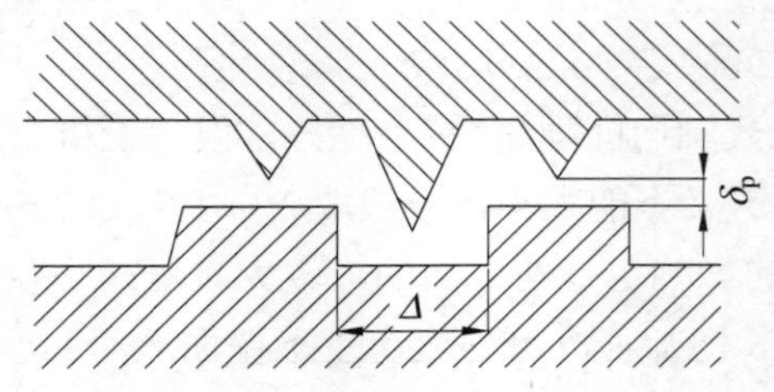

图 2-37 隔板汽封凹槽示意图

如前文对漏汽损失的分析可知，对于反动度较大的级，其动叶顶部漏汽量较大，在动叶顶部围带加设径向汽封是减小漏汽损失提高级效率的一项有效措施。尤其是反动式汽轮机高、中压缸各级动叶顶部均有径向汽封。装设径向汽封后，大约可将级效率提高 2%。

4. 叶片宽度

由前文对于叶高损失机理的分析可知，叶片宽度增大，将增加端部二次流损失，对较短叶片级的影响更大，所以采用窄叶片是有利的。但是在汽道表面粗糙度相同的情况下，叶片宽度减小，雷诺数也随之减小，这将导致叶片表面流动时由摩擦导致的能量损失显著增加，因此有一个最佳宽度。

在汽轮机的高压级，喷嘴高度较小，为减少损失，采用窄喷嘴。由于喷嘴窄，强度不足，高压隔板常加设加强筋来弥补，但加强筋的使用也带来了一定的附加损失，因此在选择导叶宽度时，要求对具体条件进行仔细的分析。一般对 $l_n < 60$ mm 的喷嘴采用导叶宽度为 $B_n = 25$ mm。

5. 拉筋

当动叶较长时，为了改善叶片的振动特性，通常在动叶中部采用拉筋把叶片连接起来，以提高叶片的刚度，拉筋也称为拉金。但是拉筋使动叶中蒸汽流动受阻，并使汽流产生扰动，造成级内损失增加，级效率降低。试验表明，单排拉筋降低效率约 1%～2%，双排拉筋降低效率约 2%～4%。需要注意的是，多排拉筋的相互作用会对汽流产生更不利的影响，所造成的损失可能超过各单排之和。因此，设计时尽量不采用拉筋结构。目前在长叶片级上常用叶冠结构来取代拉筋。非用拉筋不可，则用椭圆拉筋代替圆拉筋，以改善动叶通道的流场。

6. 平衡孔

虽然叶轮上开设平衡孔是为了减小轴向推力（结构可参考图 1-22 和图 2-4），但在客观上它对级效率起着不可忽视的影响。假如没有平衡孔，则不管反动度多大，通过隔板汽封的漏汽将全部流入动叶的主流区域中去，扰乱主流。有了平衡孔后，则平衡孔对级效率的影响取决于叶根反动度的大小和隔板漏汽量的多少。当叶根反动度过大或过小（甚至为负值）时，平衡孔会助长叶根的漏汽或吸汽，使级效率降低。隔板漏汽变化时平衡孔对级效率的影响曲线如图 2-38 所示，当隔板漏汽量 ΔG_p 较小时，无平衡孔的级效率（曲线 1）高于有平衡孔的级效率（曲线 2）；而当隔板漏汽量 ΔG_p 较大时，有平衡孔的级效率就高于无平衡孔的情况。这是因为当 ΔG_p 较小时，平衡孔起到了叶轮前后漏汽通道的作用，使叶根漏汽相对增多；而当 ΔG_p 较大时平衡孔可以减少吸汽损失。可见，平衡孔只有在动叶根部反动度适当或隔板漏汽量较大时才有利于级效率的提高。平衡孔的通流面积应能使隔板漏汽全部通过流到级后，在动叶根部不发生漏汽和吸汽，这样才能使级具有较高的效率。

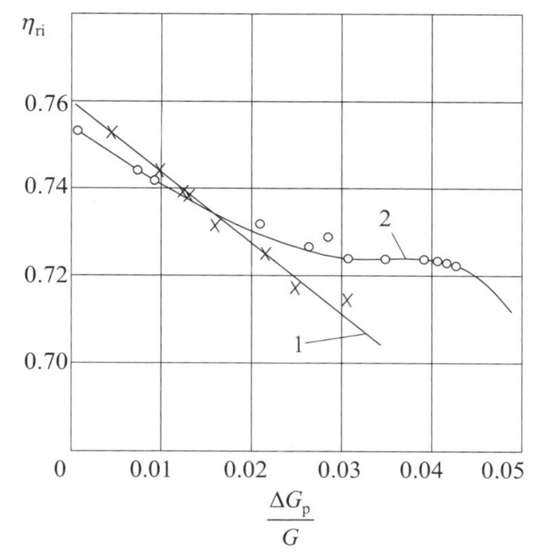

图 2-38　隔板漏汽变化时平衡孔对级效率的影响曲线
1-无平衡孔；2-有平衡孔

第四节　多级汽轮机的特点

一、多级汽轮机的工作特点和热力过程

为了满足电力生产日益增长的需要，世界各国都在生产大功率、高效率的汽轮发电机组。由式（2-112）可知，要想增大汽轮机的内功率，应增大汽轮机的有效比焓降和蒸汽流量（进汽量）。由本章第二节的分析可知，增大蒸汽流量和有效比焓降，可以通过提高汽轮机蒸汽初参数和降低背压来实现，这在提高机组循环热效率的同时也将增大汽轮机功率。首先，若增大有效比焓降，并仍设计成单级汽轮机，则将使喷嘴出口速度相应增大，为了保持汽轮机级在最佳速度比范围内工作，就必须相应地增大级的圆周速度，而增大圆周速度将使叶轮和叶片所受的离心力增大，因此受到叶轮和叶片材料强度条件的限制，所以比焓降不能无限制地增加。其次，若增大级的蒸汽流量，根据连续性方程，则要增大级通流中的最小面积，即增大级的平均直径或叶高，这同样将受到材料强度的限制。而且，这两种提高功率的方法是相关的，在提高汽轮机功率、增大比焓降的同时，必须相应地增加蒸汽流量，否则势必造成叶片的高度和喷嘴部分进汽度减小，使高压部分的级内损失增加，效率降低。综上，既要增大汽轮机功率又要保证高效率的唯一途径就是采用多级汽轮机，即其中每一级只负责总焓降的一小部分。

多级汽轮机是由按工作压强高低顺序排列的若干级组成的。常见的多级汽轮机有两种，即多级冲动式汽轮机和多级反动式汽轮机，其流通部分分别如本章第一节图 2-4 和图 2-7 所示。无论什么类型的汽轮机，其基本结构都可以分为转动部分（转子）和静止部分（静子）。转动部分主要包括主轴、叶轮、动叶和联轴器等；静子部分主要包括进汽部分、汽缸、隔板和静叶栅、汽封及轴承等。除静止和转动部分外，汽轮机本体上还设置了各种工作系统及装置，其中包括汽水系统、汽封系统、滑销系统、调节系统、供油系统和保护装置等，这些系统及装置共同保证汽轮机正常工作。

1. 多级汽轮机各级段的工作特点

多级汽轮机中，级按工作压强的高低顺序排列，蒸汽依次在各级中膨胀，各级均按最佳速度比选择适当的比焓降后，既能获得较大功率，又能保持较高效率。蒸汽进入汽轮机后依次通过各级膨胀做功，压强逐级降低，比体积则不断增大。尤其当蒸汽压强较低而又进入饱和区后，比体积增大得更快。因此，为了使逐级增大的体积流量顺利通过各级，各级通流面积必须相应逐级扩大，形成向低压部分逐渐扩张的通流部分。一般情况下，沿着蒸汽的流动方向可把多级汽轮机分为高压段、中压段和低压段三部分，对于分缸的大型汽轮机则分为高压缸、中压缸和低压缸。由于各部分所处的条件不同，各段有不同的工作特点。

（1）高压段。在多级汽轮机的高压段，工作蒸汽的压强、温度很高，比体积较小，因此通过该级段的蒸汽体积流量较小，所需的通流面积也较小。在高压段，为了保证有足够的喷嘴出口高度及增大轮周功，常使喷嘴排汽角 α_1 较小，对于冲动式汽轮机 $\alpha_1 = 11°\sim14°$，对于反动式汽轮机 $\alpha_1 = 14°\sim20°$。

在高压段的各级中，各级比焓降不大，各级的比焓降差别也不大。这是因为通过高压段各级的蒸汽体积流量较小，为了增大叶高以减小端部损失，叶轮的平均直径就较小，相应的圆周速度也较小；为保证各级在最佳速度比附近工作，喷嘴出口汽流速度也较小，故各级比焓降不大；由于高压段各级的比体积变化较小，因而各级的直径变化不大，所以各级比焓降差别也不大。

在冲动式汽轮机的高压段，由于流通面积及通道面积变化都较小，因此级的反动度一般不大。当静、动叶根部间隙不吸汽、不漏汽时，根部反动度较小，这样，虽然沿叶片高度从根部到顶部的反动度不断增大，但高压段各级的叶片高度较小，故平均直径处的反动度较小。

高压段各级中可能存在的级内损失有：喷嘴损失、动叶损失、余速损失、叶高损失、扇形损失、叶轮摩擦损失、部分进汽损失、漏汽损失等。由于高压段蒸汽的比体积较小，漏汽间隙不可能按比例减小，故漏汽量相对较大，漏汽损失较大。对于部分进汽的级，由于不进汽的动叶弧段成为漏汽的通道，故漏汽损失更有所增大。同样，由于高压段蒸汽的比体积较小，叶轮摩擦损失就较大。此外，高压段叶片高度相对较小，使叶高损失较大。高压段位于过热蒸汽区，所以没有湿汽损失。综上所述可以看出，高压段各级的效率相对较低。

（2）低压段。低压段的特点是蒸汽的体积流量很大。这要求低压段各级具有很大的通流面积，因而叶高势必很大。为了避免叶高太大，有时不得不把低压段各级的喷嘴排汽角 α_1 取得较大，从而使圆周方向的分速度与轮周功减小。

低压段的蒸汽体积流量很大，故叶轮直径大幅度增大，圆周速度增大较快。为了保证有较高的级效率，各级均应在最佳速度比附近工作，这时各级的比焓降相应增大较快。

级的反动度在低压段明显增大。其原因有两方面：一方面是低压段叶高很大，为保证叶片根部不出现负反动度，则平均直径处的反动度较大；另一方面是级的比焓降大，为避免喷嘴出口汽流速度超过声速过多而采用缩放喷嘴，因此只能增加级的反动度，以减小喷嘴中承担的比焓降。

从低压段的损失看，由于蒸汽体积流量很大，而通流面积受到一定限制，因此余速动能较大，但各级余速动能一般都可被下一级利用；低压段处于湿蒸汽区，湿汽损失越往后越大；叶片高度很大，漏汽间隙所占比例很小，故漏汽损失很小，叶高损失也很小；蒸汽比体积很大，故叶轮摩擦损失很小；低压段常采用全周进汽，故没有部分进汽损失。总之，主要由于湿汽损失大，使低压段的效率较低，特别是最后几级，效率降得更多。

（3）中压段。中压段的情况介于高压段和低压段之间。为了保证汽轮机通流部分畅通，各级喷嘴叶高和动叶叶高沿蒸汽流动方向是逐级增大的，故中压段各级的反动度一般介于高压段和低压段之间且逐级增加。

由于中压段蒸汽的比体积不像高压段那样很小，也不像低压段那样大，因此漏汽损失较小，叶轮摩擦损失较小；叶片高度较大，故叶高损失较小；一般为全周进汽，故没有部分进汽损失；中压段不在湿蒸汽区，故没有湿汽损失；级的余速动能一般能被下一级利用。由此可见，中压段各级的级内损失较小，效率比高压段和低压段都高。

2. 多级汽轮机的热力过程

蒸汽在多级汽轮机中的膨胀做功过程在 *h-s* 图上的热力过程线如图 2-39 所示。0′点为第一级喷嘴前的蒸汽状态点，1 点为第一级喷嘴后的状态点，根据第一级的各项级内损失，可定出第一级动叶栅的排汽状态点 2 点，将 0′点与 2 点用一条光滑曲线连起来，则得出了第一级的热力过程线。而第一级的排汽状态点又是第二级的进汽状态点，同理可绘出第二级的热力过程线。依此类推，可绘出以后各级的热力过程线。把各级的过程线顺次连接起来就是整个汽轮机的热力过程线。图 2-39 中 p_c 为汽轮机的排汽压强，即汽轮机的背压，ΔH_t 为多级汽轮机的理想比焓降，ΔH_i 为多级汽轮机的有效比焓降。从图 2-39 中可以看出，多级汽轮机的有效比焓降 ΔH_i 等于各级有效比焓降 Δh_i 之和，即 $\Delta H_i = \sum \Delta h_i$ 。多级汽轮机的内功率等于各级内功率之和。最终，多级汽轮机的相对内效率则可按下式计算：

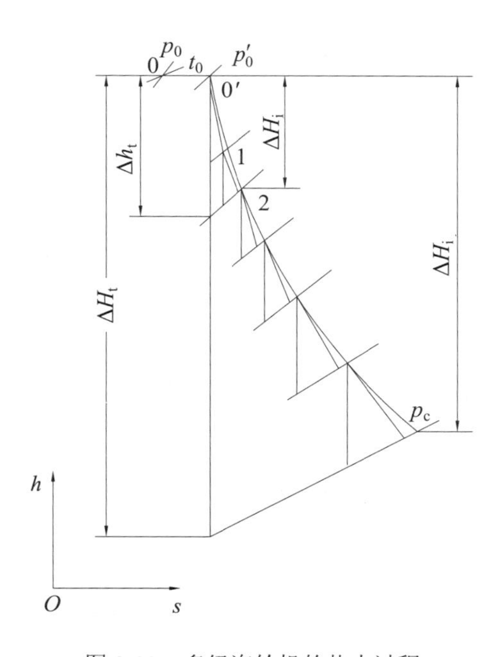

图 2-39　多级汽轮机的热力过程

$$\eta_{ri} = \frac{\Delta H_i}{\Delta H_t} \tag{2-113}$$

二、多级汽轮机的余速利用

1．余速利用对级效率的影响

在单级汽轮机中，蒸汽离开单级动叶片时还有较高的速度 c_2，而这部分能量成为了余速损失 Δh_{c2}。在多级汽轮机中，由于蒸汽依次经过各级，前一级的排汽就是后一级的进汽，在一定条件下，前一级排汽的余速动能可以全部或部分地作为后一级的进汽动能而被利用，而由级的相对内效率 η_{ri} 表达式（2-110）可知，这将使多级汽轮机各级的相对内效率得到提高。

2．余速利用对整机效率的影响

余速利用对整机热力过程线的影响如图 2-40 所示，当各级余速动能都不被利用时，这部分能量将耗散为热能，并加热蒸汽本身，此时第一级的实际排汽点（也即第二级的进汽点）为 c 点，abc 为第一级的热力过程线。依此类推，汽轮机末级排汽状态点为 d 点，整机的有效比焓降为 $\Delta H_{\rm i}$。当各级余速均被利用时，第二级的进汽状态点为 b 点，进口滞止状态点为 c'点，依此类推，则末级排汽状态点为 d'点，此时汽轮机的有效比焓降为 $\Delta H'_{\rm i}$。因此可知，余速利用后，整机热力过程线左移，且有效比焓降增大，汽轮机效率得到提高。

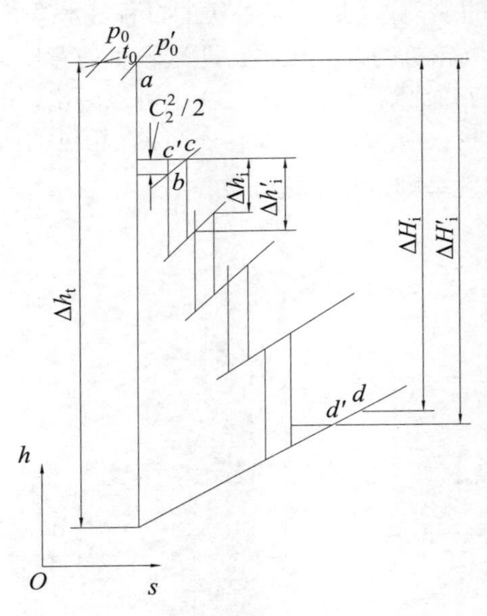

图 2-40 余速利用对整机热力过程线的影响

3．实现余速利用的条件

多级汽轮机中相邻两级之间关系较为复杂。因此，余速利用的实际情况也是不同的，能否利用上级余速，主要取决于以下条件。

（1）相邻两级的部分进汽度相同。对于大功率汽轮机，除调节级外，其余各级（非调节级）均为全周进汽，部分进汽度相同，因此余速动能大多能够在下一级得到利用；而调节级与第一非调节级之间部分进汽度不同，故调节级余速基本不能利用。

（2）相邻两级的平均直径相近。一般非调节级相邻级的平均直径比较接近，通道之间的过渡平滑，因此上一级的余速动能可以顺利传递到下一级中；调节级通常承担的比焓降大，平均直径比相邻级大，这种情况下调节级的余速不能被下一级利用。

（3）相邻两级之间的轴向间隙要小，流量变化不大。这两个条件一般都能满足，试验表明，即使两级之间有回热抽汽，对余速利用的影响也不大。

（4）前一级的排汽角 α_2 应与后一级喷嘴的进汽角 α_1 一致。在变工况时，排汽角 α_2 会有较大的变化，但一般喷嘴的进汽边都加工成圆角，能适应进汽角度在较大范围内的变化，所以这一条件通常能满足。

综上所述，多级汽轮机中间级的余速动能基本上都能被后一级充分利用，所以在设计时就不一定要求每一级都轴向排汽，可以在直径、转速不变的条件下采用比较小的速度比来增加每一级可承担的比焓降，使总的级数减小。

三、多级汽轮机的重热现象

现考虑四级汽轮机的热力过程线（图 2-41）。由图 2-41 可见，当各级没有损失时，各级的理想比焓降分别为 $\Delta h'_{t1}$、$\Delta h'_{t2}$、$\Delta h'_{t3}$ 和 $\Delta h'_{t4}$。整机的总理想比焓降 ΔH_t 为

$$\Delta H_t = \Delta h'_{t1} + \Delta h'_{t2} + \Delta h'_{t3} + \Delta h'_{t4} \tag{2-114}$$

当第一级存在级内损失时，蒸汽得到加热，其排汽的温度和比焓值较没有损失时要高，导致第二级的理想比焓降为 Δh_{t2}。但由于在水蒸气的 h-s 图上等压线沿着熵增的方向呈扩散状，因此 $\Delta h_{t2} > \Delta h'_{t2}$。第三级和第四级的情况同理。则最终各级的累计理想比焓降 $\sum \Delta h_t$ 为

$$\sum \Delta h_t = \Delta h'_{t1} + \Delta h_{t2} + \Delta h_{t3} + \Delta h_{t4} \tag{2-115}$$

可见，在多级汽轮机中，由于级内损失的存在，各级理想比焓降之和 $\sum \Delta h_t$ 大于整机的理想比焓降 ΔH_t。这样上一级的损失（客观存在）造成比熵的增大将使后面级的理想比焓降增大，即上一级损失中的一小部分可以在以后各级中得到利用，这种现象称为多级汽轮机的重热现象。

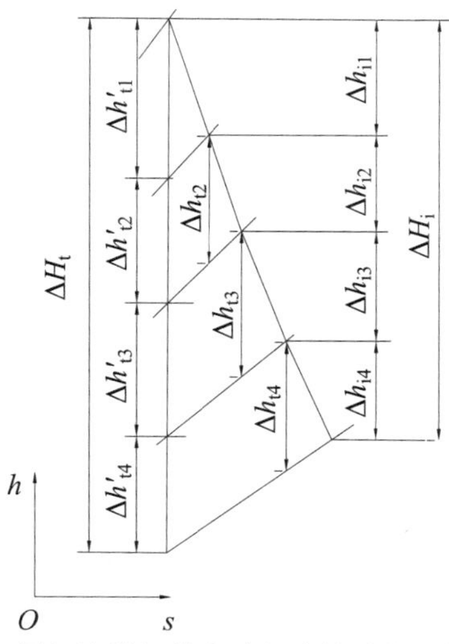

图 2-41　四级汽轮机热力过程线的重热现象示意图

我们将由于重热现象而增加的理想比焓降占汽轮机理想比焓降的比例称为重热系数，用 α 表示

$$\alpha = \frac{\sum \Delta h_t - \Delta H_t}{\Delta H_t} \tag{2-116}$$

设各级的内效率为 η_{rim}（为讨论方便，假设汽轮机各级的相对内效率相等，或取各级的内效率平均值），则它与汽轮机整机的内效率有如下关系，

$$\begin{aligned}\Delta H_i &= \eta_i \Delta H_t \\ &= \sum \Delta h_i = \eta_{rim} \sum \Delta h_t\end{aligned} \tag{2-117}$$

将式（2-116）代入式（2-117）可得

$$\eta_i = \eta_{rim}(1+\alpha) \tag{2-118}$$

从式（2-118）可以看出，重热现象使多级汽轮机的整机相对内效率大于各级的平均相对内效率。重热现象使前面级的损失在后面级中得到了部分利用，因此提高了整机内效率。但是需特别指出的是，这一结论只表明当各级有损失时，整机的效率要比各级平均的效率高，而不是说有损失时整机的效率比没有损失时整机的效率高。更不应简单地认为重热系数越大，多级汽轮机整机的内效率就越高，因为 α 越大，说明各级的损失越大，重热只能回收利用总损失中的一小部分，而这一小部分远不能补偿损失的增大。一般 α 为 0.04～0.08。

重热系数 α 的大小与下列因素有关。

（1）多级汽轮机各级的相对内效率。若级的相对内效率为 1，即各级没有损失，后面的级也就无损失可利用，则重热系数 $\alpha = 0$。级的相对内效率越低，则损失越大，后面级可供利用的部分也相对越多，α 值也就越大。

（2）多级汽轮机的级数。级数越多，则前面级的损失被后面级利用的可能性越大，被利用的总份额也越大，α 值也就越大。

（3）各级的蒸汽初参数。当初温越高初压越低时，初态的比熵值较大，膨胀过程接近等压线间扩张较大的部分，α 值较大。此外，由于在过热蒸汽区等压线扩张程度较大，而在湿蒸汽区较小，因此在过热区 α 值较大，在湿汽区 α 值较小。

四、多级汽轮机的损失

由式（2-118）可知，为了准确计算多级汽轮机整机的效率，需要全面考虑多级汽轮机中存在的各项损失。而多级汽轮机的损失具体分为两大类：一类是指不直接影响蒸汽状态的损失，称为外部损失，具体包括机械损失和外部漏汽损失两种；另一类是指直接影响蒸汽状态的损失，称为内部损失，多级汽轮机中除了在各级内要产生各种级内损失外，还存在着进汽结构的节流损失、中间再热管道的压强损失及排汽管中的节流损失，这几项损失对蒸汽的状态参数都有影响，因此均称为内部损失。

1. 多级汽轮机的外部损失

（1）机械损失 Δp_m。汽轮机运行时，要克服支撑轴承和推力轴承的摩擦阻力，还要带动主油泵、调速器等，这将消耗一部分有用功而造成损失；对于高速汽轮机还要带动减速器，也需要消耗一定的能量；这些损失统称为机械损失 Δp_m（Pa），计算式详见式（2-122），由式（2-122）可知其大小与转速有关，并随转速增大而增大。由于存在机械损失，汽轮机联轴器上可用来带动发电机的功率（称为汽轮机的轴端功率或有效功率）将小于汽轮机内部实际发出的功率（即内功率）。

对于同一台汽轮机，转速一定时，Δp_m 在不同负荷下近似为一常数，因此汽轮机的机械效率是随内功率的增加而增大的。对于不同功率的机组，功率大的机组的调速器、主油泵等所消耗的功率并不成正比增大，所以大功率机组的机械效率比小功率机组高。

（2）外部漏汽损失。汽轮机的主轴在穿出汽缸两端时，为了防止动静部分间的摩擦，主轴与汽缸端部之间总要留有一定的间隙。又由于汽缸内外存在着压差，且蒸汽压强比外界压强要高得多，则必然会使高压段有一部分蒸汽向外漏出，这部分蒸汽不做功，因而造成了能量损失；而在处于真空状态下的低压段，会有一部分空气从外向里漏而破坏真空，增大抽汽器的负担，这将会降低机组的效率。外部漏汽损失大小也可以使用压强降表示，目前尚无通用的损失大小估算方法，需要根据具体机组的轴封系统设置情况进行理论分析或实验测定。

为了解决外面空气往凝汽器内漏和利用里面向外泄漏的蒸汽，所有的多级汽轮机均设有一套轴封系统（也称汽缸端部汽封系统）。装在汽侧压强高于外界大气压处的汽封称为正压轴封，它的作用是在正常负荷下减少汽轮机内高压蒸汽向外的漏汽量；装在汽侧压强低于外界大气压处的汽封称为负压轴封，它的作用是防止外界空气漏入汽缸。

2. 多级汽轮机的内部损失

（1）进汽节流损失 Δp_0（$\Delta H_{t\zeta}$）。新蒸汽进入汽轮机第一级喷嘴前，要经过高压主汽阀、调节汽阀、管道和蒸汽室等，蒸汽在流过这些部件时由于摩擦、涡流等造成压强降低，使其压强由 p_0 降低至 p'_0，即 $\Delta p_0 = p_0 - p'_0$（Pa）。但由于蒸汽通过这些部件时的散热损失相对于流过蒸汽的总热量来说可以忽略不计，因此可以认为是一个焓值保持不变、熵增大的节流过程。考虑了进汽和排汽损失的汽轮机热力过程线如图 2-42 所示，由此图可知在背压不变的条件下，若进汽机构中没有节流损失，整机的理想比焓降为 ΔH_t，由于存在着进汽机构的压强降 Δp_0，使整机的理想比焓降变为 $\Delta H'_t$，这种由于进汽机构节流作用引起的焓降损失 $\Delta H_{t\xi} = \Delta H_t - \Delta H'_t$（kJ/kg），称为进汽节流损失。

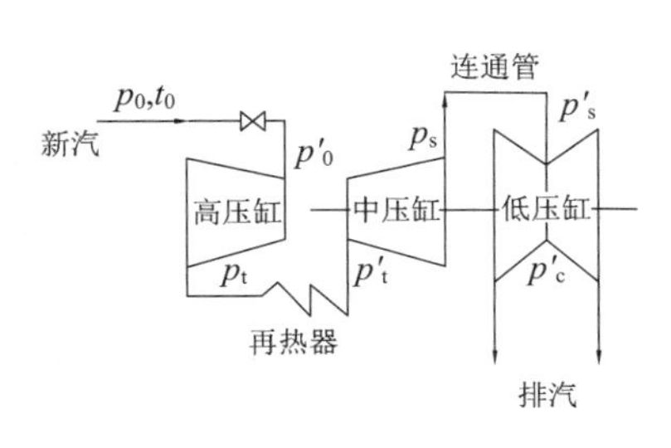

（a）系统示意图

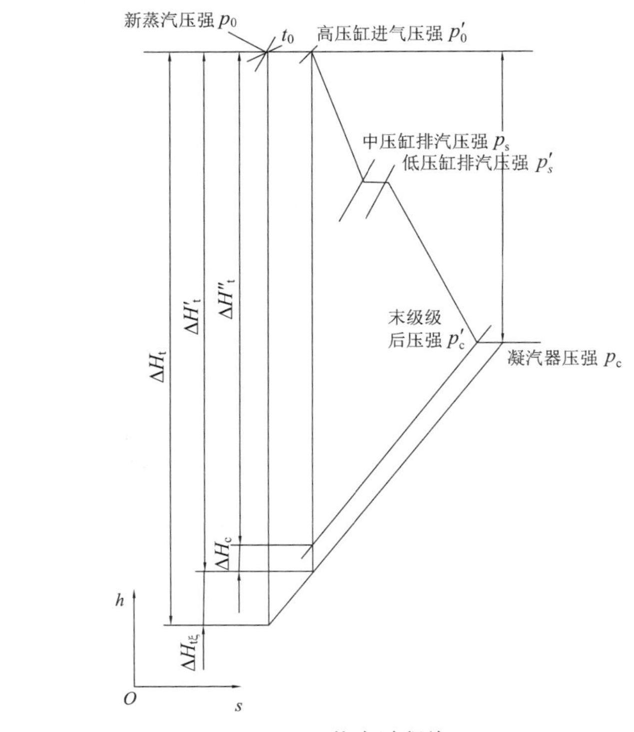

（b）热力过程线

图 2-42 考虑了进汽和排汽节流损失的热力过程线

进汽节流损失与汽流速度、管道长短、阀门类型、阀门型线及蒸汽室形状等因素有关，设计时，当阀门全开时选取蒸汽速度为 40～60m/s，这时因节流引起的压强损失可控制为(3%～5%)p_0。对于设计良好的机组，此值可小于 0.03。而对于高压大容量机组，两缸之间的连接管道较长，蒸汽通过汽阀的流速较快，由于摩擦和二次流等原因也将在管中引起压强损失$\Delta p_s = p_s - p_s'$（Pa），约为(2%～3%)p_s，最终使得此项损失可能较大。

容易知道可以通过限制蒸汽流速来减小进汽节流损失，但由连续性方程可知，流速减小势必增大通流面积，这将使汽门的尺寸加大，给制造、安装、运行都带来一定困难。因此，减小进汽节流损失的主要方法是改进阀门的蒸汽流动特性。近代汽轮机普遍采用带扩压管的单座阀，其原因是阀碟和阀座可以设计成较好的型线，使得这种阀门的关闭严密性较好；而且由于加装了扩压器，将部分蒸汽动能转换成压强能，最终减小了该项损失。

（2）排汽节流损失 Δp_c（ΔH_c）。蒸汽从末级动叶排出后，由排汽管引到凝汽器中，蒸汽在排汽部分流动时，因摩擦和旋涡等造成了压强降低，使汽轮机末级后的静压 p'_c 高于凝汽器内的静压强 p_c，即产生了压力降 $\Delta p_c = p_c' - p_c$（Pa），而这部分压降只用于克服排汽部分的流动阻力，而未做功。与进汽机构内的流动相似，由于排汽管中的气流速度高，气流与环境的温差小，蒸汽通过排汽管时的散热损失相对于流过蒸汽的总热量来说可以忽略不计，因此也可以将排汽过程视为一节流过程，如图 2-42 所示。由于 Δp_c 的存在，使汽轮机的理想比焓降由 $\Delta H'_t$ 降为 $\Delta H''_t$，这种排汽管节流作用引起的比焓降损失 $\Delta H_c = \Delta H_t' - \Delta H_t''$（kJ/kg）称为排汽节流损失，该损失的存在将使得整机的有效理想比焓降减小。

排汽节流损失或压强降的大小主要取决于排汽管中的汽流速度、排汽管的结构型式和它的型线优劣等。汽轮机排汽管中的汽流速度，对于凝汽式汽轮机为 80～120m/s，而对于背压式汽轮机为 40～60m/s。在此流速范围内，排汽管的压强损失一般为 Δp_c = (2%～6%)p_c。

为了提高机组的经济性，尽量减小压强损失，通常将此排汽管设计成扩压效率较高的扩压管，即在末级动叶到凝汽器入口之间有一段通流面积逐渐扩大的导流部分，尽可能将排汽动能转变为静压，以补偿排汽管中的压强损失。同时，在扩压段内部和其后部还设了一些导流环或导流板，使乏汽均匀地布满整个排汽通道，使排汽通畅，减少排汽动能的消耗。

（3）中间再热管道的压强损失 Δp_t。

中间再热蒸汽经过再热器和再热冷、热段管道时，由于流动阻力损失要产生压降，其压强损失 $\Delta p_t = p_t - p_t'$（Pa）约为再热压强 p_t 的 10%。此外，再热蒸汽经过中压主汽阀和中压调节阀时也将产生压强损失，但因中压调节汽阀只在低负荷时才有调节作用，正常运行时则处于全开状态，故节流损失较小，可取 Δp_t = 2%p_t。综合上述两种情况，蒸汽流经中间再热器及其管道阀门后所产生的压强损失约为 Δp_t = (8%～12%)p_t。

五、汽轮发电机组的效率和经济指标

发电厂的生产过程实际上是一系列的能量转换过程，从热力学第二定律可知，热能是不可能全部转换成机械能的。而由前文的分析已经知道，在实际的汽轮机装置中，除循环的冷源损失外，还存在各种内部热力损失以及外部机械、电机等损失。因此，在汽轮机装置中，需要用不同的效率来分别表示工作流程中不同阶段处的能量转换完善程度。

当分析汽轮发电机组的经济性时，应将汽轮发电机组作为研究对象，则输入汽轮发电机组中的能量为汽轮机的理想比焓降 ΔH_t，再以分别考虑汽轮发电机组的不同损失后得出不同的能量作为输出能量，以此而得到的一组效率称为相对效率，具体有汽轮机整机的相对内效率 η_i、汽轮机的相对有效效率 η_e 和汽轮发电机组的相对电效率 η_{el}。在分析整个发电厂的经济性时，应将汽轮机放在整个热力循环中考虑，即把发电厂的热力循环系统作为研究对象，这时输入循环中的能量为蒸汽从热源（即锅炉）中的吸热量 Q_0，再以分别考虑汽轮发电机组的不同损失后得出不同的能量作为输出能量，这样得到的一组效率称为绝对效率，具体有热循环效率 η_t、绝对内效率 $\eta_{a,i}$、绝对有效效率 $\eta_{a,e}$ 和绝对电效率 $\eta_{a,el}$。

1. 相对效率

（1）汽轮机整机的相对内效率 η_i。从汽轮机整机的能量转换层面上来说，由于各级中能量转换存在内部损失，蒸汽的有效比焓降 ΔH_i 将小于理想比焓降 ΔH_t，两者之比称为汽轮机整机的相对内效率 η_i，定义式已在式（2-118）中给出，这里再从整机功率的角度进行阐述。

在没有任何损失的理想汽轮机组中，蒸汽的理想比焓降 ΔH_t 将全部转变为机械功，其整机的理想功率 P_t（kW）为

$$P_t = G_0 \Delta H_t \tag{2-119}$$

式中，G_0 为多级汽轮机的总进汽流量，kg/s。

在实际汽轮机中，由于各种内部损失的存在，蒸汽在汽轮机中发出的功率不是理想功率 P_t 而是内功率 P_i（kW）即

$$P_i = G_0 \Delta H_i \tag{2-120}$$

因此，汽轮机整机的相对内效率，也可定义为汽轮机内功率 P_i 与理想功率 P_t 之比，即

$$\eta_i = \frac{P_i}{P_t} = \frac{\Delta H_i}{\Delta H_t}$$

另外，与级的内功率定义式（2-112）类似，汽轮机整机的内功率 P_i 也可定义为

$$P_i = \frac{D_0 \eta_i \Delta H_t}{3600} = G_0 \eta_i \Delta H_t \tag{2-121}$$

式中，D_0 为以 kg/h 为单位的多级汽轮机总进汽流量，也称为汽耗量，其他各符号含义与前文相同。

汽轮机相对内效率考虑了整机所有的内部损失，所以它是表明汽轮机内部工作完善程度的指标。汽轮机整机相对内效率越高，说明汽轮机结构越完善，技术越先进。目前，汽轮机相对内效率 η_i 已达到 78%～90%，随着科学技术的不断发展，汽轮机相对内效率还能进一步提高。

（2）汽轮机的相对有效效率 η_e。除汽轮机整机中的能量转换损失外，由于汽轮机在运行中存在着外部机械损失，汽轮机轴端的功率不是内功率 P_i，而是有效功率 P_e（kW）。具体来说，汽轮机的机械损失主要是由于克服轴承摩擦阻力以及带动调速器、主油泵等消耗机械能所引起的（如果汽轮机与发电机之间具有减速齿轮，还要包括齿轮箱的损失）。汽轮机内功率 P_i 与有效功率 P_e 之差，就是机械损失 ΔP_m，即

$$\Delta P_m = P_i - P_e \tag{2-122}$$

而有效功率 P_e 与内功率 P_i 之比，称为机械效率 η_m，即

$$\eta_m = \frac{P_e}{P_i} \tag{2-123}$$

机械效率一般为91%～99%。

汽轮机有效功率 P_e 与理想功率 P_i 之比，称为汽轮机的相对有效效率 η_e，即

$$\eta_e=\frac{P_e}{P_t}=\frac{P_i}{P_t}\frac{P_e}{P_i}=\eta_i\eta_m \tag{2-124}$$

有效功率 P_e 是扣除了汽轮机运行中各项机械损失之后的功率，它表示汽轮机能够投入发电机的功率，其计算公式可表示为

$$P_e=\frac{D_0\eta_e\Delta H_t}{3600}=G_0\eta_e\Delta H_t \tag{2-125}$$

式中各符号含义与前文相同。

（3）汽轮发电机组的相对电效率 η_{el}。从汽轮发电机组层面上来说，由于发电机中还进一步存在磁滞、涡流、机械损失以及电流通过导线电阻的耗功，所以发电机发出的功率不是有效功率 P_e，而是电功率 P_{el}（kW）。因此汽轮机的有效功率 P_e 与电功率 P_{el} 之差就是发电机损失 ΔP_{el}，即

$$\Delta P_{el}=P_e-P_{el} \tag{2-126}$$

汽轮发电机组的电功率 P_{el} 与有效功率 P_e 之比，称为发电机效率 η_g，即

$$\eta_g=\frac{P_{el}}{P_e}$$

发电机效率 η_g 与发电机容量及冷却方式有关，小功率机组发电机效率一般为90%～95%；大功率机组发电机效率一般为97%～99%。

汽轮发电机组的电功率 P_{el} 与理想功率 P_i 之比称为汽轮发电机组的相对电效率 η_{el}，即

$$\eta_{el}=\frac{P_{el}}{P_t}=\frac{P_i}{P_t}\frac{P_e}{P_i}\frac{P_{el}}{P_e}=\eta_i\eta_m\eta_g \tag{2-127}$$

由于汽轮发电机组的电功率 P_{el} 是把所有的损失都扣除之后的功率，它表示汽轮发电机组向外发出的最终功率大小，其计算公式可表示为（在没有回热抽汽的情况下）

$$P_{el}=\frac{D_0\eta_{el}\Delta H_t}{3600}=G_0\eta_{el}\Delta H_t \tag{2-128}$$

式中各符号含义与前文相同。

2. 绝对效率

（1）热循环效率 η_t。从汽轮机设备热力循环的层面上看，其过程实际上为一个朗肯循环，如图2-43所示。当以汽轮机的理想比焓降为输出能量时，所得到的效率称为循环热效率 η_t，即朗肯循环的热效率：

$$\eta_t=\frac{\Delta H_t}{Q_0}=\frac{h_0-h_{c0t}}{h_0-h'_{c0}} \tag{2-129}$$

式中，h_0 为汽轮机新蒸汽的初比焓，J/kg；h_{c0t} 为汽轮机蒸汽排汽的理想比焓，J/kg；h'_{c0} 为凝结水的比焓，当忽略给水泵的耗功时，为锅炉给水比焓，当汽轮机采用抽汽回热循环时，为末级高压加热器出口的给水比焓，J/kg。

从能量转换的观点来看，循环热效率公式表示单位质量工质从热源（即锅炉）所吸收的热量 Q_0 在没有任何损失的理想汽轮机中能转变为功的份额。循环热效率一般约为40%。也就是说，新蒸汽在锅炉中所吸收的热量中只有 40%左右能变为功，而其余热量则从冷源（凝汽

器）排掉而形成损失。

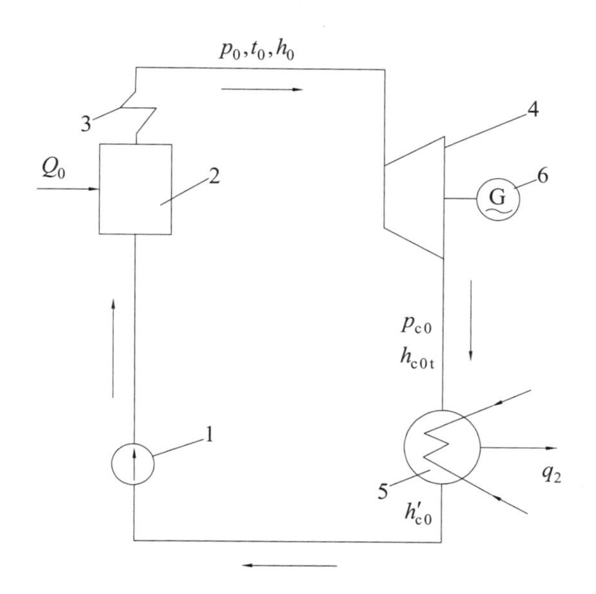

图 2-43　汽轮机设备热力循环图

1-给水泵；2-锅炉；3-过热器；4-汽轮机；5-凝汽器；6-发电机

（2）绝对内效率 $\eta_{a,i}$、绝对有效效率 $\eta_{a,e}$ 和绝对电效率 $\eta_{a,el}$。汽轮发电机组的绝对内效率 $\eta_{a,i}$、绝对有效效率 $\eta_{a,e}$ 和绝对电效率 $\eta_{a,el}$ 分别表示单位质量蒸汽在汽轮机中的有效比焓降、能够输入发电机的能量、最终转换成电能的能量与整个热力循环中加入单位质量蒸汽的热量之比，因此易知以上三种绝对效率分别等于相应的相对效率与热循环效率的乘积，即

$$\eta_{a,i}=\eta_i\eta_t \tag{2-130}$$

$$\eta_{a,e}=\eta_i\eta_m\eta_t \tag{2-131}$$

$$\eta_{a,el}=\eta_i\eta_m\eta_g\eta_t \tag{2-132}$$

3. 汽轮机发电机组的经济指标

火力发电厂除了用以上的各种效率来表示相应范围内的经济性外，还常用每生产 1 kW·h 的电能所消耗的蒸汽量和热量来表示汽轮发电机组的热经济指标，分别可以定义出汽耗率 d 和热耗率 q 两个经济指标。

（1）汽耗率 d。汽轮机组每小时消耗的蒸汽量称为汽耗量 D_0，单位为 kg/h。汽轮发电机组每发 1 kW·h 的电所消耗的蒸汽量称为汽耗率 d，单位为 kg/(kW·h)。与前文相关进汽流量的计算式相似，汽轮机组耗汽量的表达式通常由汽轮发电机组最终输出的电功率 P_{el} 表达式（2-128）反推得出，即

$$D_0=\frac{3600P_{el}}{\eta_{el}\Delta H_t} \tag{2-133}$$

而耗汽率的表达式为

$$d=\frac{D_0}{P_{el}}=\frac{3600}{\eta_{el}\Delta H_t} \tag{2-134}$$

式中各符号含义与前文相同。

由式（2-134）可知，若汽轮发电机组各种效率降低，则汽耗率增加，反之亦然。而在汽轮机设计中，首先确定机组的功率，由此确定汽耗量（或汽耗率）后，再对具体进汽机构和参数进行确定。

由于初参数不同的汽轮机组，即使功率相同，其消耗的蒸汽量也不会不同，尤其是抽汽量不同供热式机组更是如此。因此，汽耗率不适于用来比较不同类型机组的经济性，而只能对同类型同参数汽轮机评价其运行管理水平。而不同类型的机组的经济性评价则采用能反映机组经济性的另一指标，即热耗率 q。

（2）热耗率 q。由热耗率 q 的定义容易得出其表达式为（单位为 kJ/(kW·h)）

$$q=\frac{Q_0}{P_{\mathrm{el}}}=\frac{D_0\left(h_0-h'_{\mathrm{c}0}\right)}{P_{\mathrm{el}}}=d\left(h_0-h'_{\mathrm{c}0}\right)=\frac{3600Q_0}{\eta_{\mathrm{el}}\Delta H_{\mathrm{t}}}=\frac{3600}{\eta_{\mathrm{a,el}}} \tag{2-135}$$

式中各符号含义与前文相同。需注意，式（2-135）仅适用于纯凝汽工况。

而对于中间再热机组而言，则有

$$q=d\left[\left(h_0-h'_{\mathrm{c}0}\right)+\frac{D_{\mathrm{r}}}{D_0}\left(h_{\mathrm{r}}-h'_{\mathrm{r}}\right)\right] \tag{2-136}$$

式中，D_{r} 为再热蒸汽量，kg/h；h_{r} 为再热蒸汽热段的比焓，kJ/kg；h'_{r} 为再热蒸汽冷段的比焓，kJ/kg。式中其他符号含义与前文相同。

从上述可知，热耗率 q 和绝对电效率 $\eta_{\mathrm{a,el}}$ 都是衡量汽轮发电机组经济性的主要指标，不同的是，一个以热量形式表示，另一个以效率形式表示，但需要注意，它们均未考虑锅炉效率、管道效率以及厂用电等因素。因此，整个发电厂的绝对电效率要比汽轮发电机组的绝对电效率低，而整个发电厂的热耗率则比汽轮发电机组的热耗率高。目前世界各国汽轮发电机组的平均绝对电效率为 30%～35%，而先进的大功率机组的绝对电效率可达 40%以上。

六、多级汽轮机的优缺点

根据本节的分析，最终可以总结出多级汽轮机相对于单级汽轮机的优缺点。

1. 多级汽轮机的优点

（1）多级汽轮机的循环热效率高。多级汽轮机的比焓降较单级汽轮机增大很多，可以采用较高的进汽参数和较低的排汽参数，还可以采用回热循环和再热循环，从而大大提高机组的循环热效率。

（2）多级汽轮机的相对内效率明显提高。

1）在整机总比焓降一定时，多级汽轮机每一级承担的比焓降不必很大，每级都可在材料强度允许的条件下，并可以保证各级都在最佳速度比附近工作。

2）由于多级汽轮机级的比焓降较小，可以采用渐缩喷嘴，而避免采用难以加工、效率较低的缩放喷嘴。

3）由于各级的比焓降较小，速度比一定时级的圆周速度和平均直径也较小，根据连续性方程可知，在体积流量相同的条件下，使得喷嘴和动叶的出口高度增大，叶高损失减小，或使得部分进汽度增大，部分进汽损失减小，这都有利于级效率的提高。

4）除级后有抽汽口，或进汽度改变较大等特殊情况外，多级汽轮机的余速动能可以全部或部分地被下一级利用。

5）多级汽轮机具有重热现象，多级汽轮机前一级的损失可以部分地被后一级利用，使得整机相对内效率提高。

6）采用回热循环和再热循环也可提高相对内效率。

（3）多级汽轮机单机功率大，单位功率的投资小。单级汽轮机的单机功率受到材料强度等的限制，而多级汽轮机的功率为各级的功率之和，因此多级汽轮机单机功率比单级汽轮机大。而由于多级汽轮机的单机功率远远大于单级汽轮机，因而使单位功率汽轮机组的造价、材料消耗比单级汽轮机大大降低，占地面积也大大减小，容量越大的机组表现越明显。

2. 多级汽轮机存在的问题

（1）相对于单级汽轮机增加了一些附加的能量损失，比如级间漏汽损失、湿汽损失等。多级汽轮机内各级是由静止的隔板和旋转的工作叶轮构成的，隔板和转子之间的间隙是客观存在的，虽然间隙处安装有隔板轴封，但仍存在蒸汽泄漏，增加了损失。然而，与单级汽轮机必有的前后端轴封漏汽损失相比，这项损失是较小的。此外，多级凝汽式汽轮机的整机比焓降很大，它的最后几级总是在湿蒸汽区内工作，湿汽损失较大，故级的效率较低。但多级汽轮机的循环热效率将因排汽温度降低而大大提高。

（2）级数多，相应地增加了机组的长度和质量，且零部件增多，使得多级汽轮机的结构复杂，总造价高。但与同样功率的各单级汽轮机的总长度和总质量相比，多级汽轮机要小得多。

（3）由于新蒸汽和再热蒸汽温度的提高，多级汽轮机高、中压缸前面若干级的工作温度较高，故对制造零部件的金属材料的要求有所提高。

综上可见，多级汽轮机的优越性远大于其存在的不足，故在工业中得到了广泛的应用。

思考题

2-1　试对比分析冲动式汽轮机和反动式汽轮机在工作原理上的区别。

2-2　试列表对比纯冲动级、反动级和带反动度的冲动级在热力过程中各参数变化特征的区别。

2-3　试列表分析渐缩喷嘴在背压大于、等于和小于临界压强三种情况下，压强比、出口流速和理想流量的大小特征。

2-4　试简要阐述在喷嘴计算中引入彭台门系数的原因，及其在工程应用中的价值。

2-5　请列表总结喷嘴和动叶进出口参数计算的核心公式，并按流动参数和动力参数进行分类。

2-6　试列表阐述纯冲动级和反动级对应的速度三角形、最佳速度比表达式及其物理含义。

2-7　试列表总结各类级内损失的产生原因、能量系数形式的计算公式和减小措施。

2-8　试对比分析级的相对内效率和汽轮机整机相对内效率之间的区别。

2-9　试分步骤简述汽轮机热力计算应包含的主要计算内容和参数指标。

2-10　简要阐述实际工程中采用多级汽轮机而不采用单级汽轮机的原因。

2-11　简要分析多级汽轮机的余速利用和重热现象对于整机的相对内效率会产生什么影响。

2-12　试列表总结相对于单级汽轮机，多级汽轮机中额外损失的产生部位和减小措施。

2-13　对于汽轮机装置来说，表示能量转换过程完善程度的指标主要有哪些？请列表总结这些指标在定义和表达式上的区别和联系。

2-14　已知喷嘴进口蒸汽压强 $p_0 = 8.4\text{MPa}$，温度 $t_0 = 490℃$，初速 $c_0 = 50\text{m/s}$；喷嘴出口压强 $p_1 = 5.8\text{MPa}$，试求：

（1）喷嘴进口蒸汽的滞止比焓 h^*_0 和滞止压强 p^*_0；

（2）当喷嘴速度系数 $\varphi = 0.97$ 时，喷嘴出口理想速度 c_{1t} 和实际速度 c_1 大小；

（3）当喷嘴出口的蒸汽压强由 $p_1 = 5.8\text{MPa}$ 降至临界压力时，蒸汽的临界速度大小。

2-15　已知喷嘴进口的蒸汽压强 $p_0 = 6.0\text{MPa}$，温度 $t_0 = 450℃$，初速 $c_0 = 100\text{m/s}$；喷嘴出口蒸汽压强 $p_1 = 3.0\text{MPa}$，试确定：

（1）喷嘴应该采用何种型式；

（2）当速度系数 $\varphi = 0.95$ 时喷嘴出口的实际速度 c_1 大小；

（3）喷嘴损失 $\Delta h_{n\zeta}$ 的大小，并在 h-s 图上表示出蒸汽通过该喷嘴时的热力过程线。

2-16　已知喷嘴前蒸汽压强 $p_0 = 0.08\text{MPa}$，干度 $x_0 = 0.95$，初速 $c_0 = 0$；喷嘴喉部面积 $A_{\min}=12\text{cm}^2$；喷嘴出口的蒸汽压强 $p_1 = 0.05\text{MPa}$，若不考虑蒸汽流动损失，试求：

（1）蒸汽通过喷嘴时的临界速度 c_{cr} 和临界流量 $\dot{m}_{cr}$；

（2）该喷嘴的彭台门系数β和通过喷嘴的实际流量 $\dot{m}_1$；

（3）若喷嘴出口的蒸汽压强 p_1 降低为 0.04 MPa，则喷嘴实际流量 $\dot{m}_1$ 变为多少。

2-17　某机组级前蒸汽压强 $p_0 = 2.0\text{MPa}$，温度 $t_0 = 350℃$，初速 $c_0 = 70\text{m/s}$；级后蒸汽压强 $p_1 = 1.5\text{MPa}$，喷嘴排汽角 $\alpha_1 = 18°$，反动度 $\Omega_m = 0.20$，动叶进排汽角的关系为 $\beta_2 = \beta_1 - 6°$，级的平均直径 $d_m = 1080\text{mm}$，转速 $n = 3000\text{r/min}$，喷嘴速度系数 $\varphi = 0.95$，动叶速度系数 $\psi = 0.94$，试求：

（1）级的等熵滞止比焓降 Δh^*_t、喷嘴滞止比焓降 Δh^*_n 和动叶比焓降 Δh_b 大小；

（2）喷嘴出口的绝对速度 c_1、相对速度 ω_1 和排汽角 β_1 大小；

（3）动叶出口的相对速度 ω_2 和绝对速度 c_2 和排汽角 α_2 大小；

（4）绘出动叶的进出口速度三角形；

（5）喷嘴和动叶中的能量损失 $\Delta h_{n\zeta}$、$\Delta h_{b\zeta}$ 和余速动能 Δh_{c2} 大小。

2-18　已知机组某中间级的反动度 $\Omega_m = 0.04$，速度比 $x_1 = u/c_1 = 0.44$，级内蒸汽理想比焓降 $\Delta h_t = 84.3\text{ kJ/kg}$，喷嘴排汽角 $\alpha_1 = 15$，动叶排汽角和进汽角的关系为 $\beta_2 = \beta_1 - 3°$，蒸汽流量 $G = 4.8\text{ kg/s}$，前一级排汽余速动能可利用的能量为 $\Delta h_{c0} = 1.8\text{ kJ/kg}$。假设离开该级的气流动能被下级利用了一半，喷嘴速度系数 $\varphi = 0.96$，动叶速度系数 $\psi = 0.924$，试求：

（1）喷嘴出口实际速度 c_1、动叶进口相对速度 ω_1 和动叶进汽角 β_1 的大小；

（2）动叶出口相对速度 ω_2 和绝对速度 c_2 的大小；

（3）轮周有效比焓降 Δh_u 和级的理想可用能量 E_0；

（4）该级的轮周功率 P_u 和轮周效率 η_u。

2-19　反动式汽轮机第一级中喷嘴与动叶采用相同的叶型，喷嘴和动叶排汽角相等，即 $\alpha_1 = \beta_2 = 20°$，又 $\omega_2 = c_1$，各级速度比 $x_1 = u/c_1 = 0.7$，速度系数 $\varphi = \psi = 0.95$，第一级初速动能 $\Delta h_{c0}=0$，各级余速全部被下一级利用，试求：

（1）第一级的喷嘴比焓降 Δh_n、动叶比焓降 Δh_b 以及该级反动度 Ω_m 的大小；

（2）其余各级的喷嘴比焓降 $\Delta h'_n$、动叶比焓降 $\Delta h'_b$ 及其反动度 Ω'_m 的大小。

2-20　已知机组某级的级前蒸汽压强 $p_0 = 1.2$ MPa，温度 $t_0 = 300$℃，初速 $c_0 = 56$ m/s；级后蒸汽压强 $p_2 = 0.95$ MPa，该级反动度 $\Omega_m = 0.21$，通过的蒸汽流量为 $G = 41$ kg/s，喷嘴流量系数 $\mu_n = 0.97$，试求：

（1）喷嘴进口蒸汽滞止比焓 h^*_0、蒸汽在级中的理想比焓降 Δh^*_t 和在喷嘴中理想比焓降 Δh^*_n 的大小；

（2）喷嘴出口的蒸汽理想速度 c_{1t} 和喷嘴出口截面积 A_n 的大小。

2-21　已知高压冲动式汽轮机中间级的以下设计参数，蒸汽流量 G=31.2kg/s，转速 n=3000r/min，级前蒸汽压强 p_0=1.84MPa，温度 t_0=303℃，进入该级的蒸汽动能 Δh_{c0}=1.67kJ/kg。级的理想比焓降 Δh_t = 48.14kJ/kg，反动度 Ω_m = 0.05，喷嘴和动叶的角度 $\alpha_1 = 13°$，$\beta_1 = 25°$，$\beta_2 = 24°$，级的平均直径 d_m = 0.916m，喷嘴和动叶速度系数分别为 $\varphi = 0.95$，$\psi = 0.88$。喷嘴和动叶的流量系数相等，为 $\mu_n = \mu_b = 0.97$，部分进汽度 $e = 1$，隔板汽封间隙面积 $A_p = 8.0\text{cm}^2$，汽封片数 $z = 5$，汽封流量系数 $\mu_p = 0.71$。假设从该级出来的排汽动能中有 $c_{2z}^2/2$ 被下级所利用，其中 c_{2z} 为排汽速度的轴向分速，试对该中间级进行完整的热力计算，含：

（1）喷嘴部分计算，最终得出喷嘴高度 l_n 的大小；

（2）动叶部分计算，最终绘出动叶进出口三角形，并得出动叶高度 l_b 的大小；

（3）各项级内损失大小，并最终得出级内功率 P_{ri} 和级内效率 η_{ri} 的大小；

（4）绘出该级的实际热力过程线。

第三章　汽轮机辅助系统设备

在火力发电厂的热力生产过程中，汽轮机系统除了本体，还必须有各种辅助设备。这些辅助设备对发电厂运行的可靠性和经济性都有一定程度的影响。本章详细介绍凝汽设备、抽汽设备、给水回热系统和冷却设备的组成和作用。

第一节　凝汽设备

根据第二章的分析可知，降低汽轮机的背压可以提高蒸汽动力装置循环的热效率，降低背压的有效方法是使汽轮机的排汽凝结成水。为此汽轮机设置了凝汽设备，其任务是在汽轮机的排汽口建立并保持高度的真空；回收汽轮机排汽凝结的水，作为锅炉的给水。所以凝汽设备工作性能的好坏，直接影响着整个机组的热经济性和可靠性。因此了解和掌握凝汽设备的工作原理、结构特点和工作特性是十分必要的。

一、凝汽系统的组成、作用及类型

1. 凝汽设备的组成

凝汽设备一般由凝汽器、循环水泵、抽汽器（或真空泵）和凝结水泵等主要部件及其之间的连接管道和附件组成，最简单的凝汽设备示意图如图 3-1 所示。

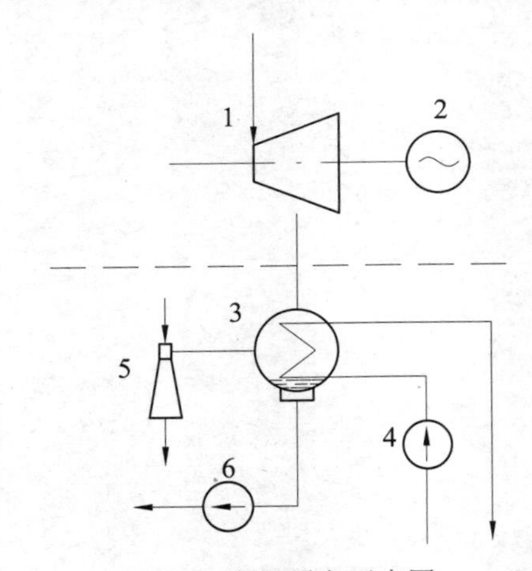

图 3-1　凝器设备示意图

1-汽轮机；2-发电机；3-凝汽器；4-循环水泵；5-抽汽器；6-凝结水泵

汽轮机 1 的排汽进入凝汽器 3，循环水泵 4 不断地把冷却水送入凝汽器，吸收蒸汽凝结放出的热量，蒸汽被冷却并凝结成水，凝结水被凝结水泵 6 从凝汽器底部抽出，送往锅炉作为锅炉给水。

在凝汽器中，蒸汽和凝结水是两相共存的，蒸汽压力是凝结温度所对应的饱和压力。只要冷却水温不高，在正常条件下，蒸汽凝结温度也不高，一般为 30℃。30℃左右的蒸汽凝结温度所对应的饱和压力为 4～5kPa，远远低于大气压力，因此在凝汽器内形成高度真空。此时，处于负压的凝汽设备管道接口并非绝对严密，外界空气会漏入。为了避免这些在常温条件下不凝结的空气在凝汽器中逐渐积累造成凝汽器中的压力升高，一般采用抽汽器 5 不断地将空气从凝汽器中抽出以维持凝汽器内的真空。

2．凝汽设备的作用

整体上说，凝汽设备的主要作用包括以下几点。

（1）在汽轮机的排汽口建立并保持所要求的真空，起到“冷源”的作用，从而增大机组的理想比焓降，提高其热经济性。

（2）将由排汽凝结而成的凝结水作为锅炉的给水，循环使用。不洁净的锅炉给水将会造成锅炉结垢和腐蚀，使新汽夹带盐分，汽轮机通流部分结垢，严重影响电厂的安全运行。汽轮机容量越大，给水量也越大，若全部靠软化水，则水处理设备的投资和运行费用将大大增加，而凝汽器洁净的凝结水正好可大量用作锅炉的给水。

（3）在凝汽器中对凝结水进行真空除氧，利用热力除氧原理除去凝结水中的不凝结气体（主要是氧气），进而提高凝结水的品质。

此外，凝汽器还起到汇集和储存汽轮机排汽、凝结水、热力系统的各种疏水，以及化学补充水的作用。

凝汽设备直接影响机组的经济性。以东方汽轮机厂生产的 300MW 汽轮机为例，该机组主蒸汽压 p_0=16.67MPa，主蒸汽和再热蒸汽温度 t_0=t_{rh}=537℃，再热蒸汽压力 p_{rh}=3.65MPa，其热力循环过程如图 3-2（a）所示，循环热效率 η 汽轮机排汽压力 p_c 的关系如图 3-2（b）所示。若没有凝汽设备，汽轮机的最低排汽压力等于大气压力，即 p_c=0.1MPa，循环热效率 η 只有 37%左右，而当 p_c=0.005MPa 时，η 为 38.5%，两者相差大约 1.5%。

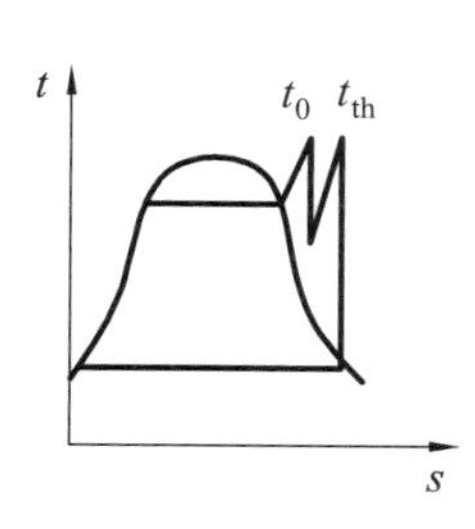

（a）热力循环 t-s 图

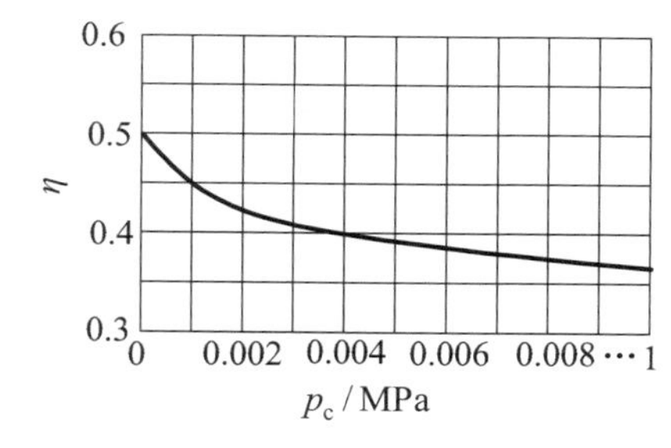

（b）η-p_c 关系曲线

图 3-2　一次中间再热亚临界 300MW 机组的热力循环与热效率

若运行不当使排汽压力比正常值上升 1%，$\Delta\eta/\eta$ 将降低 1%以上，即机组热耗率的相对变化率将增大 1%以上。相反，若使汽轮机的排汽温度下降 5°C，则$\Delta\eta/\eta$ 将增大 1%以上，由此可见凝汽系统的重要性。

3．凝汽系统的分类

凝汽器大体可以分为混合式凝汽器、表面式水冷凝汽器和直接空冷凝汽器三种类型。

（1）混合式凝汽器。混合式凝汽器又称直接接触式凝汽器，是两种温度不同的流体直接接触进行热交换。实际上，是汽轮机的高温排汽与低温的冷却水直接接触后，高温排汽在冷却水的液柱（或液面）上进行凝结，与冷却水混合后，继续参加汽水的热力循环。这种形式的凝汽器，由于不是借助金属进行热交换，而是两种流体的混合，凝结水温度基本上等于容器内真空下的饱和温度，即传热端差为零。混合式凝汽器比表面式凝汽器具有更高的传热效率，而且结构简单，造价低，运行方便。然而混合式凝汽器对冷却水的水质要求很高，要满足锅炉供水的标准。同时，为了不丢失纯净的冷却水，不能选择湿式冷却塔来降低冷却水温度，需要采用表面式换热器对冷却水进行冷却，这又使系统变得复杂，投资也有所增加。

随着空冷技术的发展，特别是在大功率汽轮机上采用空冷系统以来，混合式凝汽器又获得了新的发展。混合式凝汽器又可分为液柱式、液膜式和喷射式。大同电厂 1 台 200MW 汽轮机配有 3 个喷射式凝汽器。该系统中，空气冷却器流出的冷却水由喷射式喷入凝汽器，与汽轮机排汽直接混合，混合后的凝结水，一部分由凝结水泵输入热力系统，其余大部分由循环水泵送至空气冷却器冷却，作为混合式凝汽器的冷却水。由于不使用铜管，因而热交换效率高，传热端差为 0.2～0.5℃，且系统维护工作少，更不需胶球清洗装置。

（2）表面式水冷凝汽器。表面式水冷凝汽器可以简称为表面式凝汽器，在火电厂和核电厂中有着广泛的应用。冷却水在凝汽器内方向改变一次的，称为双流程凝汽器；冷却水在凝汽器内不转向的，称为单流程凝汽器。图 3-3 所示为表面式双流程凝汽器的结构示意图，冷却水管 2 安装在管板 6 上，冷却水由进水管 4 先进入凝汽器下部冷却水管内，通过回流水室 7 进入上部冷却水管，再由出水管 3 排出。蒸汽进入凝汽器后，在冷却水管外的汽侧空间冷凝，凝结水汇集在下部热井 5 中，由凝结水泵抽走。

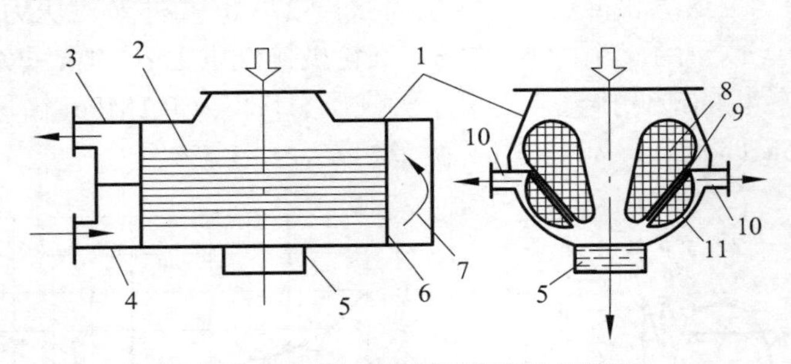

图 3-3　表面式双流程凝汽器结构简图

1-凝汽器外壳；2-冷却水管；3-冷却水出水管；4-冷却水进水管；5-凝结水集水箱（热井）；6-管板；7-冷却水回流水室；8-主凝结区；9-空气冷却区挡板；10-空气抽出口；11-空气冷却区

为了减轻抽汽器的负荷，空气与少量蒸汽的混合物在从凝汽器抽出之前，要再进一步冷却以减少蒸汽含量，并降低蒸汽空气混合物的比体积。为此，把一部分冷却管束用挡板 9 与主换热管束隔开，凝汽器的传热面就分为主凝结区 8 和空气冷却区 11 两部分。蒸汽刚进入凝汽器时，所含的空气量不到排汽量的万分之一，凝汽器总压力可以用凝汽分压力代替，直至蒸汽空气混合物进入空气冷却区，蒸汽的分压力才明显减小，和空气分压力在同一数量级上，要维持蒸汽和空气混合物以一定速度向空气抽汽口 10 流动，空气抽汽口处应保持较低的压力，这一低压由抽汽器来实现。

（3）直接空冷凝汽器。汽轮机排汽通过金属管壁直接与空气进行热交换的换热器称为直接空冷凝汽器。直接空冷凝器结构简图如图 3-4 所示。汽轮机排汽先进入顺流散热管 1 与轴流风机送来的冷却空气进行热交换，一部分蒸汽冷凝成水，与蒸汽同向流下。未凝结的蒸汽和不凝结气体随后逆流出冷却管，继续和空气进行换热，凝结水沿管壁流下，与蒸汽流向相反。不凝结气体和剩余未凝结蒸汽在抽汽口处被抽出。

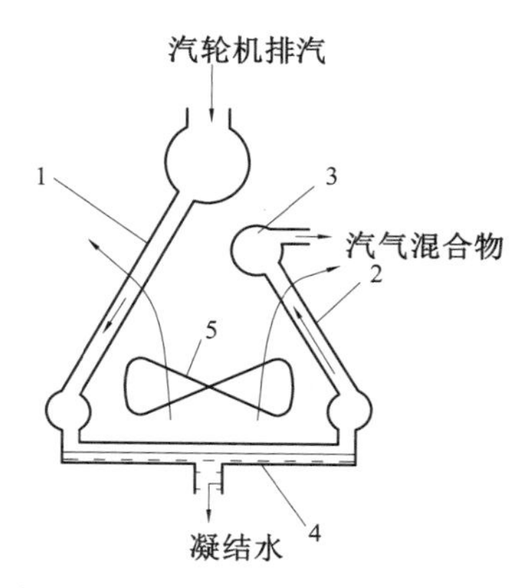

图 3-4 直接空冷凝汽器结构简图

1-顺流散热管；2-逆流散热管；3-抽汽口；4-凝结水箱；5-轴流风机

对于直接空冷凝汽器，汽轮机排汽直接由空气冷却，因此凝汽器压力受环境温度和风速、风向影响较大。由于空气的比热容较小，直接空冷凝汽器需要较大的换热面积，同时汽轮机的排汽要由大直径管道引出，这就使得直接空冷机组的真空系统庞大，漏入空气量较多。同时轴流风机不但功耗大，还会产生噪声污染。

二、凝汽器压力的确定及其影响因素

1. 凝汽器压力的确定

凝汽器压力通常泛指凝汽器汽侧蒸汽凝结温度所对应的饱和压力。但实际上凝汽器汽侧各处压力并不相等。凝汽器压力是指凝汽器入口截面上的蒸汽绝对压力 p'_c（静压）；凝汽器计算压力是指离凝汽器管束第一排冷却水管以上约 300mm 处的蒸汽绝对压力 p_c（静压）。p'_c 与 p_c 之差取决于凝汽器喉部的阻力和扩压情况。从凝汽器角度出，由于在凝汽器内，蒸汽是在汽侧蒸汽分压力相应的饱和温度下凝结，因而人们将 p_c 简称为凝汽器压力，并将凝汽器压力测点布置在离凝汽器管束第一排冷却水管约 300mm 处。此区域内所含空气量极少，凝汽器压力 p_c 可以用相应的蒸汽分压力 p_s 代替，即 $p_c \approx p_s$。蒸汽分压力 p_s 可由与之相对应的饱和蒸汽温度 t_s 来确定。t_s 则需根据蒸汽与冷却水的传热温度曲线确定。

对于火电厂和核电厂广泛使用的水冷表面式凝汽器，由于冷却水量和传热面积不可能为无限大，故蒸汽和冷却水之间的传热必然存在一定温差，其温度沿流程的变化规律如图 3-5 所示。

t_s 在主凝结区基本不变，而在空气冷却区，空气相对含量增加，蒸汽分压力 p_s 明显减小，t_s 下降较多。由图 3-5 可知，与蒸汽分压力 p_s 相对应的饱和温度 t_s，由下式计算：

$$t_s=t_{w1}+\Delta t+\delta t \tag{3-1}$$

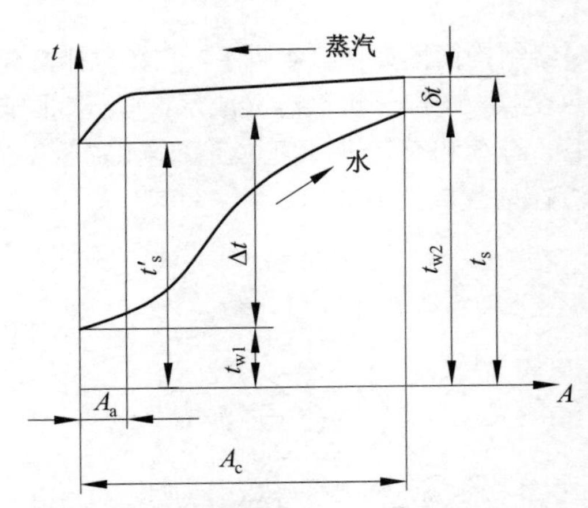

图 3-5 蒸汽和水的温度沿冷却表面的分布

A_c-凝结器总传热面积；A_a-空气冷却区面积

2. 影响凝汽器压力的因素

（1）冷却水进口温度 t_{w1}。由式（3-1）可知，如果 t_{w1} 降低，则 t_s 与 p_c 必然降低，反之亦然。t_{w1} 取决于冷却水的供水方式、季节和电厂所处的地区。若采用开式循环供水方式，t_{w1} 完全由季节和电厂所处的地区决定。若采用闭式循环供水方式，t_{w1} 除受季节和电厂所处的地区影响之外，还取决于该系统冷却水冷却设备运行的好坏，如冷却塔或喷水池。

（2）冷却水温升Δt。根据式（3-1），如果Δt 降低，则 t_s 与 p_c 必然降低，反之亦然。

冷却水温升Δt 可根据下述的凝汽器的热平衡方程式求得，

$$\Delta t=\frac{h_c-h_c'}{c_p\dfrac{D_w}{D_c}}=\frac{h_c-h_c'}{c_p m} \tag{3-2}$$

式中，h_c、h'_c 为凝汽器进口蒸汽比焓和凝结水比焓，kJ/kg；D_c、D_w 为进入凝汽量和冷却水量，即进入凝汽器的蒸汽量和冷却水量，kg/h；c_p 为水的比定压热容，在低温范围内可视为定值，c_p=4.1868kJ/(kg·K)。

式（3-2）中的比值 D_w/D_c 称为凝汽器的冷却倍率，用 m 表示。m 的大小涉及循环水泵的耗功和末级叶片的尺寸，应通过经济技术比较确定。m 一般为 50～120。h_c-h'_c 是每千克蒸汽的凝结放热量，在凝汽式汽轮机通常的排汽压力范围内，h_c-h'_c 约为 2180kJ/kg。于是式（3-2）可改写为

$$\Delta t=\frac{520}{m} \tag{3-3}$$

由式（3-3）可知，Δt 和 m 成反比，也即Δt 与 D_c 成正比，与 D_w 成反比。在一定的冷却水量 D_w 下，如果 D_c 降低，则Δt 减小。在 D_c 一定的情况下，如果冷却水量 D_w 减小，则Δt 增加。在运行时，进入凝汽量 D_c 是由外界负荷决定的。冷却水量减小的主要原因是循环水泵出力不足或水阻增加，而水阻增加的主要原因是冷却水管堵塞、循环水泵出口阀或凝汽器进水阀开度不足以及虹吸破坏。

（3）传热端差 δt。根据式（3-1），如果 δt 增大，则 t_s 与 p_c 必然升高，反之亦然。

凝汽器传热端差 δt 可根据凝汽器的传热方程求出，即

$$\delta t=\frac{\Delta t}{\mathrm{e}^{\frac{kA_c}{c_p D_w}}-1} \tag{3-4}$$

式中，k 为凝汽器的总体传热系数，kJ($m^2\cdot h\cdot K$)；A_c 为冷却水管外表总面积，m^2。

凝汽器传热端差 δt 受传热面积 A_c 等因素的制约，其值不宜太小，设计时常取 3～10℃。多流程凝汽器取偏小值，单流程凝汽器取偏大值。

从式（3-4）可以看出，凝汽器传热端差 δt 受传热面积 A_c 的影响。若其他参数不变，传热面积 A_c 将减小将使凝汽器传热端差 δt 变大，导致凝汽器压力 p_c 升高。如在运行中，凝汽器水位升高，淹没部分冷却水管，传热面积减小，而使凝汽器压力 p_c 升高（即真空下降）。

对于冷却水量 D_w，D_w 减小时将使冷却水温升 Δt 增加、k 值减小，因此冷却水量 D_w 与凝汽器传热端差 δt 之间难以定性地指出它们的对应关系。

凝汽器传热端差 δt 还受传热系数 k 和进入凝汽器的蒸汽量 D_c 的影响。当 k 增加时，δt 要减小；反之，k 减小，δt 增加。k 值与冷却水进口温度、冷却水流速、蒸汽流速和流量，凝汽器结构（含流程数、管子排列方式、管径、管材料）、冷却表面清洁程度及空气含量等有关。一般在运行时，若冷却水进口温度 t_{w1}、凝汽量 D_c 和冷却水量 D_w 不变，冷却水管表面结垢或脏污，汽轮机真空不严或抽汽设备工作失常所造成的凝汽器汽侧空气积聚，均会使传热系数 k 减小；若冷却水进口温度 t_{w1}、凝汽量 D_c 以及冷却水管表面结垢或脏污程度不变，冷却水量 D_w 减小，将使冷却水流速降低，导致 k 值减小。在汽轮机负荷工况变化时，若冷却水进口温度 t_{w1} 和冷却水量 D_w 不变，凝汽量 D_c 下降不大，即在设计工况附近，k 值基本不变，δt 的变化与凝汽量 D_c 成正比，δt 随凝汽量 D_c 的减小而减小；凝汽量 D_c 下降较大时，即偏离设计值较多，汽轮机内负压区域扩大，漏入的空气量增加使 k 值下降，导致 δt 随凝汽量 D_c 的下降而缓慢下降。特别是当凝汽量 D_c 下降到一定程度后，δt 不再随凝汽量 D_c 的下降而缓慢下降，而是几乎维持不变。而且，冷却水进口温度 t_{w1} 越低，维持 δt 几乎不变的转折点所对应的凝汽量 D_c 越大；在相同的凝汽量 D_c 下所对应的凝汽器传热端差 δt 增大。这是因为 t_{w1} 越低，凝汽器压力 p_c 越低，漏入的空气量较多，对 k 值的影响就越显著。凝汽器传热端差 δt 与热负荷率 D_c/A_c 及 t_{w1} 的关系如图 3-6 所示。

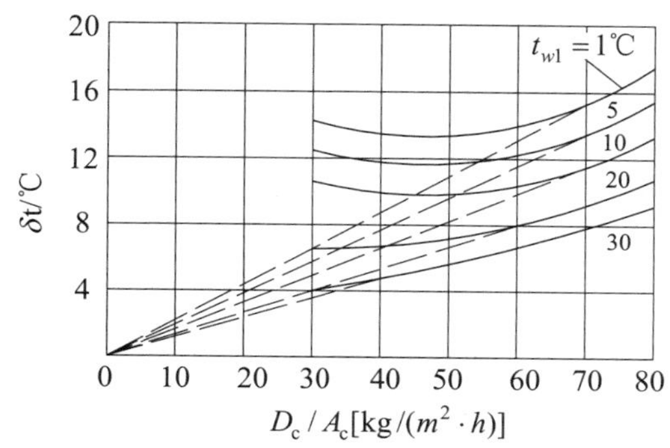

图 3-6　传热端差 δt 与热负荷率（D_c/A_c）及 t_{w1} 的关系

3．凝汽器的热力特性

随着气候条件、机组负荷以及循环水泵工作情况等的改变，t_{w1}、D_w 和 D_c 等将会偏离设计值。把凝汽器不在设计条件下工作时的工况看成凝汽器的变工况。通过对凝汽器压力影响因素的分析可知，凝汽器压力 p_c 取决于 t_{w1}、Δt 和 δt，而Δt 和 δt 随着 D_w 和 D_c 变化而变化，因此凝汽器压力随 t_{w1}、D_w 和 D_c 变化而变化。人们把凝汽器压力 p_c 随 t_{w1}、D_w 和 D_c 变化而变化的规律称为凝汽器的变工况特性或凝汽器的热力特性。$p_c=f(D_c、D_w、t_{w1})$的关系曲线称为凝汽器的特性曲线。图 3-7 所示为 N-11220-1 型凝汽器的特性曲线。

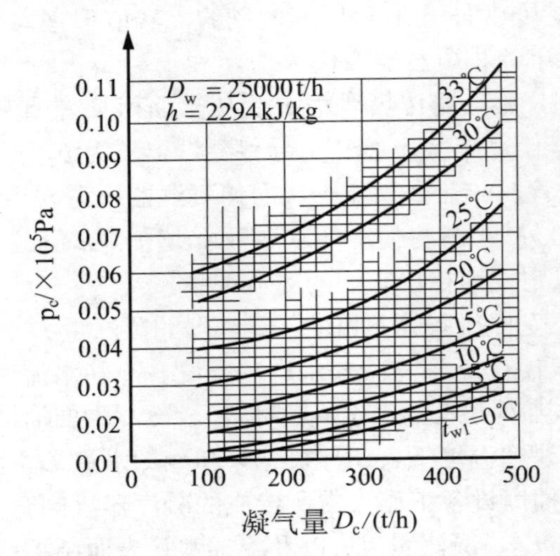

图 3-7 N-11220-1 型凝汽器的特性曲线

当冷却水量和冷却水进口温度一定时，凝汽器压力随机组负荷的减小而降低，即凝汽器真空随机组负荷的减小而升高；当冷却水量和机组负荷一定时，凝汽器压力随冷却水进口温度的降低而降低，即凝汽器真空随冷却水进口温度的降低而升高。因此在其他条件相同的情况下，凝汽器的真空，冬天要比夏天高些。

4. 极限真空和最佳真空

汽轮机运行时，进入凝汽量 D_c 取决于汽轮机负荷，运行人员主要靠增加冷却水量 D_w 来提高凝汽器真空。增加冷却水量 D_w，一方面可降低汽轮机末级排汽压力，使汽轮机所发功率增加，另一方面也增加了循环水泵耗功。所以，只有在汽轮机所发功率的增加值大于循环水泵耗功的增加值时，增加冷却水量 D_w 在经济上才是有利的。所谓最佳真空就是提高真空度所增加的汽轮机功率与循环水泵等所消耗的厂用电之差达到最大时的凝汽器真空，如图 3-8 所示。

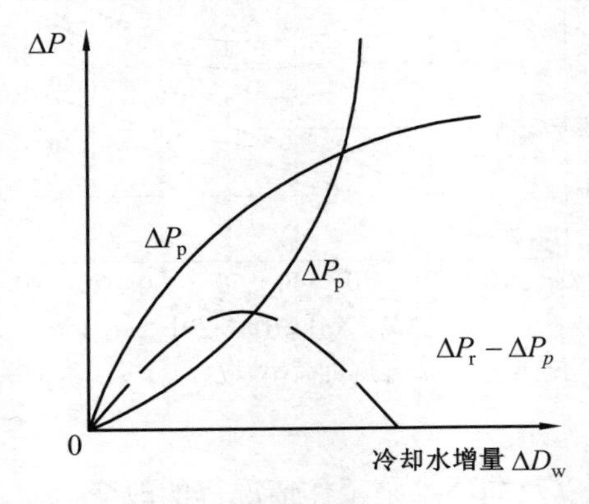

图 3-8 汽轮机功率增量及循环水泵耗功增量与冷却水增量的关系曲线

运行中汽轮机要尽量保持在凝汽器最佳真空下工作。实际运行的循环水泵可能有几台，特别是当采用定速泵时，循环水量不能连续调节，故应通过试验确定不同蒸汽量及不同冷却水温下的最佳运行真空。

对于一台结构已定的汽轮机，汽轮机末级存在极限膨胀压力。若凝汽器压力的降低使汽轮机末级排汽压力低于末级极限膨胀压力时，蒸汽膨胀还要在末级动叶通道以外进行，当初参数和蒸汽流量不变时，汽轮机功率不再增加，反而由于凝结水温降低，最后一级回热抽汽量增加而使汽轮机功率减小。所谓极限真空是指使汽轮机做功达到最大值时汽轮机末级排汽压力所对应的凝汽器真空。虽然在极限真空下蒸汽的做功能力得到充分利用，但此时循环水量和水泵电耗维持在较高水平上，从经济上说这是不合算的。

第二节　抽汽设备

抽汽设备是汽轮机组的主要辅助设备之一，机组在起动和正常运行时，抽汽设备都要投入运行。抽汽设备的主要任务：在机组起动时，把一些汽、水管路系统和设备中所积聚的空气抽出来，建立凝汽器内的真空，以便加快起动速度；在正常运行时，不断地抽出漏入凝汽器的空气以及排汽中的不凝结气体，维持凝汽器规定的真空；及时抽出加热器热交换过程中释放出的不凝结气体，保证加热器具有较高的换热效率；把汽轮机低压段轴封的蒸汽、空气及时地抽到轴封冷却器中，以确保轴封的正常工作等。

抽汽设备按工作原理可分为射流式和容积式两大类。根据工作介质不同，射流式抽汽器可分为射汽式和射水式两种。容积式抽汽器分为液环式真空泵和机械离心式真空泵。国内电站的小机组一般采用射汽抽汽器，大型再热单元制机组一般用射水抽汽器。近几年来大机组上开始应用液环式真空泵。

一、射流式抽汽器

1．射汽抽汽器

如图 3-9 所示，射汽抽汽器由工作喷管 A、混合室 B 和扩压管 C 组成。工作蒸汽进入工作喷管 A，在其中降压增速，使混合室形成高度真空，混合室的入口与凝汽器抽汽口相连，抽汽口处蒸汽、空气混合物不断地被吸入混合室，由高速气流夹带着前行进入扩压管，在扩压管中气体的动能转换为压力能，速度降低，压力升高，蒸汽、空气混合物最终排入大气或中间冷却器。

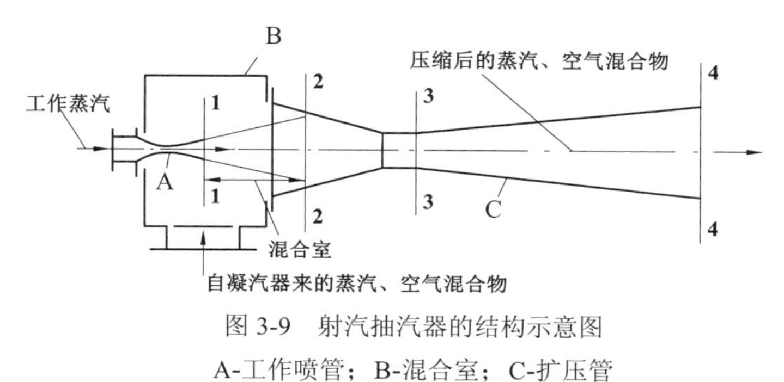

图 3-9　射汽抽汽器的结构示意图

A-工作喷管；B-混合室；C-扩压管

一般对于高、中压母管制额定参数起动的机组，由于工作蒸汽的来源有保证，因此大多采用射汽抽汽器。单级射汽抽汽器一般用于起动抽汽器，其设计的抽吸能力较大，但工作蒸汽的热量和工质不能回收，很不经济。正常运行时维持真空的主抽汽器一般是多级的。图 3-10 所示为两级抽汽器装置示意图。

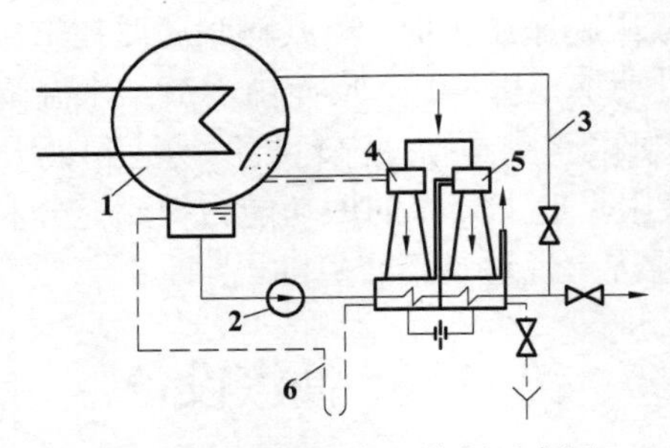

图 3-10 两级抽汽器装置示意图

1-凝汽器；2-凝结水泵；3-凝结水再循环管；4-第一级抽汽器；5-第二级抽汽器；6-U 形水封管

主抽汽器总是安装在压力最低的加热器前面（按主凝结水的流向），这样主凝结水的温度最低，被凝结的蒸汽量可以增多。抽汽冷却器的冷却水一般都采用从凝结水泵打出的主凝结水。在主凝结水管路上还设有凝结水再循环管 3，以保证在机组起动或低负荷运行时，抽汽冷却器有足够的冷却水。由于中间冷却器内的汽侧与凝汽器侧有一定的压差，所以可用带节流阀的管子将中间冷却器内的凝结水送到凝汽器内。为了防止抽汽器因故不能正常工作时空气大量漏入凝汽器，采用了垂直布置的 U 形水封管 6。

对于高参数大容量单元机组，由于射汽抽汽器的过载能力小，且机组滑参数起动时需要引入其他的工作汽源，使系统复杂化，所以大多采用射水抽汽器。

2. 射水抽汽器

射水抽汽器的工作原理和射汽抽汽器类似，只是射水抽汽器的工质采用的是压力水而不是蒸汽。射水抽汽器的结构示意图如图 3-11 所示。

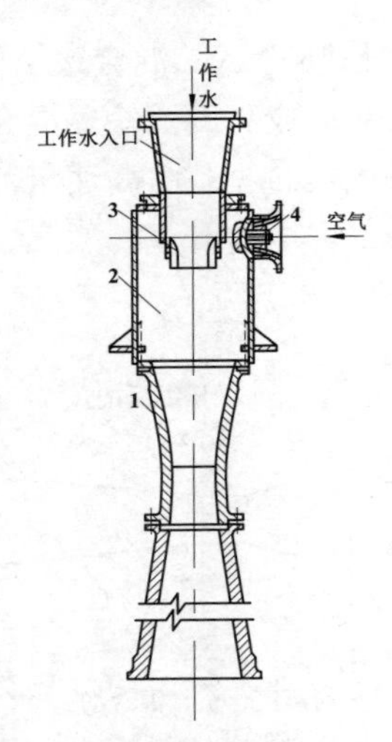

图 3-11 射水抽汽器的结构示意图

1-扩压管；2-混合室；3-喷管；4-逆止阀

射水抽汽器一般由专用水泵供给工作水，高压工作水进入工作水入口，然后进入喷管 3 将压力能转换为动能，形成高速水流，使混合室形成高度真空，凝汽器的汽、气混合物被吸进混合室 2 与工作水相混合，部分蒸汽遇工作水后立即凝结，然后一起进入扩压管 1 降速增压，以略高于大气压力的压力排入排水井。

当专用水泵或其电动机发生故障，或发生厂用电中断时，工作立即停止，混合室内就不能建立真空。这时凝汽器压力仍处于真空状态，而排水井水面的压力是大气压力，故不洁净的工作水将从扩压管倒流入凝汽器，污染凝结水，为此在混合室入口处设置了逆止阀 4，用以阻止工作水倒流。

射汽抽汽器与射水抽汽器相比，前者的工作蒸汽是从新蒸汽节流而来的，因此产生节流损失，从热效率上考虑是不经济的；如果前者与单元制机组配套，则当这种机组采用冷态滑参数起动方式时，还需要为射汽抽汽器准备汽源。从这些角度考虑，采用射水抽汽器较为有利。但射水抽汽器需要设置专用的射水泵，投资较多，而且又不能回收被抽出蒸汽的凝结水及其热量，增加了凝结水的损耗。可见，这两种抽汽器各有自己的优缺点。射水抽汽器结构简单，工作可靠，起动运行方便，一般适用于滑参数起动和滑压运行的单元制再热机组。

图 3-12 所示为 C-40-15-1 型射水抽汽器系统示意图。供水方式为闭式循环方式。一台机组配两台射水抽汽器，分别对应两台射水泵，一台运行，一台备用。

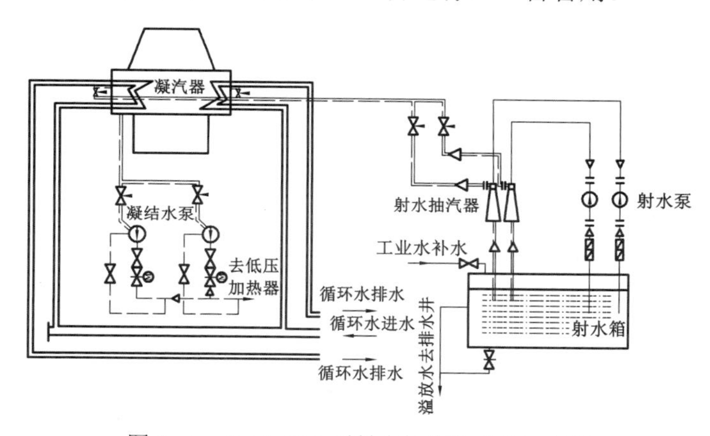

图 3-12　C-40-15-1 型射水抽汽器系统示意图

二、容积式抽汽器

容积式抽汽器分为液环式真空泵和机械离心式真空泵两种。

1. 液环式真空泵

如图 3-13 所示，液环式真空泵主要由偏心叶轮 1、液环 2、排汽口 3、泵壳 4、轴 5、吸汽口 6、前弯式叶片 7 等部分组成。它可以通过一个带有许多叶片的偏心叶轮对液体施加离心力，起到活塞的作用，从而进行气体输送。

液环式真空泵在工作前需要先向泵内注入一定量的液体（通常是水）。当电动机带动偏心叶轮旋转时，在离心力的作用下，液体向外运动。这样液体就在贴近泵壳的内表面形成一个运动着的圆环，称为液环。由于叶轮是偏心安装的，因此液环与叶轮轮毂之间会形成一个新月形的空间。转子每转动一周，由液环、叶片、轮毂表面围成的小空间的容积便由小到大，再由大到小地周期性变化。在旋转的前半周，即由 a 转向 b 的过程中，小空间的容积由小变大，力降低，通过吸汽口吸入气体。在后半周，即由 c 转向 d 的过程中，小空间的容积由大变小，吸入的气体使被压缩而升压，当压力达到一定程度时，通过排汽口将气体排出。这样，液环式真空泵就完成了吸汽、压缩、排汽三个连续的过程。为了保持恒定的液环，在运行过程中必须连续向泵内供给液体，以达到抽汽的目的。

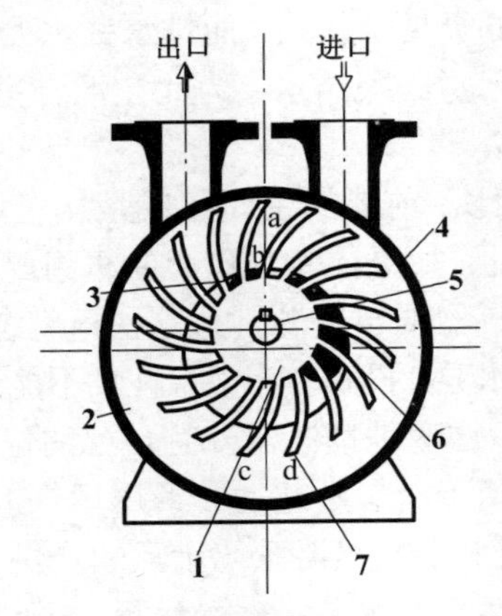

图 3-13　液环式真空泵结构原理图

1-偏心叶轮；2-液环；3-排汽口；4-泵壳；5-轴；6-吸汽口；7-前弯式叶片

图 3-14 所示为常见的水环式真空泵系统。

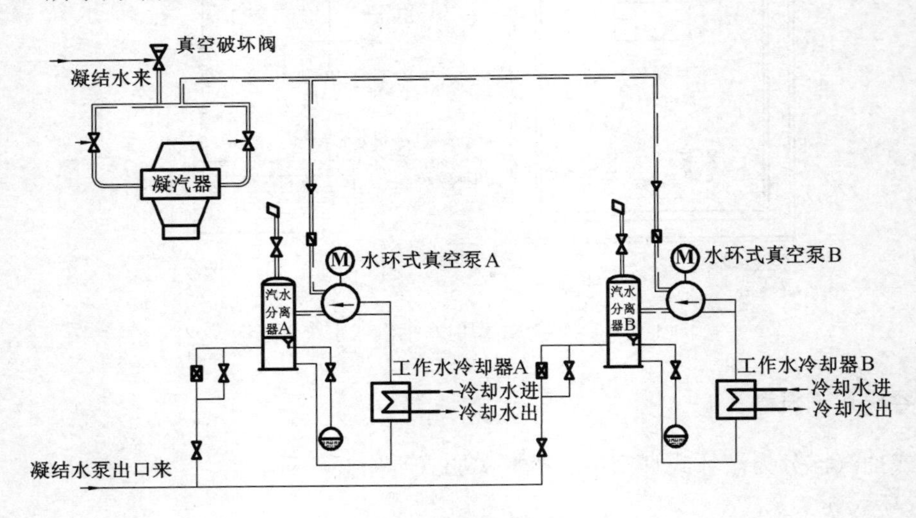

图 3-14　水环式真空泵系统

水环式真空泵系统由两台水环式真空泵及低速电动机、汽水分离器、工作水冷却器、高低水位调节器、内部有关连接管道、阀门及电气控制设备等组成。由凝汽器抽吸来的气体经气动碟阀进入水环式真空泵，真空泵排出的气体和少量的工作水通过管道进入汽水分离器，分离后的气体经汽水分离器顶部的对空排汽口排向大气；分离出的水与补充水一起进入工作水冷却器。冷却后的工作水一路喷入真空泵进口，及时将真空泵吸入气体中的部分蒸汽凝结，提高真空度泵的抽吸能力；另一路直接进入泵体，维持真空泵的水环厚度和降低水环的温度，确保真空泵的抽吸能力。水环除了与偏心叶轮组成不断变大、缩小的气体空间，有抽吸和压缩气体的作用之外，还有散热、密封和冷却等作用。由于真空泵的工作水是随着被压缩气体一起排出的，因此真空泵的水环需要新的冷工作水连续补充，以保持稳定的水环厚度和温度，确保真空泵的抽吸能力。汽水分离器的补充水来自凝结水泵出口，通过水位调节阀进入汽水分离器，经冷却后进入真空泵，以补充真空泵的水耗。工作水冷却器的冷却水直接取自凝汽器循环冷却水的进水管，冷却器冷却水出口接入凝汽器循环冷却水的回水管。由于工作水温对其抽吸能力有较大影响，当水温升高时，水环式真空泵抽吸能力下降，故运行时需要保证工作水冷却器的正常运行。

液环式真空泵属于旋转式机械，结构紧凑，安装空间小；其内部没有像吸汽和排汽管路中的阀门那样的复杂装置，所以无需供油，操作极其简便，内部无需特殊的润滑，可以连续不断地吸汽和排汽，不会产生振动。同时，它的起动性能好，当入口压力高时，抽汽量会迅速增大，液环式真空泵的这种特性对汽轮机快速起动极为有利。因为当其真空系统在运行中漏汽量增大时，真空仅会有较小的下降，且在抽汽过程中，即使进水也不会发生危险，故适应性较强。总之，液环式真空泵具有功耗低、运行维护方便、工作可靠、自动化程度高、起动性能好、利于环保等优点，因此多作为国产 300～600MW 机组的配套设备。

2. 机械离心式真空泵

机械离心式真空泵的结构原理图如图 3-15 所示。机械离心式真空泵的工作轮安装在与锥筒 6 与汽、气混合物吸入管 3 相连接的外壳 9 中，工作水由水箱 11 经吸入管 12 进入吸入室 5。随着工作轮 8 的旋转，工作水经一个固定喷管 7 喷出，并进入旋转着的工作轮的叶片槽道内。水被叶片分隔成许多的小股水柱，这些高速水柱夹带由吸入管 3 吸入的汽、气混合物进入锥筒 6，在锥筒内增大流速后进入扩压管 10，并在压力稍大于大气压力之后排入水箱 11，经汽、水分离后，气体排出，工作水继续参加循环。

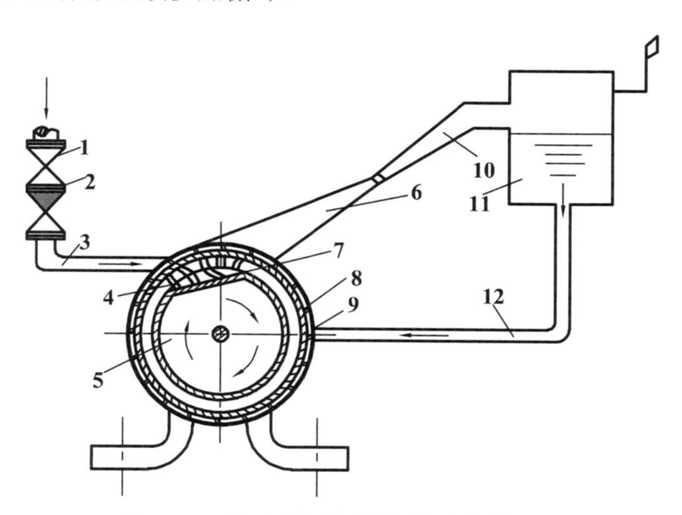

图 3-15　机械离心式真空泵的结构原理图

1-闸阀；2-逆止阀；3-汽、水混合物吸入管；4-叶片；5-吸入室；6-锥筒；7-喷管；8-工作轮；9-外壳；10-扩压管；11-水箱；12-吸水管

机械离心式真空泵也需要定期补充冷水，以防工作水的流失和水温升高。这种泵在 100～300MW 机组上得到了较广泛的应用。

第三节　给水回热设备

在热力系统中，为减小循环的“冷源损失”，设法从汽轮机的某些中间级引出部分做过功的蒸汽，用来加热锅炉的给水，此过程称为给水回热过程，与之相应的热力循环称为给水回热循环，从汽轮机中引出的蒸汽称为回热抽汽。其系统简图如图 3-16 所示。

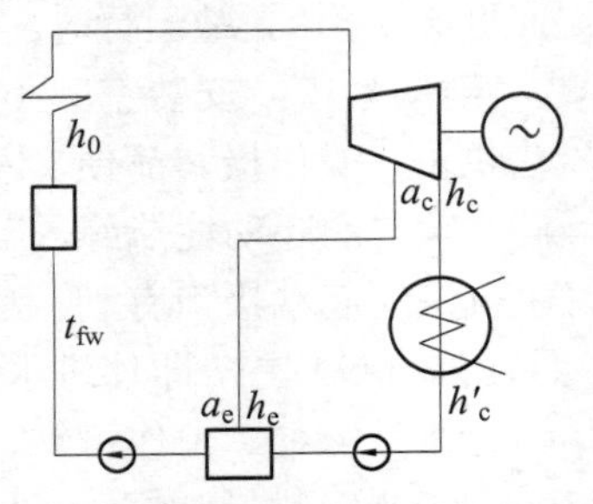

图 3-16　单级回热加热系统简图

采用给水回热循环可以提高汽轮机组热力循环的经济性，其原理分析如下：从蒸汽热量的利用方面来看，采用汽轮机抽汽在加热器中加热给水，减少了凝汽器中的热损失，使蒸汽的热量得到了充分的利用，这部分抽汽的循环热效率可以认为是 100%，故可以提高整个循环的热效率。换言之，给水回热加热的实质可以看作是热电联合生产的方式，不过此时热用户是电厂本身而已。从给水加热过程来看，利用汽轮机抽汽对给水加热时，换热温差要比利用锅炉烟气加热时小得多，因而减少了给水加热过程的不可逆性，也就是说减少了冷源损失，提高了循环的热效率。其他条件相同时，采用给水回热可使循环热效率提高，一般可提高循环热效率 10%～20%。

一、回热加热器的分类

回热加热器是从汽轮机的某些中间级抽出部分蒸汽来加热凝结水或锅炉给水的设备。按传热方式的不同，回热加热器可分为混合式和表面式两种。混合式加热器通过汽、水直接混合来传递热量；表面式加热器则通过金属受热面来实现热量传递。

混合式加热器可将水直接加热到加热蒸汽压力下的饱和温度，无端差，热经济性高，没有金属受热面，结构简单，造价低，且便于汇集不同温度的汽、水，并能除去水中含有的气体。混合式加热的严重缺点是每台加热器的出口必须配置升压水泵，这不仅增加了设备和投资，还使系统复杂化，而且当汽轮机变工况运行时，升压水泵的入口还容易发生汽蚀。如果单独由混合式加热器组成回热系统投入实际运行，则其厂用电量将大大增加，经济性反而降低，因此，火力发电厂一般只将它用作除氧器。

表面式加热器由于金属受热面存在热阻，故给水不可能被加热到对应抽汽压力下的饱和温度，不可避免地存在着端差。因此，与混合式加热器相比，其热经济性低，金属耗量大，造价高，而且还要增加与之相配套的疏水装置。但是，由表面式加热器组成的回热系统比混合式的回热系统简单，且运行可靠，因而得到了广泛采用。

根据水侧的布置和流动方向，表面式加热器可分为立式和卧式两种。立式加热器内给水沿垂直方向流动，卧式加热器内给水沿水平方向流动。立式加热器便于检修，占地面积小，可使厂房布置紧凑；卧式加热器传热效果好，结构上便于布置蒸汽冷却段和疏水冷却段，因而在现代大容量机组上得到了广泛采用。

在整个回热系统中，一般将除氧器之后经给水泵升过压的回热加热器称为高压加热器，这些加热器要承受很高的给水压力；而将除氧器之前仅承受凝结水泵较低压力的回热加热器称为低压加热器。

为了提高回热效率，更有效地利用抽汽的过热度，加强对疏水的冷却，高参数、大容量机组的高压加热器，甚至部分低压加热器又把传热面分为蒸汽冷却段、凝结段和疏水冷却段三部分。蒸汽冷却段又称为内置式蒸汽冷却器，它利用蒸汽的过热度，在蒸汽状态不变的条件下加热给水，以减小加热器内的换热端差，提高热效率。疏水冷却段又称为内置式疏水冷却器。它是利用刚进入加热器的低温水来冷却疏水，既可减少本级抽汽量，又防止了本级疏水在通往下一级加热器的管道内发生汽化，排挤下一级抽汽，增加冷源损失。随着加热器容量的发展，还有的机组将蒸汽冷却段或疏水冷却段布置于该级加热器壳体之外，形成单独的热交换器，称为外置式蒸汽冷却器或外置式疏水冷却器。

二、表面式加热器的结构

1. 卧式U形管加热器

卧式U形管加热器的受热面一般由U形黄铜管或钢管组成，管子胀接在管板上，管系固定在半圆形导向隔板的骨架和加强筋上，圆筒形外壳由钢板焊接而成。图3-17所示为东方锅炉厂生产的DR-600-4型低压加热器简图。

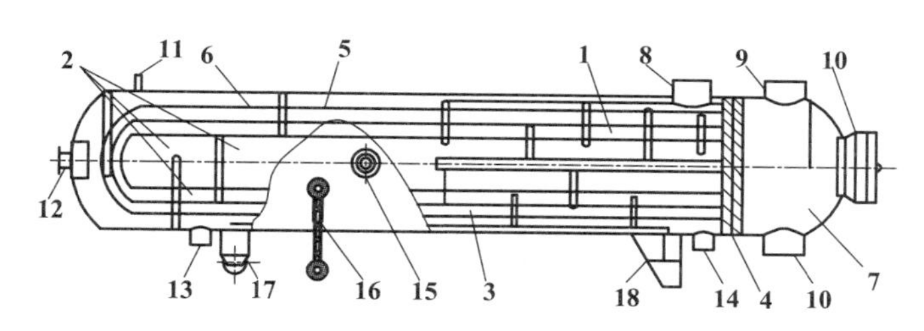

图3-17 卧式U形管低压加热器

1-蒸汽冷却段；2-凝结段；3-疏水冷却段；4-管板；5-管系；6-导向隔板；7-水室；8-蒸汽进口；9-水侧出口；10-水侧入口；11-汽侧排空门；12-上级疏水进口；13-事故疏水口；14-疏水出口；15-空气抽出口；16-就地水位计；17-滑动支架；18-检修人孔

凝结水自水侧入口管进入加热器水室，水室内挡板将水室分成入口水室、出口水室两个腔室，使凝结水在加热器管系中经过U形流程。管系采用U形结构，能够自动补偿热膨胀，且便于安装、检修及。

回热抽汽自加热器顶部进入，在蒸汽进口正对管系装有挡汽板，以降低流速及减小对管束的冲击力。该加热器布置有内置式蒸汽冷却段、蒸汽凝结段和疏水冷却段。汽侧工质在流动过程中受导向隔板的作用，做S形流动，使换热过程比较充分。随蒸汽带入的少量不凝结气体以及低压加热器因负压漏入的空气将使传热恶化，所以在壳体上还设有抽空气管。此外，卧式加热器一般设有滑动支架以补偿热膨胀。另外在加热器外壳上设水位计、检修人孔等必备装置。

图3-18所示为卧式高压加热器简图。该加热器的水室采用了自密封结构。水室内侧盖板通

过双头螺栓与密封座相连接，转动双头螺栓外侧的球面螺母，使密封座通过密封环、均压四合圈压嵌在水室内的止脱箍上实现初步密封。当水室充高压水后，密封座将紧压在均压四合圈上，实现完全密封。与卧式U形管加热器相比，该加热器具有更大的蒸汽冷却段和疏水冷却段。

有的高压加热器为进一步提高安全性，水室采用焊接封头，将密封座结构应用在检修人孔上，也收到了良好效果。

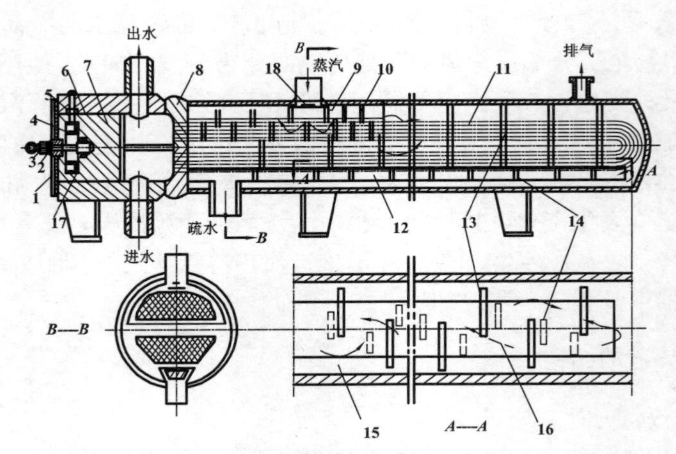

图3-18 卧式高压加热器

1-盖板；2-球面缧母；3-悬挂螺环；4-止脱箍；5-均压四合圈；6-密封环；7-密封座；8-管板；9-过热段隔板；10-过热段管束；11-凝结段；12-疏水冷却段；13-凝结段隔板；14-疏水冷却段隔板；15-凝结段蒸汽流向；16-疏水冷却段疏水流向；17-双头螺栓；18-蒸汽进口挡板

2. 螺旋管式表面加热器

螺旋管式表面加热器如图3-19所示。

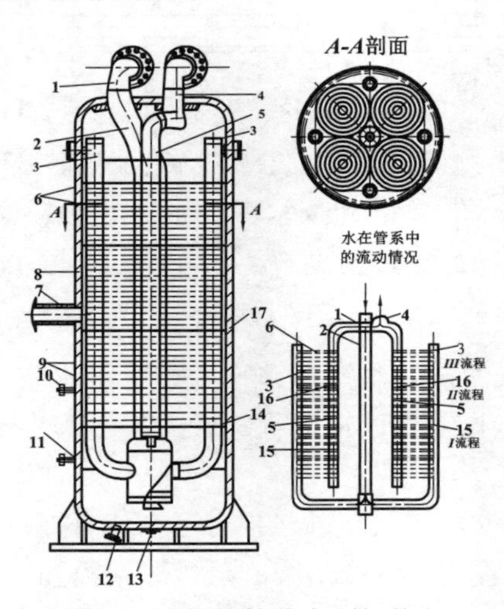

图3-19 螺旋管式表面加热器

1-给水进入管头；2-进水管；3-进水集中管；4-给水引出管头；5-出水集中管；6-双层螺旋管；7-加热蒸汽进入连接管；8-加热蒸汽的导槽；9-导向板；10-空气连接管；11，12-接疏水浮子室连接管；13-加热蒸汽凝结水的放水口；14-带导轮的撑架；15，16-集水管的隔板；17-外壳

这种加热器的管束在直立圆柱形外壳内对称地分为四组，每组由若干水平螺旋管组成。水由一对进水集水管进入螺旋管内，经过另一对出水集水管导出。加热蒸汽由中部引入，经导汽槽至加热器顶部，然后绕一系列导向隔板做 S 形流动，冲刷管束。与 U 形管加热器相比，优点是它没有笨重的水室，容易满足高温工作下对热膨胀的要求，布置紧凑，便于维修；缺点是体积大，消耗金属材料多，水阻大。

3. 轴封加热器

轴封加热器的作用是回收工质（主汽阀、调节汽阀门杆溢汽及轴封漏汽），减少热损失，同时避免蒸汽漏入油系统。

图 3-20 所示为带射汽抽汽器轴封加热器的结构简图。

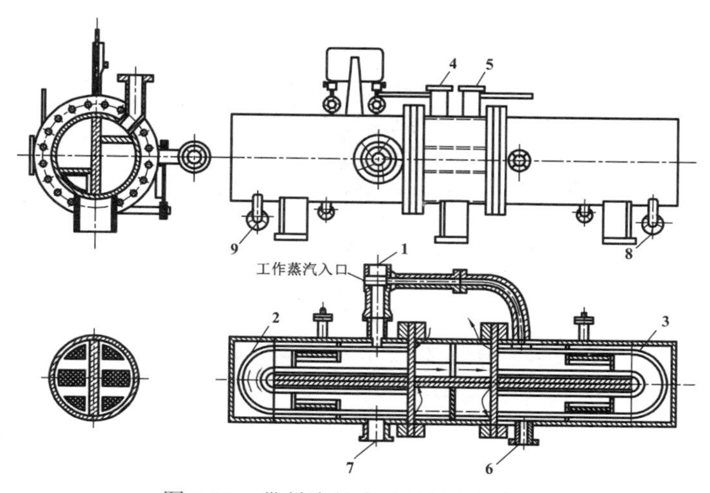

图 3-20　带射汽抽汽器的轴封加热器

1-射汽抽汽器；2-第一级加热器；3-第二级加热器；4-冷却水进口；5-冷却水出口；6-余气排出口；7-汽、气混合物入口；8-第二级疏水出口；9-第一级疏水出口

汽、气混合物被射汽抽汽器的工作蒸汽带入第一级加热器，其中大部分蒸汽凝结，剩余的汽、气混合物又被抽入第二级加热器，蒸汽凝结成疏水送回凝汽器，剩余混合气体排向大气。

图 3-21 所示为与射水抽汽器相配用的轴封加热器，它利用主机射水抽汽器的负压或单独设置的轴封风机来抽出轴封加热器中的不凝结气体，在结构上与低压加热器相似。与前一种轴封加热器相比较，其启、停操作较为简单、方便，随着机组容量的增大，得到了较广泛的应用。

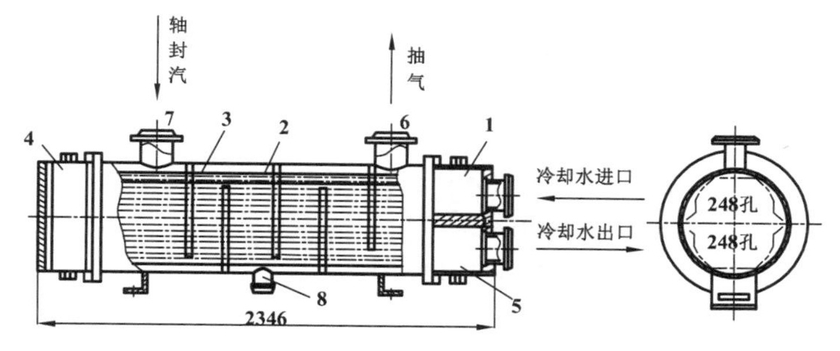

图 3-21　轴封加热器

1-进水水室；2-钢管；3-隔板；4-后水室；5-出水水室；6-抽汽口；7-汽、气混合物入口；8-疏水口

4. 加热器的疏水装置

为了可靠地将加热器中凝结的水排出，同时又不让蒸汽随疏水流出，维持加热器的正常运行，加热器在其疏水出口装有各种疏水装置。

（1）浮子式疏水器。图 3-22 所示为内置浮子式疏水器的结构。其与外置浮子式疏水器的工作原理相同，都是用浮子感受加热器的水位，然后通过连杆机构带动疏水门门杆动作，调整疏水量，来保持加热器内水位正常。其特点是结构简单，加工制造方便。但其可靠性差，发生浮子球泄漏时疏水阀的启闭失控，不仅影响经济性，且会造成疏水管冲刷损坏或其他问题。

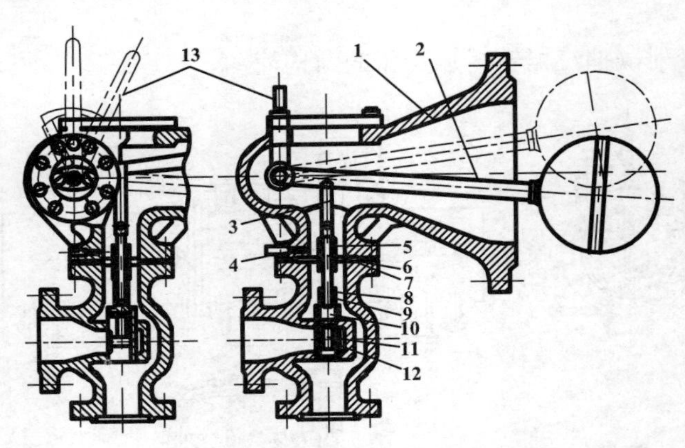

图 3-22 内置浮子式疏水器

1-浮子式疏水器外壳；2-浮子杠杆；3-连杆；4-导向套筒上排污室的出口；5-导向套筒；6-芯轴；7-中心套管；8-限制圈；9-活塞套筒；10-两半组成的环；11-滑阀；12-阀座；13-手柄

（2）疏水调节阀。图 3-23 所示为普通疏水调节阀的结构。

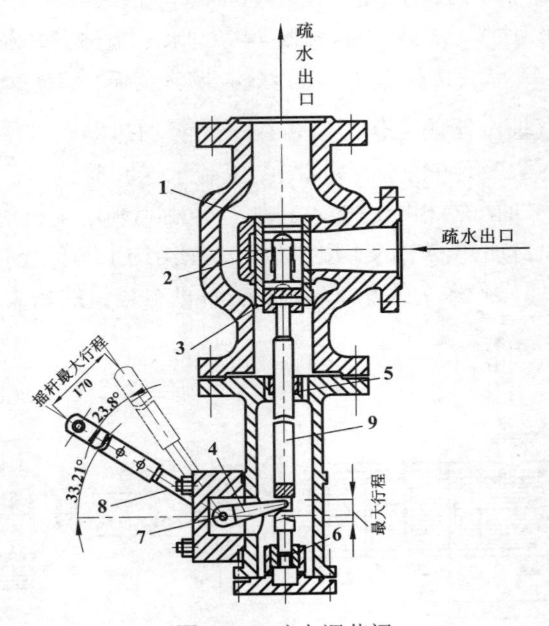

图 3-23 疏水调节阀

1-滑阀套；2-滑阀；3-5/32 钢球；4-杠杆；5-上轴套；6-下轴套；7-心轴；8-摇杆；9-阀杆

正常运行中，电接点水位信号经过变换后，作用于调节阀的电动执行机构，电动机构带动杠杆 4 移动疏水阀门杆，控制疏水量，达到自动控制加热器水位的目的。在发生故障的情况下，可以操作摇杆 8，手动控制疏水量。

（3）多级水封。多级水封的原理如图 3-24 所示。

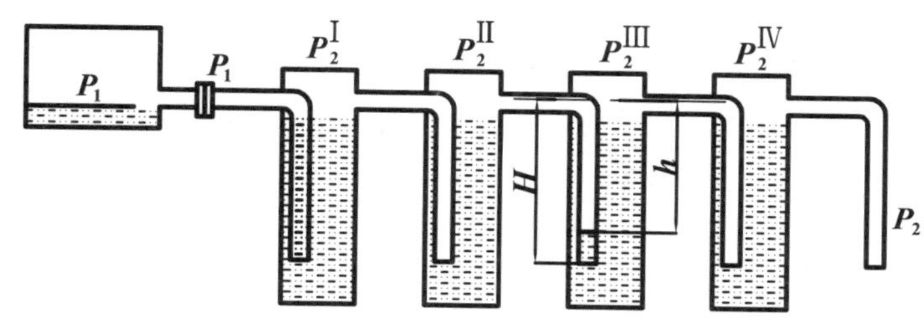

图 3-24　多级水封原理

它是利用疏水在水封筒中的水柱高度来平衡加热器之间的压力差的。如水封管数目为 n，则相当于有为 $n\rho_{水}gh$ 的压力来关住蒸汽，工作时，各级间压差相同，均为 $n\rho_{水}gh$，且有 $p_2^{\mathrm{IV}} < p_2^{\mathrm{III}} < p_2^{\mathrm{II}} < p_2^{\mathrm{I}} < p_1$ 的关系。

这种疏水装置的特点是无机械传动，不卡涩，不磨损，结构简单，维护方便；其缺点是停机后残留一部分疏水，如机组长期停运会产生腐蚀，且占地面积大，故只对工况变化小或系统不进行切换的加热器适用（如轴封加热器）。

三、除氧器

电厂热力设备发生腐蚀的主要原因是水中溶解有活性气体，这些游离气体在高温条件下可以直接和钢铁产生化学反应，腐蚀设备，降低机组安全性；另外在热交换器中如有气体聚集，将会使传热恶化，降低机组的经济性。因此，必须除去给水中溶解的气体。

溶解于水中的活性气体主要是氧气，除氧器的作用就是除去给水中的氧气，保证给水品质。同时，除氧器也是一级混合式加热器。

1. 加热除氧原理

加热除氧器的工作原理：用压力稳定的蒸汽通入除氧器内，把水加热到除氧器压力下的饱和温度，在加热过程中，水面上蒸汽分压逐渐增加，气体分压逐渐降低，溶解在水中的气体不断地逸出，待水加热到饱和时，气体分压接近于零，水中气体也就被除去了。

为了增强除氧效果及增加除氧速度，除氧器都采用机械方法把水变成细流、水膜、雾状等状态，以增强传热效果，降低水的表面张力和黏性力对气体逸出的影响，缩短水中氧气逸散到水面的距离和时间，使水中气体更快、更多地分离。

2. 除氧器的种类

除氧器根据其工作压力的不同，可分为真空式、大气式和高压式三种。

真空式除氧器即工作压力为负压状态的除氧器，水中逸出气体靠抽汽器或真空泵抽出。发电厂一般很少采用单独的真空式除氧器，而多采用维持凝汽器凝结水在饱和温度状态的方式，利用凝汽器进行真空除氧。

为了避免除氧器在真空下工作时，因设备不严密，漏入空气影响除氧效果，采用了大气式除氧器，其工作压力略高于大气压力，一般多用于中、低参数的发电厂中。

在现代高参数火力发电厂中，普遍采用高压除氧器，其工作压力约为 0.6MPa，与前面两种类型的除氧器相比较有显著的优点：

（1）采用高压除氧器可以减少高压加热器的数目，节约了金属耗量和投资。

（2）高压机组的给水温度一般为 230℃，当高压加热器因事故停用时，可使进入锅炉的给水温度变化幅度减小，从而减小对锅炉运行的影响。

（3）较高的饱和水温还可促进汽体自水中离析，降低气体的溶解度，使除氧效果提高。

（4）可以防止除氧器发生自生沸腾现象。自生沸腾是指过量较高压力疏水进入除氧器时，其热量足以使除氧器给水不需抽汽加热即可达到沸腾，这种情况将使除氧器内压力升高，排汽量增大，内部汽、水流动工况受到破坏，除氧效果恶化。而在高压除氧器中因为设计工作压力比较高，故发生自生沸腾的可能性较小。

但是高压除氧器有一个显著的缺点，就是出口水泵长期工作于高温条件下，泵的入口易发生汽蚀。为尽量减少和避免汽蚀就必须把除氧器布置在机房内较高的平台，使系统复杂化。

根据水在除氧器内流动形式的不同，除氧器可有不同的结构形式，常见的有水膜式、喷雾式、淋水盘式和喷雾填料式等。水膜式主要用于处理水质较差的水，目前已不采用；纯喷雾式效果不佳，也较少采用；淋水盘式多用于中、低压机组；现代高参数大容量机组多采用除氧效果好、容量大的喷雾填料式或喷雾淋水盘式除氧器。

3. 除氧器的结构

（1）淋水盘式除氧器。在正常情况下，这种除氧器除氧效果比较好，但是其对负荷和水温变化适应性差，而且制造加工复杂，检修困难。

图 3-25 所示为淋水盘式除氧器的结构原理图。

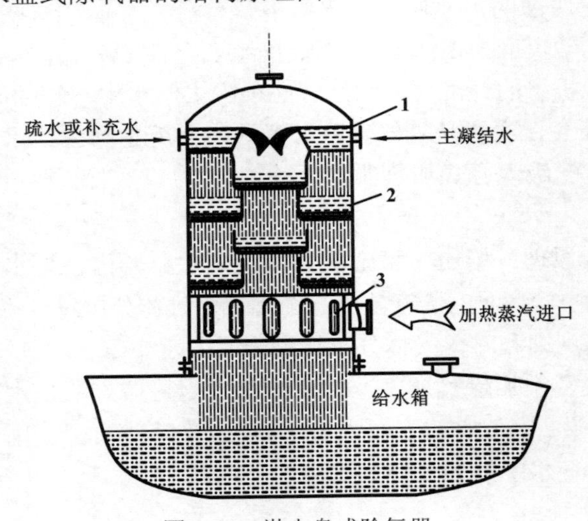

图 3-25 淋水盘式除氧器

1-配水槽；2-筛盘；3-蒸汽分配箱

需要除氧的水由上部进入配水槽，然后落入筛盘中，水层厚度维持在 10mm 左右，筛盘底部有小孔，把水分成细流。加热蒸汽由下部送入，经分配器后进入除氧器内。自下而上地加热下落的水滴进行除氧。大部分蒸汽凝结后随除氧水进入给水箱，少量随不凝结气体从顶部排出。

（2）喷雾填料式除氧器。喷雾填料式除氧器结构简单，检修方便，除氧效果良好，适应负荷变化的范围大，已被电厂广泛采用。这种除氧器的除氧又分立式和卧式两种。立式除氧器筒身竖向布置，虽然喷雾面积小，但喷雾区间大，除氧效果较好；卧式除氧头筒身横向布置，喷雾面积大，在相同的直径下卧式除氧器的出力大。

图 3-26 所示为卧式喷雾填料除氧器的结构图。它由内部的雾化喷嘴、淋水盘、填料层和壳体上的蒸汽入口、主凝结水入口、高压加热器疏水口、门杆漏汽、下水口、汽平衡管、排氧口及安全阀接口等组成。

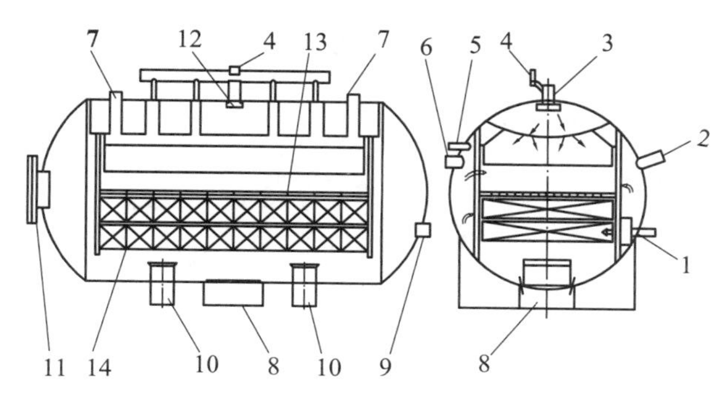

图 3-26 喷雾填料式除氧器简图

1-一次加热蒸汽入口；2-备用口；3-凝结水入口；4-排氧管；5-门杆漏汽；6-二次加热蒸汽入口；7-安全阀接口；8-下水口；9-高压加热器疏水口；10-汽平衡管；11-检修人孔；12-雾化喷嘴；13-淋水盘；14-填料层

来自低压加热器的凝结水进入除氧器顶部水室，然后由雾化喷嘴喷出，形成伞状水雾，与由下而上的二次蒸汽及门杆漏汽进行混合传热把凝结水加热到工作压力下的饱和温度。此时水中大部分溶氧及其他气体将以小气泡形式析出，达到初步除氧的目的。在除氧头上部初步除氧后的凝结水及蒸汽凝结水经淋水盘均布后落入下部的填料层，在此区域内与自下而上的一次加热蒸汽再次混合、传热，进行深度除氧。这时水中气体以扩散的形式逸出水膜液面。进入除氧器的高压加热器疏水也部分汽化，作为加热汽源。最后，除氧水及蒸汽凝结水经下水口进入除氧水箱。为使水箱内水温保持为工作压力下的饱和温度，一般在水箱设有再沸腾管，通过它引入加热蒸汽以保持水温。

4. 除氧器的汽水系统与连接

热力除氧器的加热蒸汽都是来自汽轮机的抽汽，另外也利用回收的高压加热疏水、门杆漏汽等作为热源。此外，还应配备备用汽源以作为备机组启停及甩负荷时的用汽。

图 3-27 所示为除氧器的典型汽水系统。其加热汽源有抽汽、门杆漏汽、高压加热器疏水和汽封溢汽，并备有辅助汽源。主凝结水自除氧头上部进入，除氧后进入除氧水箱。水箱中设有再沸腾管保持其饱和温度，系统设有除氧循环泵，启动前可使除氧水箱中的水循环加热。除氧头及除氧水箱均设有安全阀，防止除氧器超压。除氧水箱上还接有给水泵的再循环管，它的作用是防止给水泵在启停和低负荷时水流量过小，不足以冷却泵体而引发给水汽化和设备损坏。

5. 除氧器的运行

除氧器在运行中，由于机组负荷、蒸汽压力、进水温度、水箱水位的变化都会影响除氧效果，因此除氧器在正常运行中应主要监视其给水溶氧量、压力、温度和水位。

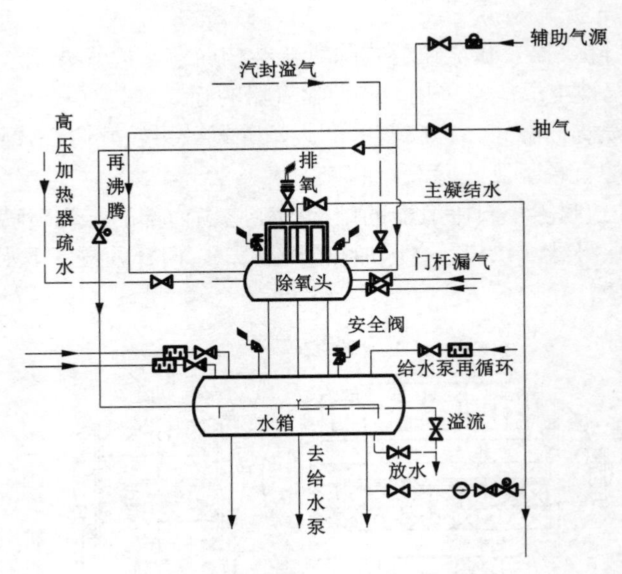

图 3-27 除氧器的典型汽水系统

（1）除氧器的给水溶氧量。运行中应定期化验除氧器的给水溶氧量是否在正常范围内。除氧器内部结构是否良好，一、二次蒸汽配比是否适当，是降低溶氧量的先决条件。如喷嘴偏斜使雾化不良、淋水盘堵塞使水流不畅等，都将直接影响除氧效果。一次加热蒸汽汽阀开度偏小时，会使淋水盘下部二次蒸汽压力升高，从而可能形成蒸汽把水托住的现象，使蒸汽自由通路减少，并且一次加热蒸汽量的不足将直接影响除氧效果；而当一次加热蒸汽汽阀开度过大时，二次蒸汽量不足，将会影响深度除氧的效果。为保证除氧效果，还应特别注意排汽阀的开度，开度过小会影响除氧器内的蒸汽流速，减慢对水的加热，更主要的是对气体排出不利；而开度过大不仅会增大汽、水热量损失，还可能造成排汽带水及除氧头振动。排汽阀开度应通过调整试验确定。

（2）除氧器的压力和温度。除氧器的压力和温度是在正常运行中需要监视的主要指标。当除氧器内压力突然升高时，水温会暂时低于对应的饱和温度，导致水中溶解氧量增加，压力升高过多时，会引起安全阀动作，严重时会导致除氧器爆裂损坏；而压力突然降低时，会导致给水泵入口压力降低，造成给水泵汽化。在压力降低情况下，水温会暂时高于对应的饱和温度，水中溶氧量会减少，但要注意这种情况下容易引起自生沸腾。

（3）除氧器水位。除氧器水位的稳定是保证给水泵安全运行的重要条件。水位过高将引起溢流管大量跑水，若溢流不及时，还会造成除氧头振动、抽汽管道冲击甚至汽轮机水冲击；水位过低而又补水不及时，会引起给水泵入口压力降低而汽化，影响锅炉上水甚至被迫停炉。

第四节 空气冷却系统

随着经济的不断增长，水源和电能消耗急剧增长，出现了水源和电能供应紧张的局面，而火电厂的大型化和容量的增加更加剧了水源的紧张局面。另外，出于环境保护方面的要求，对水源热污染的控制也更为严格。在这种情况下，电厂的空气冷却方式引起了人们的注意。发电厂直接或间接采用空气来冷凝汽轮机排汽的方式称为发电厂空气冷却，简称发电厂空冷，采用空气冷却系统的电厂称为空冷电厂。空冷系统无需大量冷却水，因此电厂厂址的选择可以不受水源的限制。我国煤炭产地大多在严重缺水地区，因此空气冷却技术有着广泛的应用前景。

电厂空气冷却可分为直接空气冷却方式和间接空气冷却方式两种，后者又可分为混合式间接空冷和表面式间接空冷。

无论是直接空冷机组，还是间接空冷机组，经过几十年的运行实践，证明均是可靠的。但不排除空冷系统在运行中，存在种种问题，如系统设计不够合理，运行管理不当，严寒、酷暑、大风等情况对机组负荷影响较大等。这些问题有的已得到解决，有的还尚未解决。与传统的湿冷系统相比，空冷系统的主要优点如下所述。

（1）基本上解除了水源地对厂址和电厂容量选择的限制，使得在缺水地区建造大容量发电机组成为可能。

（2）大幅度降低了水资源的消耗量。湿冷电厂的耗水量十分巨大，而采用空冷技术，冷却水或汽轮机排汽与空气通过金属管壁进行热交换，无水蒸气散入大气，因此节水效果十分显著。

（3）减轻了对环境造成的污染。采用开式循环的湿冷系统，吸收了汽轮机排汽潜热的冷却水直接排入江河等天然水体中，引起水域温度升高，造成热污染；而采用闭式循环的湿冷系统，不但冷却塔有大量的水雾逸出，还存在着淋水装置的噪声污染。

空冷系统的主要缺点如下所述。

（1）基建投资大，当水价不高时，年运行费用高于湿冷系统。

（2）机组背压高，需配备高、中背压空冷汽轮机。

（3）受环境影响大，环境温度及风速风向的改变对机组背压有很大影响，因此汽轮机设计背压相对较高，背压运行范围也大。

（4）采用直接空冷系统时，真空系统庞大。

（5）冬季需考虑散热器的防冻问题。

一、直接空冷系统

直接空冷系统是指汽轮机的排汽直接用空气来冷凝，空气与蒸汽间进行热量交换，其流程如图 3-28 所示，汽轮机排汽通过粗大的排汽管道 12 送至室外空冷岛的空冷凝汽器 4 内，轴流冷却风机 13 使空气流过冷却器外表面，将排汽凝结成水，凝结水再由凝结水泵 5 送回汽轮机的热力系统。

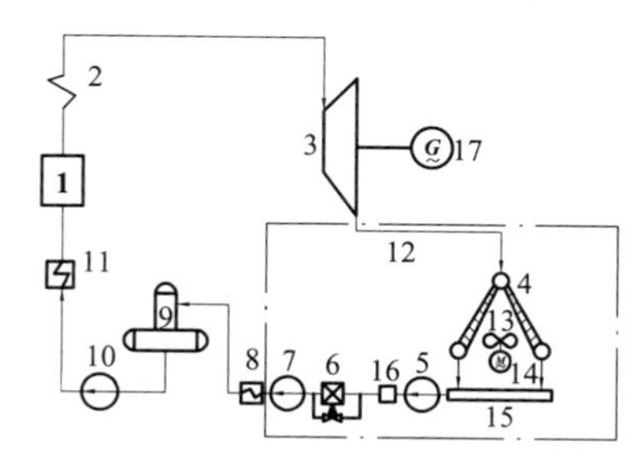

图 3-28　直接空冷系统的原则性热力系统图

1-锅炉；2-过热器；3-汽轮机；4-空冷凝汽器；5-凝结水泵；6-凝结水精处理装置；7-凝结水升压泵；8-低压加热器；9-除氧器；10-给水泵；11-高压加热器；12-汽轮机排汽管道；13-轴流冷却风机；14-立式电动机；15-凝结水箱；16-除铁器；17-发电机

1. 直接空冷系统的组成

直接空冷凝汽器的系统主要由排汽装置、排汽管、蒸汽分配管、空冷凝汽器、冷却风机、凝结水系统、抽真空系统、保护设备和清洗系统等部分构成。

（1）排汽装置。国外的直接空冷机组，汽轮机的排汽管一般都与低压缸直接连接，排汽直接排入空冷凝汽器，系统复杂，占地面积大，投资也大。我国的直接空冷机组，提出了“排汽装置”的设计思想，即把水冷机组的凝汽器改造为空冷机组的“排汽装置”。排汽装置上部与汽轮机的低压缸连接，下部侧面与排汽管道相连，底部为凝结水热井。一般机组在排汽装置两侧放置两个疏水扩容器，用于接受汽轮机本体、抽汽管道、各阀门中的疏水和低压加热器的正常、事故疏水及高压加热器事故疏水（图 3-29）。

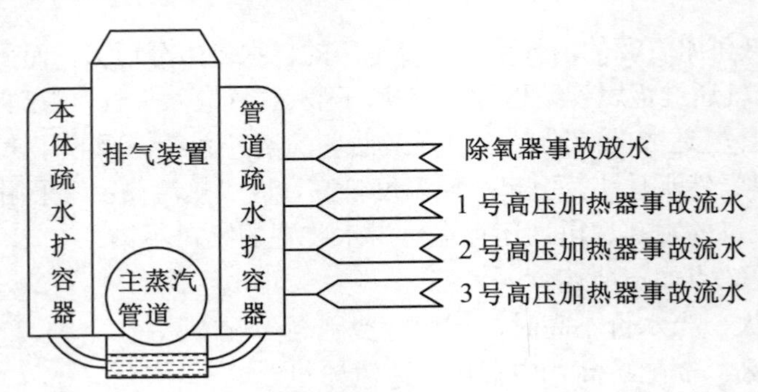

图 3-29 排汽装置示意图

（2）排汽管。为了尽量缩短汽轮机排汽管的长度和减小压降，大型燃煤机组的直接空跨电站一般将空冷岛紧靠主厂房布置，且使其与主厂房平行。排汽管从汽轮机机房引出后，通过蒸汽分配管将汽轮机排汽送往空冷岛的各冷却单元。对于大容量空冷机组，排汽管直径比较大，从国内几个空冷电站的设计情况来看，300MW 机组排汽管的直径在 5m 左右，600MW 机组排汽管的直径一般在 6m 左右。

（3）空冷凝汽器。如图 3-30 所示，直接空冷凝汽器分成若干个冷却单元，每个冷却单元又由许多组管束组成 A 形钢结构，每组管束由两个翅片管构成；在每个冷却单元下部有一台强制冷却风机，风机与安装在其上的 A 形钢结构组成一个冷却三角，A 形钢结构的顶角一般为 60°左右。上海汽轮机厂 330MW 空冷机组的空冷岛设有 30 个冷却单元，空冷岛平台高度为 35m。按照蒸汽与凝结水流动方向，可将管束分为顺流管束和逆流管束两种。在顺流管束中，蒸汽流动方向与凝结水流动方向一致；而在逆流管束中，蒸汽流动方向与凝结水流动方向相反。汽轮机排汽中 70%～80%的乏汽在顺流管束中凝结，剩余的蒸汽在逆流管束中被冷却。在逆流管束中，因为蒸汽和凝结水的流动方向是相反的，因此在这种设计中凝结水始终被蒸汽包围，从而保证凝结水不易发生过冷和冻结。在逆流管束的顶部设有抽真空系统，可将系统内的空气和不凝结气体抽出。

翅片管是空冷系统的核心，其性能直接影响空冷系统的冷却效果。翅片管可分为单排管、双排管和多排管，这三种冷却元件在直接空冷系统中都得到了成功的应用。目前大型空冷机组采用较多的是大口径椭圆形翅片管（图 3-31），又称单排管。

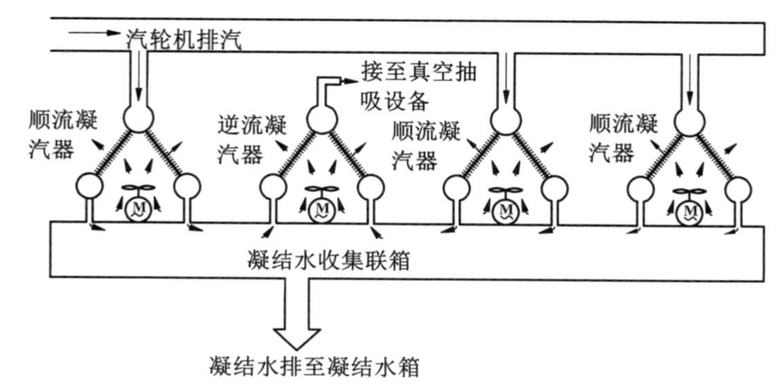

图 3-30　直接空冷凝汽器的工作原理图

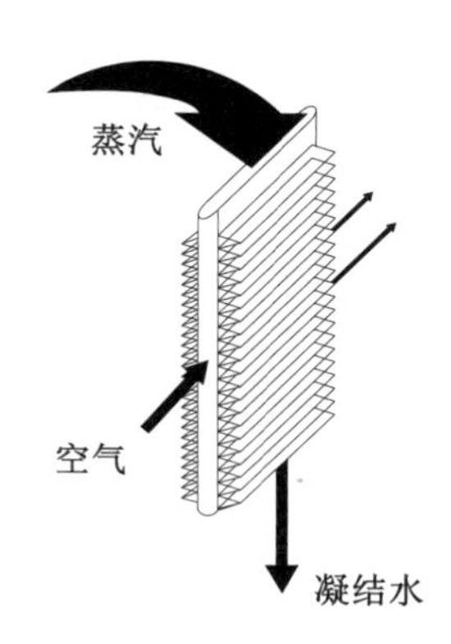

图 3-31　单排椭圆形翅片管结构示意图

其主要优点是管束两侧的换热面积能够被充分利用，使总换热面积减小；空气流动阻力较小，空冷风机耗电量减少，噪声也减小；凝结水在管中流动更加顺畅，减小了凝结水过冷度，降低了发生冬季冰冻的危险，从防冻性能来看，单排管好于双排管，且单排管比双排管容易清洗。

（4）冷却风机。风机可分为鼓风式和吸风式。鼓风式风机在工程中得到了广泛的应用。冷却风机一般由 4～9 片叶片、叶轮、轮毂、减速箱和电动机组成，上述各部件依次直接连接，装配于风机桥架上，风机桥架四周通过减振器与 A 形钢结构平台支承连接。应用于空冷凝汽器的风机有三种驱动方式，即单速、双速及变频调速，其中采用双速电动机和变频调速电动机驱动风机可节约厂用电。变频调速是无级调速，调节曲线光滑，调速快，所以在冬季运行时，可使汽轮机在运行背压降低至汽轮机阻塞背压附近的条件下运行而不至于使散热器冻结，从而提高机组在冬季运行的经济性；在夏季高温段，采用变频调速后风机可以 110%转速运行，增大了空冷散热器的通风量，降低了汽轮机的运行背压，增加了发电量。相比而言，双速风机由于转速变化慢且不连续，因此在冬季运行时只能靠提高背压来防冻。

（5）抽真空系统。在汽轮机起动和正常运行时，抽真空系统要使空冷汽轮机低压缸、排汽管、空冷凝汽器等设备内部形成真空，所以必须采用具有较大抽汽量的抽汽器。如上海汽轮机厂 NC330/279-16.7/0.4/538/538 型空冷机组的抽真空系统设有 3 台机械真空泵，机组起动时，3 台真空泵同时投入运行，以满足在 30min 内将空冷凝汽器压力抽到 34kPa 的要求；正常运行时，冬季 1 台真空泵运行，2 台备用，夏季 2 台真空泵运行，1 台备用。另外，在排汽管水平管段各接有一个电动真空破坏阀，在机组事故情况下破坏真空，提高排汽管背压，缩短汽轮机的惰走时间。

（6）保护设备。空冷系统一般设置风机振动及低油压保护装置、冬季防冻保护装置和因大风引起机组跳闸的保护装置。当风机轴承的振动值超过设定值时，保护装置动作停止该风机的运行，只有故障消除后方可重新起动风机；在运行过程中当风机润滑油油压低于设定值时，保护装置动作停止相应的风机运行。

（7）清洗系统。在投产初期，空冷机组散热器的散热性能良好。运行一段时间后，特别是对于处于多风、多尘地带的空冷发电厂，散热器外表面的污染将比较严重。这一方面减小了空气通道的面积；另一方面也增大了传热热阻，大大降低了热交换能力。散热器外表面的污染直接影响散热能力，这是造成非满发小时数增加的重要原因。所以，空冷机组均设置有清洗系统，可定期地或当散热器外表面污染时将沉积在空冷凝汽器翅片间的灰尘、泥垢清洗干净，保持空冷凝汽器良好的散热性能。

2. 直接空冷系统的特点

直接空冷系统的主要特点是汽轮机排汽直接由空气来冷凝，汽轮机背压变化幅度大。汽轮机排汽需由大直径管道引出，冷凝排汽需要较大的冷却面积，从而导致真空系统变得庞大。系统所需空气由大直径风机提供，与水冷机组循环水泵相比，耗电量较大。空冷凝汽器布置在汽轮机机房前的高架平台上，平台下可布置变压器及配电间，从而减小了发电厂的占地面积。直接空冷系统可通过改变风机转速或停运部分风机来调节进风量，以防止空冷凝汽器结冰，调节相对灵活，效果较好。

在运行中，直接空冷机组受外界气象条件影响大，机组排汽温度波动大，且排汽损失大。夏季背压高且波动幅度大，影响机组负荷和安全；空冷凝汽器在冬季起、停和低负荷运行时段的防冻问题尤为突出，这些都需要在生产运行中采取有效、合理的措施予以控制。

虽然直接空冷机组在运行中会出现一些问题，但总的来说，由于直接空冷系统可节约大量水资源，且使用设备较少，系统简单，空气量的调节灵活，防冻性能好，所以目前在缺水地区被广泛采用。

二、间接空冷系统

1. 混合式间接空冷系统

混合式间接空冷系统又称为海勒式间接空冷系统，由匈牙利的海勒教授于 1950 年提出。混合式间接空冷系统的凝汽器较为特殊，与湿冷机组凝汽器和表面式间接空冷机组凝汽器不同，汽轮机排汽在混合式凝汽器中与喷射出来的冷却水直接接触进行凝结。蒸汽凝结水与冷却水一起，除用凝结水泵将其中约 2%的水送到回热系统外，其余的水用循环水泵送到干式冷却塔，由空气进行冷却，然后又被送回混合式凝汽器中与汽轮机排汽进行热交换。为了回收冷却水的部分能量，此系统一般装有与循环水泵同轴的水轮机，其系统图如图 3-32 所示。

该冷却方式的优点是：①混合式凝汽器体积小，可以布置在汽轮机的下部；②汽轮机排汽管道短，真空系统小，保持了水冷的特点。其缺点是：①系统复杂、设备多、布置也比较困难；②由于采用了混合式凝汽器，系统中的冷却水量相当于锅炉给水的 50 倍，这就需要大量与锅炉水质一样的水，从而增加了水处理费用。

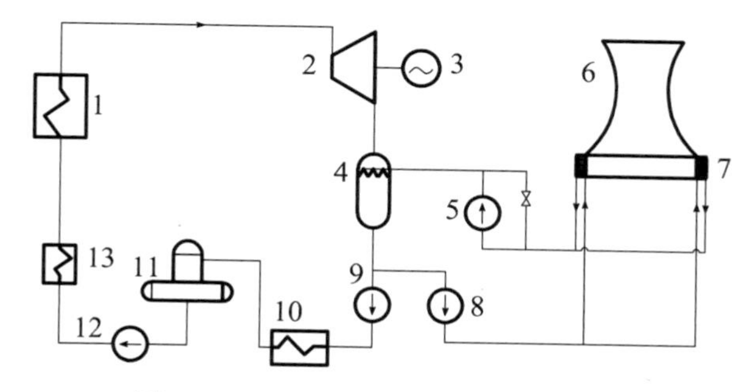

图 3-32　混合式间接空冷系统热力循环图

1-锅炉；3-汽轮机；3-发电机；4-混合式凝汽器；5-水轮机；6-空冷塔；7-散热器；8-循环水泵；9-凝结水泵；10-低压加热器；11-除氧器；12-给水泵；13-高压加热器

2. 表面式间接空冷系统

表面式间接空冷系统采用表面式凝汽器，冷却水（或冷却剂）与汽轮机排汽通过金属管壁进行换热。采用表面式凝汽器代替混合式凝汽器，其优点是锅炉给水与循环水的水质不同，减少了水处理费用，系统比较简单。缺点是冷却水必须进行两次热交换，传热效果差；在同样的设计气温下，汽轮机背压较高，导致经济性下降，如果保持同样的汽轮机背压，则投资会相应增大。

（1）哈蒙式间接空冷系统。采用表面式凝汽器，冷却水散热器在冷却塔中呈倾斜布置的间接空冷系统又称为哈蒙式间接空冷系统。冷却水进入表面式凝汽器后与汽轮机排汽进行换热，温度升高后的冷却水由循环水泵送往布置在自然通风的空冷塔中的散热器中，与空气进行对流换热，温度下降，随后再次进入表面式凝汽器中与汽轮机排汽进行热交换，其流程图如图 3-33 所示。

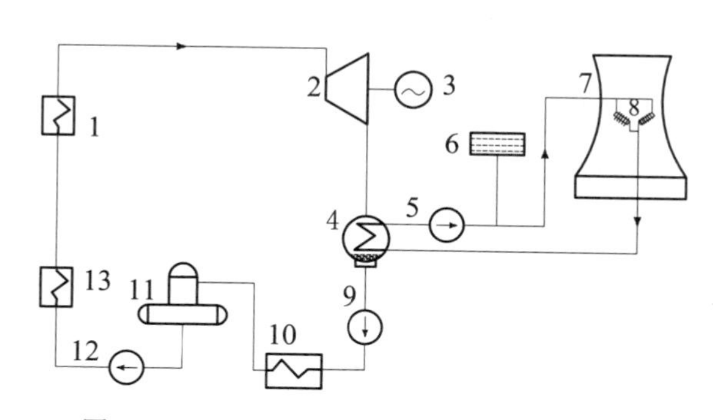

图 3-33　哈蒙式表面间接空冷系统热力循环图

1-锅炉；2-汽轮机；3-发电机；4-凝汽器；5-循环空冷塔；6-膨胀水箱；7-空冷塔；8-散热器；9-凝结水泵；10-低压加热器；11-除氧器；12-给水泵；13-高压加热器

哈蒙式间接空冷系统的散热器布置在空冷塔内，因此其换热效果受大风的影响较小。

（2）SCAL 间接空冷系统。SCAL 间接空冷系统与哈蒙式间接空冷系统的不同之处是哈蒙式间接空冷系统的冷却水散热器布置在空冷塔中，而 SCAL 间接空冷系统的冷却水散热器与海勒式间接空冷的散热器布置相同，散热器位于冷却塔的底部。SCAL 间接空冷系统流程图如图 3-34 所示。

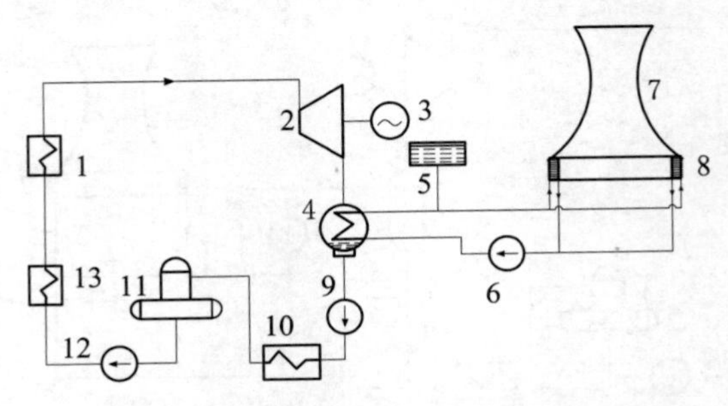

图 3-34　SCAL 间接空冷系统热力循环图

1-锅炉；2-汽轮机；发电机；4-凝汽器；5-膨胀水箱；6-循环水泵；7-空冷塔；8-散热器；
9-凝结水泵；10-低压加热器；11-除氧器；12-给水泵；13-高压加热器

（3）冷却剂间接空冷系统。采用低沸点工质（如氟利昂、甲苯丙二醇、丁二醇等）代替水作为中间冷却介质的间接空冷系统称为冷却剂间接空冷系统。低沸点冷却介质的沸点接近汽轮机排汽温度，换热过程中部分冷却剂蒸发，吸收大量热量作为汽化潜热，因此换热效果好。吸收了汽轮机排汽潜热的冷却剂再进入散热器与空气进行换热，将热量散入大气。采用这种冷却方式可以实现自然循环，省去循环水泵，系统比较简单且传热性能好。但冷却剂价略昂贵，还有一些其他问题有待进一步研究解决，因此这种冷却系统尚处于探讨之中，无应用实例。

思考题

3-1　试简述凝器设备的工作任务。

3-2　试简述抽汽设备的作用和分类。

3-3　试简述射流抽汽器的工作原理。

3-4　试简述除氧器的作用。

3-5　试简要分析工程上对锅炉给水除氧的原因。

3-6　试简要对比分析直接空冷系统与间接空冷系统的区别。

3-7　请画出直接空冷系统的原则性热力系统图，并简述其组成和特点。

第二部分　汽轮机系统的运行与维护

第四章　汽轮机启动

本部分以理昂生态能源股份有限公司郎溪电厂汽轮机系统为例进行介绍。

第一节　汽轮发电机组设备、参数及特性

一、概况

1. 汽轮机系统基本参数

汽轮机系统的基本参数见表 4-1。

表 4-1　汽轮机系统基本参数表

汽机制造厂	南京汽机厂
型号	C30-8.83/0.981-4
型式	高温、高压、单缸、单抽汽、冲动式
旋转方向	自汽机看至发电机为顺时针方向

2. 设备规范

（1）主机设备规范。汽轮机主机设备的详细参数见表 4-2。

表 4-2　汽轮机主机设备参数表

参数名称	单位	额定	最高	最低
功率	MW	30	33	
主蒸汽温度	℃	535	540	525
主蒸汽压力	MPa	8.83	9.03	8.53
可调抽汽压力	MPa	0.981	1.275	0.785
可调抽汽量	T/H	40		
额定转速	rpm	3000		
汽机转子临界转速	rpm	1758		
最大振动允许值	mm	（正常）≤0.03	（极限）≤0.05	
额定工况汽耗	kg/kWh	4.867（计算值）		
额定工况热耗	kJ/kWh	8744（计算值）		
额定工况排汽压力	kPa（a）	7.0		
级数		1+19		
转子总重	t	15		
汽机本体总重	t	106		
汽机本体尺寸（长宽高）	mm	8152×4890×4314		

（2）机组抽汽参数（额定）。汽轮机组在额定工况下的抽汽参数见表 4-3。

表 4-3 汽轮机组额定工况下抽汽参数表

抽汽级数	抽汽点	压力/MPa	温度/℃	流量/（t/h）
一级抽汽	5	2.74	397.9	8.349
二级抽汽	9	1.39	316.1	8.04
三级抽汽至除氧器	11	0.981	276.7	9.808
三级抽汽至供热	11	0.981	276.7	0/40
四级抽汽	13	0.3325	189	3.627
五级抽汽	15	0.155	122.9	4.43
六级抽汽	17	0.049	81.1	4.952

（3）发电机、励磁机参数。汽轮机系统的发电机和励磁机参数见表 4-4。

表 4-4 发电机、励磁机参数表

名称	型号	额定电流/A	额定电压/V	周率/HZ	功率因数	功率/kW
发电机	QFW-30-2C	2062	10500	50	0.8	30000
无刷励磁机	TFLW118-3000A	480	246	150	/	118
永磁付励磁	TFY2.85-3000C	15	190	400	0.9	2.85（KVA）

（4）注油器规范。汽轮机系统的注油器参数见表 4-5。

表 4-5 注油器参数表

名称	进口压力/MPa	出口压力/MPa	出油量/（L/min）
注油器（Ⅰ）	1.5	0.10～0.15	
注油器（Ⅱ）	1.5	0.22	

（5）机组调节保安系统技术规范。汽轮机系统的调节保安系统参数见表 4-6。

表 4-6 汽轮机组调节保安系统技术参数表

参数 \ 机组		30MW	
		技术规范	备注
主油泵进口油压	MPa	0.05～0.1	
主油泵出口油压	MPa	1.57	
转速不等率	%	3～6	
迟缓率	%	≤0.2	

续表

机组 参数		30MW	
		技术规范	备注
压力不等率	%	≤10	
油动机最大行程	mm	210	
中压油动机最大行程	mm	120	
危急遮断器动作转速	rpm	3270～3330	
危急遮断器复位转速	rpm	3055±15	
喷油试验时危急遮断器动作转速	rpm	2920±30	
转子轴向位移	mm	+1.0 或–0.6 报警	+1.3 或–0.7 跳机
润滑油压降低起交流油泵	MPa	0.055	
润滑油压降低起直流油泵	MPa	0.04	
润滑油压低跳机	MPa	0.02	
润滑油压降低停盘车	MPa	0.015	
润滑油压高报警值	MPa	0.16	泄压阀自动开启
主油泵出口油压低起高压油泵	MPa	1.0	
轴承回油温度高	℃	65 报警	75 跳机
轴瓦温度高	℃	100 报警	110 跳机
低真空	MPa	–0.087 报警	–0.061 跳机
轴承振动　#1、#2、#3、#4 瓦	mm	0.06 报警	0.08mm 跳机
主汽压力高	MPa	9.03 报警	
主汽压力低	MPa	8.53 报警	
主汽温度高	℃	540 报警	
主汽温度低	℃	525 报警	
DEH 控制器超速停机值	rpm		3270 跳机
相对膨胀报警值	mm	–3 或+2 报警	–3.5 或+2.5 跳机

二、汽轮机本体

1. 汽轮机本体结构

本厂汽轮机主体由一级双列复速级和十九级压力级组成，在第五、九、十三、十五、十七级后有五级不调整抽汽，供给水加热之用，在第十一级后装有一级调整抽汽，供除氧器用汽及向热用户供汽之用。

静止部分由前汽缸、中汽缸、后汽缸、隔板套、隔板、前轴承座、后轴承座、前轴承、后轴承、前汽封和后汽封等组成；前汽缸借助前端的猫爪与前轴承座相连；前轴承座支承在前座架上，后汽缸则支承在左右两个后座架上。为了确保机组在运行中的膨胀和对中，前座架上布置了轴向导向键（纵销），使机组在运行中可以自由向前膨胀和上下膨胀，在后座架上装有横销，后汽缸尾部有轴向导板，保证了汽缸在膨胀时的对中。同时横销与汽轮机中心线的交点形成了机组的膨胀死点。

转子部分包括整锻转子和套装叶轮叶片以及联轴器，它前后支承在前轴承和后轴承上；在汽缸中与喷嘴组及各级隔板组成了汽轮机的通流部分；借助联轴器与发电机转子相连。前端的支承点为推力轴承，在运行中形成转子的相对死点。汽轮机端联轴器还装有盘车装置的传动齿轮，在启动前和停机后可以进行电动盘车。机组联轴器为刚性联轴器，汽轮机的转子是柔性转子，高温高压部分采用叶轮与主轴整锻而成，低压部分采用了套装结构，其中还包括推力盘和联轴器。汽轮机的喷嘴、隔板、隔板套均装在汽缸内，和转子组成了汽轮机的通流部分。高压喷嘴组分成四段，通过 T 形槽道分别嵌入四只喷嘴室内，每段喷嘴组的一端有定位销作为固定点，另一端可以自由膨胀并装有密封键。隔板采用三种形式：高压部分采用窄喷嘴和宽叶型汽叶组成的分流叶栅，以提高隔板的强度和确保通流部分的经济性，隔板内外环均用合金钢焊接而成；中压部分采用了一般铣制静叶的内外围带焊接式，最后与隔板内外环焊接而成；低压部分则采用了焊接隔板，其等截面或变截面的静叶两端直接和隔板体焊接在一起。为了缩短轴向长度，确保机组的通流能力，并有利于启动及负荷变化，本机采用了多级隔板套，在隔板套中再装入隔板，隔板与隔板套、隔板套与汽缸之间的连接均采用了悬挂销，隔板和隔板套的底部均有固定键以保证运行中的对中性。

机组的前后汽封和隔板汽封，均采用了梳齿式汽封结构，与转子上的汽封齿相配合，形成了迷宫式汽封。

机组的轴承有两只径向椭圆轴承，推力轴承与汽轮机前轴承组成了径向推力联合轴承，是三层球面结构的椭圆轴承；它安装在轴承座内，后轴承为两层圆柱面结构的椭圆轴承。推力轴承采用可倾瓦式推力瓦块，每个主推力瓦块和径向轴承的轴瓦均有测温元件。在运行中可监视轴承合金的温度。同时轴承的回油也布置了测温元件，以反映轴承回油温度。

在汽轮机前端的前轴承箱内装有测速探头、主油泵、调节部套、危急遮断器、轴向位移传感器、径向—推力联合轴承、各控制油系统并有各种测点。汽轮机前汽缸借助猫爪结构支撑在前轴承座上。为了阻断汽缸猫爪对前轴承座的热传导，避免前轴承座内各部套的温度过高，在猫爪下的滑键中可通入冷却水，以达到阻断热传导的目的。

机组的汽缸是由前汽缸、中汽缸和后汽缸组成的，前汽缸和中汽缸为铸钢件，后汽缸为铸铁件。

前汽缸和中汽缸的连接是借助垂直法兰连接的。汽轮机的蒸汽室、喷嘴室与前汽缸焊为一体，四个蒸汽室分别布置在机组的前部左上下侧和右上下侧，并有四根导汽管与自动主汽门相连。

中汽缸为简单的上下半圆筒结构，下半部有两个工业抽汽口，右侧配有一个支座和杠杆连接口，以固定旋转隔板油动机和安装旋转隔板调节连杆。中汽缸借助后部的垂直法兰和后汽缸相连。

后汽缸与后轴承座铸成一体，用排汽接管与凝汽器相连，左右两侧支撑在后座架上，后轴承座内布置了汽轮机后轴承，在后轴承盖上安装了汽轮机组的盘车设备；在后汽缸上半部装有排大气装置，当背压高于大气压时能自动打开，保护后汽缸和凝汽器。

机组的盘车设备采用两级齿轮减速的机械传动式高速电动盘车装置，机组盘车转速为 4r/min，启动时拔除插销向发电机方向扳动手柄，大小齿轮啮合后即可提供润滑油，按动电机按钮，机组即可进入盘车状态，冲转后，当转子转速高于盘车速度时，盘车齿轮能自动退出，并自动切断电源和润滑油；在无电源的情况下，在电机的后轴上装有手轮，可进行手动盘车，手动盘车时，手轮转动 64 圈汽轮机转子回转180°。在连续盘车时必须保证润滑油的连续供给。

2. 主蒸汽流程

从锅炉来的高温高压新蒸汽，经由主蒸汽管道、电动主汽门至自动主汽门；通过自动主汽门后经四根导汽管流向四个调节汽阀。蒸汽在调节阀控制下流经汽轮机内各喷嘴动叶膨胀做功，其中部分蒸汽经汽缸下部预留抽汽口抽出作为工业用汽和除氧器等设备供热用汽，其余部分继续膨胀做功后经低压缸排汽口进入凝汽器凝结成水。

3. 自动主汽门和调节汽阀

自动主汽门由主汽门、自动关闭器及主汽门座架组成，为单阀座型。为减小阀碟上的提升力，采用了带增压式预启阀的结构，阀壳上设有阀前压力、阀后压力温度和阀壳壁温测点，阀杆漏汽分别接至除氧器和汽封加热器，自动关闭器由油动机、断流式错油门组成。来自主油泵的安全油作用在错油门下部，当克服弹簧阻力时打开油动机进油口使安全油进入油动机活塞下部。当油压足够时便将主汽门打开。油动机行程通过杠杆反馈到错油门活塞，这使它可停留在任意中间位置上，因而自稳定性能较好。自动关闭器设有活动试验滑阀，油动机壳体下有冷却水室，以阻断蒸汽热量向自动关闭器传导。

启动挂闸装置由壳体、启动滑阀和挂闸滑阀及两个电磁阀等组成。挂闸电磁阀得电建立复位油可以对前轴承座内危机遮断油门动作后进行复位，同时在安全油压失去后对挂闸滑阀复位。挂闸滑阀在复位油压下，压力油经过挂闸滑阀节流建立起安全油压，同时安全油压将挂闸滑阀压下，在复位油消失后保持挂闸滑阀位置不变。安全油压建立后压下启动滑阀建立启动油压打开主汽门自动关闭器。在停机时安全油压卸掉，通过启动滑阀切断启动油。并卸掉自动关闭器油缸腔室中的油，使主汽门快速关闭。主汽门试验电磁阀正常不带电，得电时接通去启动油路的压力油至回油，降低启动油压可缓慢关闭主汽门关闭器。通过调整可调节流孔的大小可以改变主汽门自动关闭器的关闭速度，同时可用于做主汽门严密性试验或活动试验，另外自动关闭器上的活动试验手轮也可活动主汽门。

本机组有四只调节汽阀，均采用带减压式预启阀的单阀座，以减小提升力；油动机通过凸轮配汽机构控制四只调节汽阀的开启顺序和升程。凸轮配汽机构座架下部有一冷却水腔室，以阻断蒸汽热量向配汽机构传导。

三、机组热工逻辑说明

1. 给水泵

（1）启动允许（与）：

1）电动给水泵出口再循环门开启。

2）电动给水泵入口电动门开启。

3）电动给水泵稀油站运行。

4）除氧器水位大于等于 1500mm。

（2）连锁启逻辑：

1）给水泵变频器故障。

2）给水泵出口母管压力小于等于 10MPa。

（3）备用连锁投入。

（4）跳闸条件（或）：

1）电动给水泵电机轴承温度1≥85℃（75℃报警，单点）（加速率判断）延时2s。

2）电动给水泵电机轴承温度2≥85℃（75℃报警，单点）（加速率判断）延时2s。

3）电动给水泵稀油站全停，延时5s。

2. 给水泵出口电动门

（1）联锁开：

1）给水泵运行延时2s，联锁开启给水泵出口电动门。

2）工频状态。

3）给水泵变频器频率大于等于34.5Hz发2s脉冲，联锁开启给水泵出口电动门。

4）变频状态。

（2）联锁关：给水泵停止延时2s，联锁关闭给水泵出口电动门。

3. 给水泵再循环电动门

联锁开：给水泵出口电动门开信号消失延时2s，联锁开启给水泵再循环电动门。

4. 凝结水泵

（1）启动允许（与）：

1）凝汽器液位大于等于525mm。

2）凝结水泵变频就绪。

（2）连锁启逻辑：

1）凝结水泵变频器运行信号消失。

2）凝结水泵出口母管压力小于等于0.4MPa。

3）备用连锁投入。

（3）跳闸条件（或）：凝结水泵变频器运行且频率大于等于29.5Hz，5s后出口电动门关闭（开到位为FALSE，关到位为TURE）。

5. 凝结水泵出口电动门

（1）联锁开：凝结水泵变频器频率大于等于29.5Hz发2s脉冲，联锁开启凝结水泵出口电动门。

（2）联锁关：凝结水泵变频器停止2s脉冲，联锁关闭凝结水泵出口电动门。

6. 循环水泵

（1）启动允许（与）：

1）循环水泵入口电动门开启。

2）循环水泵出口液控碟阀关闭。

（2）连锁启逻辑：

1）运行中的循环水泵运行信号消失2s脉冲。

2）循环水泵出口母管压力小于等于0.1MPa。

3）备用连锁投入。

（3）跳闸条件（或）：

1）循环水泵电机轴承温度1≥85℃（75℃报警，单点）（加速率判断）延时2s。

2）循环水泵电机轴承温度2≥85℃（75℃报警，单点）（加速率判断）延时2s。

3）循环水泵运行延时7s出口液控碟阀关闭（开启信号为FALSE，关闭信号为TURE）。

7. 循环水泵出口液控碟阀

（1）联锁开：循环水泵运行延时 2s 后发 2s 脉冲，联锁开启循环水泵出口液控碟阀。

（2）联锁关：循环水泵停止 2s 脉冲，联锁关闭循环水泵出口液控碟阀。

8. 高压加热器

（1）解列：

1）高压加热器液位大于等于 900mm。

2）OPC 动作。

3）ETS 动作。

（2）高压加热器解列后动作：

1）#1 高加解列关闭二段抽汽电动门。

2）#1 高加解列开启#1 高加进水液控阀。

3）#1 高加解列开启二段抽汽液控阀控制水管路电磁阀。

4）#2 高加解列关闭一段抽汽电动门。

5）#2 高加解列开启#2 高加进水液控阀。

6）#2 高加解列开启一段抽汽液控阀控制水管路电磁阀。

9. 低压加热器

（1）解列：

1）低压加热器液位大于等于 550mm。

2）OPC 动作。

3）ETS 动作。

（2）低压加热器解列后动作：

1）#3 低加解列关闭四段抽汽电动门。

2）#3 低加解列开启四段五段抽汽阀控制水管路#1 电磁阀。

3）#2 低加解列关闭五段抽汽电动门。

4）#2 低加解列开启四段五段抽汽阀控制水管路#2 电磁阀。

5）#1 低加解列关闭六段抽汽电动门。

10. 三段抽汽电动门、三段水控电磁阀

1）除氧器液位大于等于 1900mm。

2）OPC 动作。

3）ETS 动作。

任意一条件成立关三段抽汽电动门、开三段水控电磁阀。

11. 除氧器溢水电动门

（1）联锁开启：除氧器液位（二取一）大于等于 1800mm。

（2）联锁关闭：除氧器水位小于等于 1600mm。

12. 高压加热器危急疏水电动门

（1）联锁开启：高压加热器水位（二取一）大于等于 800mm。

（2）联锁关闭：高压加热器水位小于等于 650mm。

13. 低压加热器危急疏水电动门

（1）联锁开启：低压加热器水位大于等于 450mm。

（2）联锁关闭：低压加热器水位小于等于 400mm。

14. 水环真空泵

联锁启动：

1）凝汽器真空高于–87kPa。

2）真空泵运行反馈消失。

3）备用联锁按钮投入。

15. 疏水泵

（1）允许启动：疏水箱液位大于 500mm。

（2）联锁启动：

1）疏水泵运行信号消失。

2）备用联锁按钮投入。

（3）联锁停止：

1）疏水箱液位小于等于 500mm。

2）液位联锁按钮投入。

16. 凝汽器真空破坏门

强制关：

1）汽机转速大于等于 2950rpm，强制关闭，禁止开启。

2）联锁投切投入。

17. 高压启动油泵

联锁启动：

1）主油泵出口油压小于等于 1.2MPa。

2）联锁开关投入。

18. 交流润滑油泵

联锁启动：

1）润滑油压小于等于 0.055MPa。

2）汽机转速小于等于 2950rpm（二取一）。

3）联锁开关投入。

19. 直流油泵

联锁启动：

1）润滑油压小于等于 0.04MPa。

2）联锁开关投入。

20. 盘车

（1）允许启动：润滑油压大于等于 0.015 MPa。

（2）联锁停止：润滑油压小于等于 0.015 MPa。

21. 工业水泵

联锁启动：

1）运行中的工业冷却水泵跳闸。

2）工业冷却水泵出口母管压力小于等于 0.2MPa。

3）备用工业水泵联锁投入。

22. 汽轮机主保护（ETS）

（1）触发条件：汽轮机主保护触发条件见表 4-7。

表 4-7　ETS 触发条件

序号	触发条件
1	推力瓦温高，定值 110℃，1/10
2	推力瓦回油温度高，定值 75℃
3	径向瓦温温度高，定值 110℃，1/4
4	径向瓦回油温度高，定值 75℃，1/4
5	凝汽器真空低，定值–61kPa，2/3
6	润滑油压低，定值 0.0196MPa
7	DEH 超速 110%（OPC 卡件），定值 3300rpm
8	发变组故障停机（发电组保护屏发出的综合信号）
9	差胀大保护停机，定值–3.5mm，+2.5mm，1/2
10	轴承振动大保护停机，定值 80μm，1/4
11	轴向位移大停机，定值+1.3mm，–0.7mm，1/2
12	TSI 超速停机，定值，1/2
13	DEH 停机
14	手动停机：操作台或 ETS 系统画面操作

（2）动作对象：AST 电磁阀带电动作，危急遮断母管油压卸掉，汽门全部关闭。

第二节　汽轮机启动前的检查和试验

一、汽轮机启动与试验要求

存在表 4-8 中所列情况时将禁止启动汽轮机，必须在专人监护下进行的操作见表 4-9。

表 4-8　禁止启动汽轮机的情况列表

序号	汽轮机情况
1	自动主汽门，调速汽门，抽汽逆止阀卡涩，不能关严
2	任一保护装置工作不正常
3	汽轮机不能维持空负荷运行或甩负荷后不能控制转速
4	轴承振动超过 0.05mm
5	重要表计（轴向位移表、轴承温度计、转速表、推力瓦温度计、真空表等）失灵
6	辅助油泵、盘车装置不能正常投入
7	汽轮机有明显摩擦
8	DEH、DCS 控制失灵
9	上下汽缸内壁温差超过 50℃

续表

序号	汽轮机情况
10	相对膨胀超过+2.0～–3.0mm
11	机组大轴晃度≥0.05mm
12	轴承进油温度低于 25℃或润滑油压力低于 0.05MPa
13	油质不合格或油箱油位低于最低油位（–200mm）
14	危急保安器动作不正常

表 4-9 须在专人监护下进行的操作列表

序号	汽轮机操作	要求
1	大、小修后的首次启动	发电部经理或专工监护
2	危急遮断器定期试验及喷油试验	
3	设备经过重大改进或进行新技术试验	
4	运行中冷油器的切换与清洗，滤网切换、清洗	
5	循环水系统隔绝、凝汽器半面清洗和凝汽器干洗	
6	运行中主蒸汽系统和主给水系统隔绝操作	
7	运行中调速系统进行调整工作	
8	汽轮机的正常启动和停运	主值监护
9	供热系统的投撤	
10	加热器的投运和停用	
11	除氧器的投运和停用	
12	各种联锁的校验	
13	自动主汽门松动试验	
14	泵的启动和停用操作	
15	运行中滤油器滤网的切换	

二、汽轮机组启动前准备

（1）主值接到值长的启动命令后，应通知副值及有关人员、领导做好启动前的准备工作，将各项操作内容记录在运行日志内，并做好与各专业的联系工作。

（2）检修工作全部结束，工作票已办理结束。所属设备场地整洁，各设备、管道、阀门完好，电动阀门电源送上。

（3）检查调节、保安系统：

1）危急遮断装置在脱扣位置，电超速保护装置、电磁保护装置位置正常，自动主汽门、旋转隔板、调速汽门关闭。

2）调速、调压系统各连杆连接正常，各活动接头处、轴承座底部及低压缸活动垫圈上加适量润滑油。

3）各保护装置、调节开关电源正常，DEH 系统完好，各联锁保护在退出位置，各表计完好，各测点一、二次门开足。

（4）DCS 操作、监控系统：

1）画面切换及鼠标反映灵活可靠，界面、按钮的操作反应迅速，监控数据齐全、准确。

2）电动门、调整门开关动作正确，信号显示正确，与就地情况相符，调整门的开度与 DCS 屏上的反馈信号相符。

（5）盘车设备停用，手柄在正常位置，电源送上，开关停用，绿灯亮，联锁开关在退出位置。

（6）低压缸向空排汽门薄膜完好。

（7）检查油系统：

1）油箱、油管路、冷油器及各油泵完好。

2）油箱油位指示正常，油位指示器灵活，各轴承回油窗完好，油系统临时加装的滤网和堵板必须拆除。

3）油箱排烟风机完好，电源送上，处于正常停用位置。

4）关闭油箱事故放油门及底部放油门并上锁。

5）投入冷油器油侧，开启冷油器进油门，开启出油门，顶部放空气手动门关闭。

6）滤油器通油位置正常，手柄销子销牢，指示清晰，顶部放空气闷头螺栓拧紧，关闭底部放油阀。

7）高压电动油泵、交流、直流润滑油泵电源送上，联锁退出，开足各油泵进出油门，注意进口油压正常。

8）油系统检查完后，试开交流润滑油泵，检查油泵电流、进出口油压及油系统正常并放尽冷油器油侧空气，检查整个油系统应无泄漏，轴承回油正常。

（8）检查主蒸汽、疏水、轴封系统：

1）关闭电动主汽门，电源送上，绿灯亮，微开前、后疏水门。

2）关闭至均压箱、法兰螺栓加热联箱进汽总门，法兰螺栓加热联箱进汽门、均压箱进汽门。

3）关闭电动主汽门及旁路门。

4）关闭自动主汽门，开足自动主汽门前疏水门一次门、关闭二次门，注意阀杆位置在 0 位，自动主汽门关闭报警，开足自动主汽门后导汽管疏水一、二次门。

5）开足调速汽门疏水至高压疏水膨胀箱一、二次门。

6）开足汽缸底部疏水门。

7）关闭一、二级抽汽门、三级抽汽至除氧器供汽门，检查各级抽汽水控装置完好，开足一、二、三、四、五级抽汽至高、低压疏水膨胀箱疏水门，关闭法兰螺栓加热装置疏水，快速关断阀试验正常后关闭，脉冲安全门位置正常，关闭外供汽电动门。

8）检查开启均压箱至前、后汽封供汽管路，检查汽封压力分配阀，关闭均压箱减温水门、三级抽汽至均压箱供汽门、法兰螺栓加热装置供汽门，开足均压箱底部疏水门。

9）开足轴加抽风机进口门，关闭进口排空门。

10）开启门杆漏汽至除氧器门，关闭至均压箱进汽门。

11）检查抽汽控制阀位置正常，电磁阀电源送上，开足抽汽控制阀进出水门及至各抽汽逆止门控制水进水门，关闭抽汽控制阀旁路门，低压给水母管至水控装置进水门。

12）抽汽控制阀进口滤水器滤网应清洗干净。

（9）高加检查项：

1）关闭高压加热器注水门，检查液动旁路保护装置完好。

2）关闭#1、#2 高压加热器进汽门。

3）关闭#1、#2 高加疏水器出水门及旁路门。

4）关闭#1、#2 高加汽侧空气门。

5）关闭电动紧急放水门，排地沟放水门。

6）高压加热器安全门位置正常。

（10）检查低压加热器系统：

1）开启#1 低压加热器疏水器进水门、疏汽门及至凝汽器空气门，关闭#1 低加疏水器旁路门及放水门。

2）开启#2 低压加热器疏水器进水门、出水门、疏汽门，关闭#2 低压加热器疏水旁路门。

3）开启#3 低加疏水器进水门、出水门、疏汽门，关闭#3 疏水器旁路门。

4）关闭#1、#2、#3 低加至凝汽器空气门。

5）关闭#1、#2、#3 危急疏水电动门。

6）低加安全门位置正常。

（11）检查凝泵、凝结水系统：

1）检查#1、#2 凝泵电源送上，绿灯亮，联锁退出。

2）关闭热井放水门，开凝汽器除盐水补水门向凝汽器补水至热井水位计的 700～900mm 后关闭，水位计完好，上下手动门位置正常，放水手动门关闭。

3）开足#1、#2 凝泵进水门，开足进水管抽空气门，关闭凝泵出口放水门。

4）关闭后缸喷淋门。

5）开足轴封加热器进、出水门，关闭旁路门。

6）开足#1、#2、#3 低压加热器进、出水门，关闭旁路门，关闭#3 低加出口至除氧器门、不合格凝结水排地沟门。

7）开启凝结水至水控电磁阀总门。

8）关闭凝结水至高加旁路液动阀供水门。

（12）检查循环水系统及空气系统：

1）关闭凝汽器水侧放水门及凝汽器循环水进水门后放水门。

2）开足凝汽器循环水进水门，关闭出水门，开足循环出水管放空气门，待空气放尽后关闭。

3）开足凝汽器汽侧空气门，关闭真空破坏门，封水加满。

4）开足油、空冷却器滤水器进、出水门，关闭旁路门，关闭滤水器排污门及放空气手动门。

5）开启真空泵汽水分离器进水门、关闭补水旁路门，底部放水门关闭。板式换热器进、出水门开启。

6）关闭空冷器出口门和冷油器进水门。

（13）机组启动前阀门位置应正确，见附表。

（14）油泵联锁试验：

1）启动高压电动油泵，检查电流正常，红灯亮，润滑油压在 0.08～0.15 MPa，高压油压 1.5MPa，油箱油位正常。

2）交流润滑油泵低油压自启动校验：将联锁投入，缓慢关小高压油泵出口门，当润滑油压低至 0.078MPa 时报警，低于 0.055MPa 时，交流润滑油泵自启动，检查正常后将联锁退出，停运高压油泵。

3）直流油泵自启动校验：将联锁投入，缓慢关小交流润滑油泵出口门，当油压低至 0.04MPa 时，直流油泵自启动，检查正常后联锁退出，停直流油泵。

4）润滑油压低跳盘车：检查交流润滑油泵运行正常后，投盘车装置，拨出离合器手柄锁子，将手柄向发电机方向推紧，盘动盘车电机手轮，使大小齿轮啮合，按盘车电机启动开关，检查汽轮发电机转子开始转动，同时听到汽轮机内部、汽封、轴承等处声音正常后，缓慢关小交流润滑油泵出口门，当润滑油压下降至 0.015MPa 时盘车自动停止。

（15）调速系统静态试验：

1）试验应具备下列条件：

（a）油箱油质合格，油位正常。

（b）投运高压油泵正常。

（c）电动主汽门及其旁路门关闭严密。

（d）确认 DEH 、ETS 系统投入正常（DEH 阀位标定和模拟试验结束），送上电磁保护装置电源。

2）调速汽门、旋转隔板开关试验：

（a）复置电磁阀和危急保安器，危急遮断指示器指示“正常”，单击“挂闸”按钮将自动主汽门调为开启，注意 ETS 上自动主汽门报警灯灭。

（b）单击“DEH 阀位标定”按钮，缓慢全开旋转隔板。

（c）单击“DEH 阀位标定”按钮，缓慢全开高压调速汽门。

3）手动危急保安器和停机按钮试验：

按手动危急保安器或手动紧急停机按钮各一次，自动主汽门、调速汽门、抽汽逆止门应迅速关闭、报警正常且无卡涩现象，危急遮断指示器指示“遮断”。

4）低油压保护试验：

（a）投入润滑油压低保护，单击“挂闸”按钮，将自动主汽门调全开，单击“DEH 阀位标定”按钮，缓慢全开高压调速汽门，短接润滑油压低 0.02MPa 压力开关表或停运油泵（油泵联锁撤出），润滑油压低报警，AST 电磁阀应正常动作，自动主汽门、调速汽门、旋转隔板、抽汽逆止门关闭并报警。

（b）撤出润滑油压低保护，在 DEH 中单击“保护复归”按钮，重新挂闸，控制开启自动主汽门、调速汽门、旋转隔板。

5）轴向位移保护试验：

（a）投入轴向位移保护。

（b）启动挂闸，将自动主汽门调全开，单击“DEH 阀位标定”按钮，缓慢全开旋转隔板，单击“DEH 阀位标定”按钮，缓慢全开高压调速汽门。

（c）由热控人员发出虚拟信号，轴向位移值为–0.6mm、+1.0mm 时，“轴向位移大”报警：轴向位移值为–0.7、+1.3mm 时，“轴向位移大”报警，AST 电磁阀动作，自动主汽门、调速汽门、旋转隔板关闭并报警。

（d）解除轴向位移保护，消除虚拟信号。

（e）在 DEH 中单击“保护复归”按钮。

6）汽机转速信号超速保护试验：

（a）投入 DEH110 超速保护。

（b）启动挂闸，将自动主汽门调全开，单击“DEH 阀位标定”，缓慢全开旋转隔板，单击“DEH 阀位标定”，缓慢全开高压调速汽门。

（c）由热控人员发出 3300rpm 虚拟信号。

（d）检查“机组转速高”报警，AST 电磁阀动作，自动主汽门、调速汽门、旋转隔板关闭。

（e）解除转速信号超速保护，消除虚拟信号。

（f）在 DEH 中单击“保护复归”按钮。

7）电超速保护试验：

（a）投入发变组故障保护开关。

（b）启动挂闸，将自动主汽门调全开，单击“DEH 阀位标定”按钮，缓慢全开旋转隔板，单击“DEH 阀位标定”按钮，缓慢全开高压调速汽门。

（c）联系电气送上“发电机跳闸”信号。

（d）检查 AST 电磁阀动作，自动主汽门、调速汽门、旋转隔板关闭。

（e）解除“发变组故障保护”。

8）轴承回油温度及瓦温高保护试验：

（a）投入轴承回油温度及瓦温高保护。

（b）启动挂闸，将自动主汽门调全开，单击“DEH 阀位标定”按钮，缓慢全开旋转隔板，单击“DEH 阀位标定”按钮，缓慢全开高压调速汽门。

（c）由热控人员发出轴承回油温度高（65℃、75℃）及瓦温高（100℃、110℃）虚拟信号。

（d）检查“轴承回油温度高 65℃”报警，“轴承回油温度高 75℃”报警跳机及“瓦温高 100℃”报警，“瓦温高 110℃”报警且 AST 电磁阀动作，自动主汽门、调速汽门、旋转隔板关闭。

（e）解除轴承回油温度高及瓦温高保护，消除虚拟信号。

（f）在 DEH 中单击“保护复归”按钮。

9）“紧急停机”按钮联动发电机开关跳闸保护试验：

（a）投入联锁保护。

（b）启动挂闸，将自动主汽门调全开，单击“DEH 阀位标定”按钮，缓慢全开旋转隔板，单击“DEH 阀位标定”按钮，缓慢全开高压调速汽门。

（c）联系值长，合上发电机故障保护和主开关，检查“发电机跳闸”报警信号消除。

（d）按紧急停机按钮。

（e）检查 AST 电磁阀动作，自动主汽门关闭，“发电机跳闸”信号报警。

（f）消除事故报警信号，在 DEH 中单击“保护复归”按钮。

10）抽汽逆止门联动试验：

（a）在自动主汽门开启条件下，联系热控人员送上抽汽逆止门电磁阀电源。

（b）启动凝结水泵，检查凝结水压力正常和抽汽电磁阀后压力低于 0.02MPa，投入抽汽逆止阀保护联锁。

（c）关闭自动主汽门，检查抽汽逆止门关闭并报警。

（d）解除“抽汽逆止阀保护”联锁，在 DCS 中单击“保护复归”按钮。
（e）停用凝结水泵。
11）低真空保护试验：
（a）启动挂闸，将自动主汽门调至 15mm 开度，发出运行命令全开调速汽门、旋转隔板。
（b）投入低真空保护。
（c）AST 电磁阀动作，自动主汽门、调速汽门、旋转隔板关闭。
（d）解除“低真空保护”。
（e）在 DEH 中单击“保护复归”按钮。
12）盘车行程开关限位保护：
（a）盘车手柄与行程限位开关脱开。
（b）检查润滑油压正常。
（c）单击盘车“启动”按钮，检查盘车电动机未转动（若盘车电机转动则立即停止）。
13）高加保护试验：
（a）启动凝结水泵，检查压力正常。
（b）开启注水门向加热器注水。
（c）当加热器内压力与给水压力平衡时，开启高加联成阀进、出水强制手轮。
（d）检查高加联成阀进水门开启正常，关闭注水门。
（e）开启#1、#2 高加进汽电动门。
（f）挂闸开启自动主汽门、抽汽门。
（g）在 DEH 中单击“停机”按钮，检查高加保护快速启闭电磁阀动作，高加联成阀进、出水门关闭，#1、#2 高加进汽电动门关闭，#1、#2 段抽汽逆止门关闭，并报警正常。
（h）由热控人员发出高加水位高Ⅰ值 700mm 虚拟信号，高加水位应报警，高Ⅱ值 800mm 应开启紧急放水门，高Ⅲ值 900mm 应关进汽电动门，开启给水旁路门，关闭一、二级抽汽逆止门，高加水位低 650mm 应关紧急放水门。
（16）辅机联锁试验方法：
1）凝结水泵联锁试验：
（a）凝汽器补水至正常水位，凝结水泵符合启动条件。
（b）启动其中一台凝结水泵。
（c）投入凝结水泵自启动联锁。
（d）就地按运行泵“事故停运”按钮。
（e）检查备用泵自启动正常，DCS 画面上自启动凝泵指示灯变红，停用泵指示灯变绿。
（f）用同样方法试验另一台凝结水泵。
（g）将凝结水母管压力升至 0.4MPa 以上，然后投入凝泵联锁，在将凝结水母管压力降至 0.4MPa 时，备用泵应自启动。
2）真空泵联锁试验：
（a）检查真空泵符合启动条件。
（b）启动其中一台真空泵。

（c）通知热控人员，强制真空至 88kPa。

（d）投入真空泵联锁。

（e）就地按真空泵“事故停运”按钮。

（f）检查备用泵自启动正常，DCS 画面上自启动指示灯变红，停用泵指示灯变绿。

（g）用同样方法试验另一台真空泵。

（h）通知热控人员，将低真空启泵联锁投入并修改真空值，当真空值为–87kPa 时，备用泵应自启动。

（17）电动门、调节门试验（机组大、小修之后进行）：

1）确认机组所有需试验的电动门、调节门电源送上。

2）将电动门开关指示放在就地位置，在就地控制盘上按“关闭”按钮，“关闭”按钮指示灯应闪光，检查电动门应逐渐关下，然后按“停止”按钮，电动门应停止关闭，再按“关闭”按钮，直至“关闭”指示灯亮，检查电动门在全关位置。

3）在就地控制盘上按“开启”按钮，“开启”按钮指示灯应闪光，检查电动门应逐渐开启，然后按“停止”按钮，电动门应停止开启，再按“开启”按钮，直至开启指示灯亮，检查电动门在全开位置。

4）就地试验正常后，再在 DCS 上按“关闭”按钮，“开启”按钮指示灯灭，检查电动门应逐渐关下直至全关，“关闭”按钮指示灯亮，然后再在 DCS 上按“开启”按钮，“关闭”按钮指示灯灭，检查电动门应逐渐开启直至全开，“开启”按钮指示灯亮。

5）将调节门开关指示在 DCS 上调至 50%位置，检查就地调节门指示应准确，然后在 DCS 上分别将调节门调小至 25%、0 位上，正常后，再将调节门在 DCS 上分别调至 25%、50%、75%、100%，正常后，再将调节门从 100%关至 0 位。

6）试验结束后应将电动门、调节门调整至所需位置。

第三节　汽轮机启动方式及选择

一、汽轮机启动状态的划分

汽轮机启动状态的划分是以启动前下汽缸调节级处金属温度来决定的，如下所述。

（1）冷态：≤150℃。

（2）温态：150～300℃。

（3）热态：300～400℃。

（4）极热态：≥400℃。

一般认为，凡停机在 12h 以内或调节级处下汽缸温度不低于 150℃时汽轮机启动均为热态启动。

二、升速率及升负荷率的选择

汽轮机不同启动状态下升速率及升负荷率的选择见表 4-10。

表 4-10　汽轮机不同启动状态下升速率及升负荷率的选择

状态＼项目	升速率		升负荷率	
	单位	数值	单位	数值
冷态	r/min	100～150	MW/min	0.3
温态	r/min	150～200	MW/min	0.36
热态	r/min	200	MW/min	0.45
极热态	r/min	300	MW/min	0.5

三、机组额定参数冷态启动操作原则

（1）主汽压力正常。
（2）主汽温度过热度不低于 50℃。
（3）润滑油压不低于 0.08MPa，油温不低于 30℃。
（4）保持真空达到–61kPa 以上。
（5）上、下缸金属温差小于 50℃。
（6）盘车连续运行不少于 2h。
（7）投入轴向位移、低油压、超速、推力瓦温、回油温度、控制油压、DEH 保护。

四、冷态启动与热态启动操作差别

1. 热态启动应遵守以下各点
（1）进入汽轮机的蒸汽温度应高于汽缸壁温度 50℃以上，且过热度应不小于 80～100℃。
（2）调节级处上、下缸温差不超过 50℃。
（3）冲转前 2h 转子应处于连续盘车状态。
（4）在连续盘车情况下，应先向轴封送汽，然后抽真空（视高压缸下壁温度选择轴封汽源）。
（5）冷油器出油温度在 35℃以上。
（6）维持真空值约–85kPa 以上。
2. 热态启动的注意事项
（1）在投入盘车及低速暖机时，应特别注意听汽缸内部有无异声，如有异声则不得开机，同时严格监视机组的振动、差胀、轴向位移、上下缸温差等情况。
（2）在暖机和升速过程中，如振动比以往增加，则维持转速暖机，直至振动正常；如振动超过规定值，则应立即停机。
（3）接带负荷的速度要根据具体情况，尽快地带到与汽缸内部金属固有温度相应的负荷，避免出现冷却汽轮机的现象。

第四节　汽轮机的启动

一、暖管

1. Ⅰ段暖管升压（电动总汽门至电动主汽门）
（1）副值长对机组进行全面检查，确定阀门位置全部准确，准备工作做好，向主值汇报。

由主值汇报值长后可开始暖管。

（2）开足电动主汽门前疏水一次门、二次门，进行暖管 20～30min，注意汽温应缓慢上升。

（3）以 0.1～0.15MPa/ min 的升压速度和 2～4℃/min 的升温速度逐渐升至全压，在升压过程中根据汽温情况适当关小疏水门，并注意检查管道、阀门泄漏、管道膨胀与支吊架情况。

（4）检查操作电源箱电源正常，红灯亮，阀门开关指示在全开位置。

2. Ⅰ段暖管同时进行下列工作

（1）启动高压电动油泵，检查电流正常，红灯亮，润滑油压在 0.08～0.15 MPa ，高压油压 1.5MPa，将高压油泵、交流油泵、直流油泵联锁投入，启动排烟风机，红灯亮，检查汽轮机各轴承油流，油压正常。

（2）投盘车装置，拨出离合器手柄销子，将手柄向发电机方向推紧，盘动盘车马达手轮，使大小齿轮啮合，按盘车电机启动开关，检查汽轮发电机转子开始转动，机组转速为 4r/min 左右将联锁投入，同时听汽轮机内部、汽封、轴承等处声音应正常。

3. Ⅱ段暖管（电动主汽门至自动主汽门）

（1）检查危急遮断器在脱扣位置，自动主汽门、调节汽门关闭严密。

（2）开启自动主汽门前疏水一次门、二次门，开足电动主汽门旁路一次门，微开旁路二次门，暖管 10min，然后缓慢升至全压，注意电动主汽门前后压差，开足电动主汽门，关闭旁路门。

4. 凝汽器循环水的投运及抽真空

根据循环水母管压力调整循环水出水门开度，凝汽器水侧通水后启动凝结水泵，检查凝泵电流、压力、热井水位正常，将联锁投入。

5. 投入轴封汽

（1）开启均压箱疏水手动门，开启主蒸汽至均压箱手动一次门，调开二次门，维持均压箱压力 10～30kPa。

（2）待均压箱充分疏水后，关闭均压箱底部疏水门，从送轴封汽到冲动转子间隔时间尽量缩短（禁止汽轮机在未连续盘车状态下送轴封汽）。

（3）机组开足均压箱向前后汽封供汽门。

（4）调整均压箱进汽压力，保持均压箱压力在 0.003～0.03MPa 之间。

（5）开启轴封加热器抽风机，投入轴封加热器运行，并注意检查其运行正常。

（6）用主蒸汽供轴封，应根据均压箱进汽温度，适时开启减温水，保持均压箱进汽温度为 250～350℃。

（7）启动真空泵，检查电流、冷却器工作正常，真空应缓慢上升，真空达 80kPa 以上时，将联锁投入。

6. 机组冲转前检查项目

（1）就地拉出危急遮断器手柄，远方或就地挂闸，检查安全油压建立正常；

（2）除“低真空”“发电机故障”保护外，将其他各保护装置投入。各保护装置投入前应先按“复归”和“保护复归”按钮，注意有关光字牌灯灭。

（3）冲转前开启机组本体、抽汽管道、导汽管、门杆漏汽管道疏水门。

（4）全面检查确保机组冲转前各参数正常，盘车正常，各轴承回油正常，辅机运行正常，然后汇报值长机组准备冲转。

二、机组冲转操作步骤

1．冲转

（1）挂闸：

1）DEH 挂闸：单击“操作员自动方式”，单击“挂闸”按钮，挂闸电磁阀得电建立复位油，主汽门打开，可以开始冲转（注意转速应无变化）。

2）就地挂闸：就地拉出打闸手柄，拉出挂闸手柄并保持，复位油建立。

（2）启动前的控制：汽轮机的启动过程，对汽缸、转子等是一个加热过程。为减少启动过程的热应力，适用于不同的初始温度，应采用不同的启动曲线。

DEH 在每次挂闸时，可根据汽轮机下汽缸壁温高低选择热状态，下面为参考范围。

T<150℃	冷态曲线	每段暖机 30min
150℃≤T＜300℃	温态曲线	每段暖机 20min
300℃≤T＜400℃	热态曲线	每段暖机 10min
400℃≤T	极热态曲线	每段暖机 1s

（3）升速控制：在汽轮机发电机组并网前，DEH 为转速闭环无差调节系统。其设定点为给定转速。给定转速与实际转速之差，经 PID 调节器运算后，通过伺服系统控制油动机开度，使实际转速跟随给定转速变化。

在给定目标转速后，给定转速自动以设定的升速率向目标转速逼近。当进入临界转速区时，自动将升速率改为 600r/min（可设定）快速通过临界区。在升速过程中，通常需对汽轮机进行中速、高速暖机，以减少热应力。

1）目标转速：除操作员可通过面板设置目标转速外，在下列情况下，DEH 自动设置目标转速。

（a）汽机刚挂闸时，目标为当前转速。

（b）油开关断开时，目标为 3000r/min。

（c）汽机已跳闸，目标为零。

2）升速率：

（a）操作员设定，速率在(0,500) r/min；

（b）在临界转速区内，速率强制为 600r/min；

（c）在额定转速附近，升速率将自动降低（可根据需要设定）。

3）临界转速：为避免汽轮机在临界转速区内停留，DEH 设置了临界转速区。当汽机转速进入此临界区时，DEH 自动以最高速率冲过。

注意：现场应根据现场的临界转速值修改临界转速值及暖机转速平台值。

（4）暖机：默认的汽机转速为 500r/min、1200r/min、2500r/min、3000r/min，故目标值通常设为 500r/min、1200r/min、2500r/min、3000r/min，到达目标转速值后，可自动停止升速进行暖机。若在升速过程中，需暂时停止升速，可进行如下操作：

1）在控制画面上单击“保持”按钮。

2）在临界转速区内时，保持指令无效，只能修改目标转速。

（5）3000r/min 定速：汽轮机转速稳定在 3000r/min 左右时，各系统进行并网前检查。

（6）同期控制：DEH 自动进入同期方式后，其目标转速在刚进入同期方式的值的基础上，按同期装置发来的转速增加指令，以 100r/min 的变化率变化，使发电机的频率及相位达到并网的要求。

1）界面简介：

（a）主界面：即系统总图画面，操作员站开机后将自动进入此画面。该画面上提供了整个系统的概况和系统运行时的重要参数。

（b）转速控制画面：即转速控制画面，该画面上提供了“挂闸”，设定“转速目标”和“升速率”“进行”“保持启动方式”“阀位限制”“自动同期”等汽机升速过程中常用的操作。另外还有“拉阀试验”“摩擦检查”“超速试验”等功能，提供在系统试验阶段时进行相关的操作。

（c）功率控制画面：即功率控制画面，该画面上提供了“设定功率目标值和“变负荷率”“功率回路投切”“主汽压控制”“主汽压保护”“一次调频”“低压抽汽压力设定”“低压抽汽准备投切”“低压抽汽回路投切”“中压抽汽压力设定”“中压抽汽回路投切”“快减负荷”“遥控投切”“阀位限制”“阀门试验”等功率控制和抽汽控制中常用的操作。

2）并网前操作：

（a）阀位标定：机组启动前，应使用阀位标定检测伺服系统是否工作正常。

在转速控制画面中单击“进入阀位标定”按钮，在阀位标定画面中单击“试验投入”按钮，即可以设定阀门开度。阀位标定试验完成后单击“试验结束”按钮。

（b）远方挂闸：DEH 具有远方挂闸功能，单击“挂闸”按钮，则挂闸电磁阀将会得电 30 秒，在此期间，如果机组挂闸条件满足则挂闸电磁阀失电。机组挂闸后旋转隔板全部打开。

（c）启动方式选择：DEH 有三种启动方式：就地启动、高调门手动启动、高调门曲线启动。DEH 启动操作界面如图 4-1 所示。

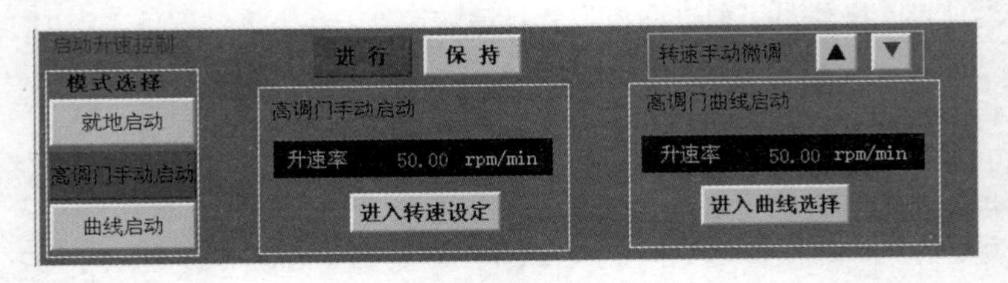

图 4-1 DEH 启动操作界面

就地启动（拉阀试验）：机组首次启动时，应使用就地启动方式。选择就地启动方式前，先确认电动主汽门及其旁路门完全关闭。单击“就地启动”按钮，再单击“进行”按钮。就地启动投入后将自动将目标转速设置为 2800，高调门同时缓慢打开。

高调门手动启动：通过单击“高调门手动启动”按钮，再单击“进入转速设定”按钮，设定目标转速和升速率，再单击“进行”按钮，机组即运行于高调门手动启动方式。

高调门曲线启动：通过单击“高调门曲线启动”按钮，再单击“进入曲线选择”按钮，参照汽缸温度选择相应升速曲线（曲线 1 对应冷态，曲线 2 对应温态，曲线 3 对应热态，曲线 4 对应极热态），再单击“进行”按钮，机组即运行于高调门曲线启动方式。高调门曲线启动操作界面如图 4-2 所示。

（d）摩擦检查：转速小于 500rpm 时单击“摩检投入”按钮，再单击“进行”按钮，机组即投入摩擦检查，目标转速升为 505rpm，转速达 500rpm 时高压调门关闭，摩擦检查结束后应单击“摩检取消”按钮，退出摩擦检查。

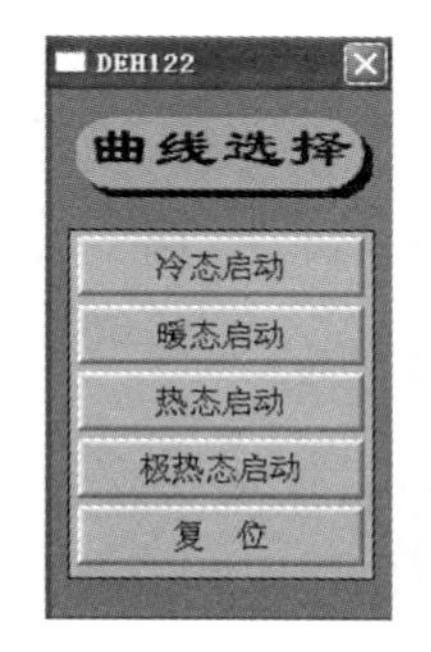

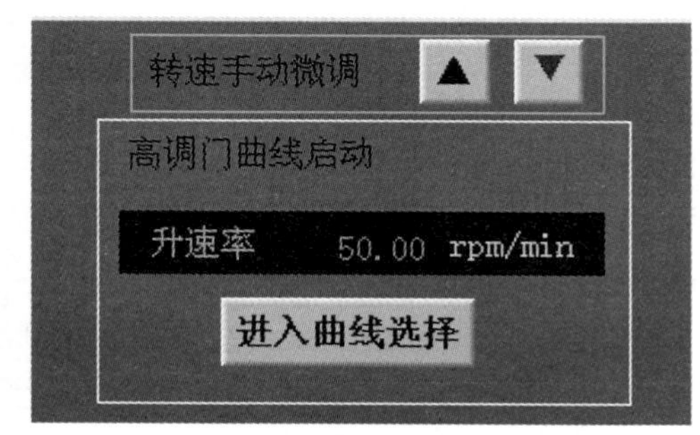

图 4-2 高调门曲线启动操作界面

（e）并网后操作：

阀位控制：通过单击“进入功率控制”按钮进入功率控制画面。并网后，机组即运行在阀位闭环控制方式。在该方式下，操作员可以设定：负荷目标值、升负荷率、负荷高限、负荷低限。

功率控制：通过单击“进入功率控制”按钮进入功率控制画面。功率闭环投入条件允许时，单击“功率回路投入”按钮，即进入功率闭环投入状态。此时操作员可以根据需要更改负荷目标值、升负荷率、负荷高限、负荷低现。

2. 冲转注意事项

（1）检查盘车装置自动脱开，电机停转，红灯灭，否则立即手动停用。

（2）对机组进行全面检查，细听汽缸、轴封、轴承声音是否正常及测量轴承振动、回油情况。

（3）冲转后应严格控制升速率、汽缸温升率以及上下缸温差。

（4）维持 500r/min 进行低速暖机。

（5）正确记录冲转时间。

3. 低速暖机时注意事项

（1）汽轮发电机组振动、声音、缸胀、轴向位移、排汽温度正常。

（2）润滑油压、调速油压、各轴承油流正常。

（3）凝汽器真空逐渐上升，排汽温度不超过 100℃。

4. 启动时间分配表

汽轮机不同工况下启动时间分配见表 4-11。

表 4-11 不同工况下启动时间分配表

工况	转速/rpm							
	冲转至 500	维持 500	升速至 1200	维持 1200	升速至 2500	维持 2500	升速至 3000	总计
	时间/min							
冷态曲线	2	30	15	30	8	30	12	100
温态曲线		20		20		20		
热态曲线		10		10		10		
极热态曲线		1S		1S		1S		

5. 暖机升速过程中注意事项

（1）检查油系统油压、油流、油位正常。

（2）调整轴封汽，凝汽器真空逐渐上升，排汽缸温度不得超过 100℃。

（3）检查胀差为–3～+2、左右法兰螺栓温度、上下缸温差不大于 50℃。

（4）轴向位移不超过 1.0mm，振动≤0.03mm。

（5）凝汽器水位在 700～900mm，如水位过高，可开#3 低压加热器出口处的不合格凝结水放水门进行调整，注意凝结水母管压力、凝泵电流和凝泵出口压力正常。

（6）调整发电机进出风温度，开启空气冷却器出水总门，保持进风温度在 35～45℃。

（7）推力轴承、及各支持轴承温度正常，根据油温变化，适当开启冷油器进水门，保持油温在 35～45℃（正常为 40℃）。

（8）均匀迅速地通过临界转速，同时测量轴承振动不大于 0.12 mm，如油温过低应延长 1200r/min 暖机时间。

（9）升速过程中，汽轮发电机振动和声音应正常，若机组发生振动，应延长暖机时间，直到振动正常后再均匀升速，如果振动仍未消除，应停机检查。

（10）确定门杆漏汽压力大于除氧器压力后，放尽门杆漏汽管道疏水，开启门杆漏汽至除氧器隔离门。当排汽温度大于 80℃时投入喷淋装置。

（11）汽轮机达到正常转速后应做的操作及检查事项：

1）主油泵出口油压约 1.57 MPa，检查高压油泵电流明显下降，停用高压电动油泵，注意油压变化，联锁投入。根据试验规定进行定速下的各项试验。

2）复查旋转隔板应在全开位置。

3）调整凝汽器循环水出口门开度，保证凝汽器有足够的循环水量、注意真空达正常值。

4）全面检查各仪表数据及汽轮发电机运行情况，汇报值长，准备并网。

三、并网与带负荷

（1）汽轮机并入电网前的条件：

1）汽轮机空负荷运行 20 min 一切正常。

2）各种试验全部结束。

3）高压缸下部温度达 220℃以上。

（2）机组并网后即带 1MW 左右负荷，然后缓慢升至 2MW 时暖机，直至高压缸下部温度达 300℃以上时允许以 0.3MW/min 增加，当高压缸下部温度达 350℃以上时，允许以 1.0MW/min 速度升至额定负荷。

（3）关闭主蒸汽管道、导汽管、调门及汽缸本体各疏水门。

（4）通知化水化验凝结水水质，合格后开启低加出水门向除氧器送水，调整再循环门，关闭放水门（若水质不合格，应保持负荷，调节放水门，注意水位，直至水质合格）。

（5）将“低真空”“发电机故障”保护投入。

（6）根据凝汽器真空，适当调整凝汽器循环水出水门开度，必要时调整循环水泵运行台数。

（7）增负荷时间分配见表 4-12。

表 4-12 30MW 机组不同启动状态下增负荷时间分配表

工况	转速/rpm							
	并列带负1MW	维持2MW	升负至3MW	维持6MW	升负至15MW	维持15MW	升负至30MW	总计
	时间/min							
冷态	3	20	10	15	20	15	20	103
温态	3	10	10	10	20	10	20	83
热态	2			5	20	5	20	52
极热态	2			0	20	2	20	44

（8）增负荷注意事项：

1）注意调速系统运行工况、调节级压力、抽汽压力、调节汽门开度与负荷、主蒸汽流量相对应。

2）汽轮发电机振动、声音正常，定时测量各轴承三向振动。

3）根据发电机进出口风温情况调整空冷器出水总门。

4）各轴承油压、油流、油温正常，根据冷油器出油温度调整冷油器进水门。

5）轴向位移、推力瓦块温度正常，汽缸膨胀左右应对称，胀差正常。

6）汽温、汽压、真空正常，轴封供汽正常，排汽温度与背压下饱和温度相对应，排汽缸温度不超过 65℃。

（9）负荷增至 3MW 时：

1）关闭凝结水再循环门，注意凝汽器水位。

2）轴封自动压力调整器正常投入，调整轴封供汽。

3）随着机组负荷增加，应注意低压加热器进出水温度，凝汽器水位等应正常。

（10）加热器系统投运：

1）投运原则。

（a）汽侧投入前必须水侧通水。

（b）水位计、安全门、自动旁路、紧急放水门、抽汽逆止门等保护装置完好。

（c）高压加热器、除氧器本体投运时，必须充分预暖。

（d）投运加热器应遵循从低到高逐级投运的原则。

2）当三级抽汽达到额定值时，向除氧器供汽：

（a）开启三级抽汽水控逆止门、电液联动快速关断阀。

（b）检查关闭三级抽汽供汽阀。

（c）关闭三级抽汽水控逆止门底部疏水门。

（d）注意调整除氧器压力、水位、温度。

3）高压加热器投运：

（a）二级抽汽压力达 0.8 MPa 时，征得值长、主值同意，通知巡操员准备投高加。

（b）检查#1、#2 液动旁路装置完好。

（c）确认高加液动旁路进出口阀，确认液动旁路进口阀底部注水门，检查液动旁路门应开启正常，检查高加水侧压力正常。

（d）确认高加旁路系统凝结水保护装置投入。

（e）缓慢开启高加进汽门，控制出水温升4～5℃，开启高加紧急放水门，预暖高加20min。

（f）开启#1、#2高加疏水器出口门、至除氧器疏水门，关闭高加紧急放水门、手动放水门。

（g）开足#1、#2高加运行排汽门。

（h）逐步开大高加进汽门，注意出水温度。

（i）高加经过二级加热后，给水温度额定工况下为221℃，纯冷凝工况为202℃。

随负荷升高及时调整轴封供汽及凝汽器水位，并注意高低压轴封供汽正常。

（11）按规定逐渐增加负荷至额定值。

（12）将上述启动经过汇报值长并详细记录在岗位交接班记录本上。

思考题

4-1　试简要说明什么情况下需要禁止启动汽轮机。

4-2　试简要分析汽轮机启动方式是如何划分的。

4-3　试简要分析汽轮机冷态启动与热态启动操作有何不同。

4-4　试简要说明DEH启动方式如何进行分类，以及各种启动方式下如何操作。

4-5　试简要说明汽轮机并入电网前需满足什么条件。

第五章　汽轮机运行调整及维护

第一节　机组运行中的检查项目

（1）机组运行中经常监视下列表计、通过调整使之符合技术指标。

1）汽轮发电机负荷、周波。

2）主蒸汽压力、温度、流量。

3）调速节压力，一、二、三、四、五、六级抽汽压力，温度。

4）均压箱压力、温度和轴封加热器的冒汽情况。

5）轴向位移、推力瓦块温度。

6）调速、保安、供油系统各滑阀、油动机活塞、主油泵出口油压、安全油压、调速油压供油压力和温度。

7）润滑油压、冷油器出油温度、各轴承回油温度、各轴承振动。

8）各辅机电源、指示灯。

9）凝汽器真空、循环水进出水温度、进出水压力、温升、端差、过冷、凝汽器水位、凝结水流量、温度。

10）高压加热器、低压加热器、轴封加热器的进、出水温度及水位。

11）发电机进出风温度、定子线圈温度、转子铁芯温度。

12）汽缸左右膨胀、胀差、汽轮发电机运转声音。

13）各保护装置信号。

（2）每 1h 巡回检查下列项目。

1）用听棒细听汽轮机、发电机、励磁机各转动部分声音。

2）通过发电机窥视孔，检查发电机内部状况，手摸发电机外壳温度。

3）DDV 阀及其供油系统。

4）各轴承振动、温度、油流、回油温度。

5）真空破坏门封水。

6）油动机、旋转隔板开度与电负荷、热负荷相对应。

7）油箱油位、排汽缸温度。

8）高低压加热器运行情况。

9）低压加热器疏水泵运行情况。

10）冷油器出口滤油网压差。

（3）正点抄表，按规定正确抄录表计并进行分析，按巡回检查项目进行全面检查。

（4）遇有设备异常时，各级人员都应该加强巡检次数。

（5）发现异常情况应及时查找原因，采取措施，汇报上级，确保安全经济运行。发现设备有缺陷，应及时开出设备缺陷单，联系有关部门及时处理。

（6）配合化学人员，监督凝结水、给水、汽轮机油质。

（7）做好定期试验和按具体情况联系检修清理滤网（包括水和油）。

（8）发现有异常变化的参数，及时进行分析、调整，不能查明原因的及时汇报，以便及时制定妥善的运行措施和方案。

（9）对异常运行工况进行事故预想，并由主值讲解到每一个人，做到防患于未然。

（10）每班对小指标进行计算和分析，做好经济指标的统计工作，做好各项节能工作。

（11）妥善保管好岗位上的工具器材，表报资料，做好交接班工作。

（12）按表 5-1 核查数据应正常。

表 5-1　机组正常参数表

名称	单位	额定值	正常范围
主蒸汽压力	MPa	8.83	8.83±0.49
主蒸汽温度	℃	535	525～540
调节级后压力	MPa	4.23（30MW）	<7.48（30MW）
排汽温度	℃	/	<65
凝汽器真空值	kPa	/	>87
轴向位移	mm	/	–0.6～+1.0
轴承的振动	mm	/	<0.03
轴承回油温度	℃	/	<65
推力瓦温度	℃	/	<100
支持瓦温度	℃	/	<100
润滑油压	MPa	0.1	0.08～0.15
润滑油温	℃	40	35～45
主油泵进口压力	MPa	0.1	0.09～0.12
主油泵出口压力	MPa	1.5	1.5±0.05
主油箱油位	mm	0	–50～+50
安全油压力	MPa	1.5	1.5±0.05
发电机进风温度	℃	30	25～35
发电机出风温度	℃	/	<70
定子线圈温度	℃	/	<90
定子铁蕊温度	℃	/	<110
均压箱内压力	kPa	20	3～30
均压箱温度	℃	/	<300
凝汽器温升	℃	/	<10
凝汽器端差	℃	/	<8
凝汽器过冷度	℃	/	≤2
凝结水含氧量	μg/L	/	≤30
滤油器前后压差	MPa	/	0.02～0.04
凝结水母管压力	MPa	/	>0.60
高加疏水水位	mm	0	<700

第二节　汽轮机运行的调整操作

一、机组负荷调整

（1）负荷限制规范：为保证机组安全经济地运行，必须严格控制汽轮机在“热力特性曲线”所规定的工况范围内运行。

（2）在下列情况下允许汽轮机带额定电负荷长期运行。

1）进汽压力降到 8.34MPa，进汽温度降到 525℃，冷却水进水温度不超过 25℃。

2）冷却水的温度升高至 33℃，但满足下列条件：

（a）进汽压力不低于 8.34MPa。

（b）进汽温度不低于 525℃。

（c）凝汽器保持计算耗水量。

（d）进入高压加热器的给水量，不大于该工况下汽轮机总进汽量的 105%。

（3）为了使汽轮机各部件有足够均匀的寿命，推荐汽轮机长期运行所带的电负荷在额定负荷的 40%以上。

（4）机组在正常情况下，应带额定负荷运行。

（5）锅炉应保证汽温、汽压的稳定，满足机组负荷的要求，在保证安全的同时，力求系统经济运行。在非事故情况下，禁止用增减负荷的方式调整汽温、汽压。

（6）根据季节、机组的真空、抽汽情况及时调整机组运行方式、工况，保证机组出力，尽可能维持机组运行参数处于最佳工况。

二、机组运行调整注意事项

1. 循环水系统调整

（1）机组应根据真空情况和循环水母管压力，对凝汽器循环水出水门进行调整。

（2）在对凝汽器进行不停机半面清扫或干洗时，可适当提高循环水母管压力，从而保证清扫凝汽器不失水。

（3）运行应根据循环水进水温度，合理启、停循环水泵，提高全厂的经济性。

2. 给水除氧系统调整

（1）调整除氧器的压力、温度、水位。

（2）高压给水泵并列运行时，应合理调整给水母管压力。

3. 冷油器调整

（1）调整冷油器出油温度在 38～42℃之间，正常为 40℃，调整时油温变化幅度不应太大。

（2）如油温超过规定值，应及时检查水侧是否存在空气并联系检修进行清扫冷油器水侧。

（3）正常运行情况下，机组运行一台冷油器，另一台作为备用。

（4）在机组启动时，根据油温，冷油器水侧充水可在机组启动后再进行。

4. 轴封供汽调整

（1）调整均压箱压力在 25～30kPa 之间，温度在 200～250℃之间。

（2）调整轴封压力时，在不影响机组真空的前提下，要注意机组轴封冒汽情况，防止轴封汽漏入轴承箱内影响汽轮机油品质。

第三节　汽轮机组定期试验

一、汽轮机定期试验与切换项目

汽轮机定期试验与切换项目见表 5-2。

表 5-2　汽轮机定期试验与切换项目详表

日期	班别	工作内容	操作人	监护人
接班后	每班	a. 事故报警信号试验	副值	主值
		b. 循环水泵滤网清洗		
		c. 油箱油位计活动试验		
		d. 空、油冷却器滤水器清洗		
每日	白班	备用辅机测量绝缘		
每周日	后夜	自动主汽门松动试验		
周一	白班	a. 各轴承测量振动（包括辅机轴承）		
		b. 冷油器水样试验		
		c. 凝结水泵、真空泵切换		
周二	白班	调速调压系统油动机、汽缸滑动螺丝、辅机轴承添加润滑油		
周三	白班	a. 油箱底部放水		
		b. 化学取油样		
		c. 低位水箱排污		
每月一日	白班	a. 真空严密性试验		
每月十五日	白班	a. 给水泵切试启		
		b. 循环水泵切换		
机组大修后、调速系统拆修后或运行2000h后或停机一个月后	停机或开机时	进行危急遮断器试验（超速试验、喷油试验）	主值	专工
	开机前	热机静态试验		
	并网前	a. 自动主汽门严密性试验		
		b. 调速汽门严密性试验		

二、空气冷却器、冷油器、冷却水滤水器清洗

（1）联系副值注意空气冷却器、冷油器温度。

（2）拔出切换手柄销子，将切换手柄旋转180°，开启底部排污门。

（3）待清洗干净后关闭底部排污门。

（4）依次清洗另一组。

（5）将清洗过程记录在运行日志中。

三、汽轮机及各辅机轴承添加润滑油

（1）为油动机连杆接头、调速调压系统活动处、高低压汽缸滑动螺丝滴加润滑油（#46透平油）。

（2）为高压油泵、交流油泵、直流油泵、凝结水泵轴承加油至油窗可见油位的1/2～2/3处。

（3）将真空泵、循环水泵、疏水泵轴承加润滑脂。

（4）为辅机轴承添加润滑油，见表5-3。

表5-3　辅机轴承对应添加润滑油表

序号	设备名称	加油点	用油规格	加油标准
1	循环水泵	轴承	润滑脂	
2	凝结水泵	轴承	#46透平油	可见油位的2/3
3	真空泵	轴承	润滑脂	
4	工业水泵	轴承	#46透平油	可见油位的2/3

四、主机各道轴承测量振动

（1）用测振仪在指定位置测量轴承三向振动：垂直（⊥）、轴向（⊙）、横向（—），测量数据记录在定期试验记录簿上；

（2）振动标准：0.02mm以下为优，0.03mm以下为良，0.05mm以下为合格。

五、运行中滤油器滤网切换

（1）征得值长同意，在主值监护下进行。

（2）副值监视好油压，如有下降应立即通知巡操员停止切换并恢复原状。

（3）掀起定位挡板，转动切换手轮缓缓摇至备用组滤网。

（4）到位后将定位挡板放下，检查油滤网前后压差是否正常，润滑油压是否正常。

（5）通知检修人员清洗滤网，清洗后必须充油放空气。

（6）将切换情况汇报主值并记入岗位交接班记录本。

六、冷油器水样检查

（1）在主值的监护下进行。

（2）开启运行冷油器水侧放空气门，待有水喷出时用干净容器盛水，随后关闭空气门。

（3）检查水中有无油花。

（4）汇报值长，将试验情况记入定期试验簿和交接班记录本。

七、汽轮机超速试验

（1）在下列情况下应做此试验：

1）机组大修后。

2）调速系统检修后。

3）停机一个月后再次启动。

4）汽轮机运行 2000h 后。

（2）超速试验应在同一情况下进行两次，两次动作转速差不超过额定转速的 0.6%，若前两次不合格应做第三次，第三次和前两次平均转速差不超过 1%。

（3）超速试验前应做两次手动停机试验，并且自动主汽门和调门严密性试验合格后方可进行。

（4）安全措施：手拍危急遮断器旁有专人负责，使用经检验过的合格转速表。转速和油压数据有专人监视并记录，并有专业工程师现场指挥，确认准备工作已做好，方可进行。

（5）OPC 电磁阀试验：在超速试验画面，于解列状态下且转速低于 200r/min 时，单击该按钮则发出 OPC 动作信号，可用于试验 OPC 回路是否完好。

（6）103%超速试验：在超速试验画面，于解列状态下单击“103%超速试验”按钮，则转速目标值自动升为 3095r/min，当实际转速超过 3090r/min 时，103%超速保护动作。转速目标值自动设置为 3000r/min，直至实际转速和目标转速相同为止。

（7）110%超速试验：在超速试验画面，单击“OPC 禁止”按钮，单击“110%超速试验”按钮，则转速目标值自动升为 3305r/min，当实际转速超过 3090r/min 时，103%超速保护应不动作。当实际转速超过 3300r/min 时外部送至 ETS 系统的 110%超速保护信号通过 ETS 停机。同时如转速超过 3302r/min 时，OPC 超速保护卡同时输出超速停机信号。

（8）机械超速试验：在超速试验画面，单击“OPC 禁止”按钮，单击“机械超速试验”按钮，则转速目标值自动升为 3365r/min，此时 OPC 禁止和 110%超速保护退出。当实际转速超过 3362r/min 时，如危急遮断器仍未动作，则就地手动打闸。

八、主汽门、调速汽门严密性试验

1. 自动主汽门严密性试验

该试验每半年进行一次，利用停机解列后进行。

（1）在发电部领导或指定专人监护、主值的配合下进行。

（2）机组解列后，启动高压油泵工作正常后，在超速试验画面单击“主汽门严密试验投入”按钮，主汽门缓慢关闭，高调门缓慢开启。

（3）检查转速下降 1000rpm 以下（标准压力=实际压力/额定压力×1000rpm）。

（4）记录并比较惰走时间。

（5）待惰走结束，手拍危急遮断器，检查调节汽门关闭。

（6）试验结束后，单击“主汽门严密试验复位”按钮，退出主汽门严密性试验。

2. 调速汽门严密性试验

（1）机组解列后，启动电动高压油泵，工作正常后，在超速试验画面单击“高压调门严密试验投入”按钮，主汽门全开，所有调门关闭。

（2）检查转速下降至 1000rpm 以下（标准压力=实际压力/额定压力×1000rpm）。

（3）记录并比较惰走时间。

（4）试验结束后，单击“调速汽门严密试验复位”按钮，退出调速汽门严密性试验。

（5）检查目标转速跟踪当前转速，单击“高调门手动启动”按钮，达到设定目标转速

3000rpm 则进行升速。

九、自动主汽门、抽汽逆止门松动试验

1. 自动主汽门松动试验

（1）就地松动试验：

1）拔出就地定位销。

2）缓慢逆时针旋转自动主汽门活动滑阀手轮三圈，使主汽门关小 3～5mm，检查自动主汽门无卡涩现象。

3）缓慢顺时针旋转自动主汽门活动滑阀手轮三圈，检查主汽门开启情况。

（2）远方松动试验：

1）在 DEH 界面单击“主汽门活动试验开始”按钮。

2）检查主汽门关小 3～5mm。

3）在 DEH 界面单击“主汽门活动试验取消”按钮。

4）检查主汽门开启情况。

2. 抽汽逆止门松动试验

开启电磁阀旁路门，注意阀杆向下移动，关闭电磁阀旁路门，阀杆恢复至原位，注意抽汽压力变化（不允许多级抽汽同时进行）。

十、真空严密性试验

（1）真空严密性试验（每月一日白班进行一次或大修后第一次启动后进行）。

（2）联系值长，在机组负荷大于 80%的额定负荷情况下进行。

（3）停运真空泵。

（4）每分钟记录真空数值一次，到 8min 为止。

（5）在试验过程中，如果真空下降较快或真空值低于-87kPa 时应立即停止试验，恢复原状。

（6）启动真空泵。

（7）汇报主值、值长试验结束，并记录情况。

（8）按表 5-4 进行真空严密性技术评定，按后 5min 内的平均下降数计算（单位：kPa/min）。

表 5-4　技术评定等级表

名称	优	良	合格
真空	0.2	0.3	0.4

十一、调速系统喷油试验

（1）喷油试验在每次超速试验前进行，由值长或专业工程师主持。

（2）改变 DEH 转速设定，将汽轮机转速降至 2800rpm 左右。

（3）将喷油试验装置手柄拉出，再拉出喷油试验阀并保持。升速至 2920±30rpm，飞环飞出，危急遮断油门动作，危急遮断指示器指示遮断，记录危急遮断器动作转速。

（4）推进喷油试验阀，检查危急遮断器指示“正常”。

（5）推进喷油试验装置手柄。

思考题

5-1 试简要说明汽轮机系统运行过程中应每小时循环检查哪些项目。

5-2 试简要分析什么情况下允许汽轮机带额定电负荷长期运行。

5-3 试简要分析机组运行时循环水系统如何调整。

5-4 试简要说明自动主汽门严密性试验应多久进行一次，以及如何开展该项试验。

5-5 试简要分析汽轮机在哪些情况下应做超速试验。

第六章　汽轮机停机

第一节　汽轮机停机方式

汽轮机停机是将带负荷的汽轮机卸去全部负荷、发电机从电网中解列、切断进汽使转子静止以及进行盘车的全过程。汽轮机的停机过程是汽轮机的冷却过程，随着温度的下降，会在各零部件中产生热变形、热应力和膨胀等，其情况与启动过程相反。汽轮机停机也应保持必要的冷却工况，以防止发生事故。

汽轮机停机可分为正常停机和故障停机。正常停机是指根据机组或电网的需要，有计划地停机，如按检修计划停机、调峰机组根据需要停机等，故障停机是机组监视参数超限，保护装置动作或手动打闸的停机。

第二节　汽轮机正常停机

正常停机可分为额定参数停机和滑参数停机两类。

一、停机前准备工作

（1）主值接到值长停机命令后，通知有关人员，做好停机前准备工作。

（2）高压电动油泵、交流润滑油泵、直流油泵、盘车电机的启动试验：

1）检查油系统正常，冷却水正常。

2）启动油泵，注意油泵电流正常。

3）停用油泵。

（3）用活动滑阀活动自动主汽门，检查自动主汽门门杆有无卡涩现象。

二、额定参数停机操作步骤

（1）用 DEH 以 1000kW/min 的降负荷速度控制减负荷。

（2）高加汽侧退出：

1）二级抽汽压力低于 0.8 MPa 时，#1、#2 高加退出。

2）关闭#1、#2 高加电动进汽门，一、二级抽汽水控逆止门，#1、#2 高加运行排汽门，高加汽侧退出。

3）关闭疏水器出口门，开启放水门，关闭至除氧器疏水门。

4）退出高加给水旁路液动保护装置，开启高加联成阀水控装置电磁阀，退出高加水侧。

（3）机组减负荷至 15MW 时，停用三级抽汽：

1）关闭抽汽至除氧器电动门。

2）注意高压除氧器压力、温度、水位，并注意调整这些参数。

3）开足三级抽汽水控逆止门底部疏水门及管道疏水门。

（4）机组减负荷至 6MW 时，停留 10min：

1）注意调整低加水位；

2）开启均压箱新蒸汽门，维持轴封正常用汽。

（5）减负过程中注意事项：

1）减负荷速度与加负荷速度基本相同，将额定负荷均匀减至零。

2）注意调速系统工作正常，调门开度与负荷相对应。

3）汽轮发电机组振动、声音正常，注意监视机组胀差不超过规定值。

4）调整轴封、开启凝结水再循环门，调整好凝汽器热井水位、压力。

（6）负荷降至 3.0MW 时做好以下工作：

1）关闭#3 低加出口至除氧器门，适当调整再循环门并注意凝汽器热井水位。

2）启动交流润滑油泵，注意保证运转正常，油压正常。

（7）上述工作结束后，负荷减至零。

（8）汽轮机 DEH 或就地或操作台打闸脱扣：

1）检查功率表指示为零，报警窗口显示“发电机已解列”。

2）脱扣危急保安器，检查自动主汽门、调速汽门、旋转隔板关闭，注意转速下降。

3）注意检查润滑油压应正常。

4）正确记录脱扣时间。

（9）汽轮机惰走：

1）关闭门杆漏汽至除氧器隔离门。

2）退出真空泵联锁，停用真空泵。

3）注意凝汽器真空下降，调整均压箱进汽门保持均压箱压力为 10～30MPa。

4）关闭电动主汽门，开足电动主汽门后、导汽管、汽缸本体底部及一、二、三、四、五级抽汽疏水门。

5）注意机组通过临界转速振动、声音并测量，记录各轴承临界垂直振动，以便与历史数据进行比较。

6）调整空冷器出水门、冷油器进水门。

7）注意润滑油压和各轴承温度、油流正常，细听汽轮发电机各转动部件声音正常。

8）转速下降至 1000r/min 时，适当开启真空破坏门，注意真空缓慢下降。

9）转速下降至零，真空到零，停轴加风机，关闭至均压箱新蒸汽门或除氧器汽平衡来汽门。

10）转子静止后，切换交流油泵运行。

11）正确记录停转时间，并比较惰走时间。

12）退出除“低油压”外所有保护。

（10）盘车装置的投入及维护：

1）转子停转后，拔出盘车插销向发电机方向扳动手柄，使大小齿轮啮合。

2）启动盘车电机使机组进入盘车状态，检查盘车转速为 4r/min，并注意盘车转速。

（11）停机维护：

1）关闭电动主汽门，微开电动主汽门前、后疏水门。

2）根据系统水量决定停用循环水泵。

3）检查排汽缸温度低于 50℃，停用循环水泵。

4）凝泵联锁退出，停用凝结水泵，关闭至抽汽逆止门水控装置供水总门、给水低压母管至水控装置进水门。

5）开足低压加热器至地沟放水门（低加检修时）。

（12）盘车注意事项：

1）上汽缸温度低于 150℃后，可停运盘车。

2）连续盘车结束后，可停用排烟风机。

3）调节级处下缸温度低于 100℃时可停用交流油泵。

4）每次盘车前必须启动交油润滑油泵，待油压建立后盘车，盘车期间不得停运电动油泵。

5）盘车期间，非特殊情况不得解除盘车联锁，若需解除应严密监视润滑油压和盘车状态。

（13）将停机情况汇报值长并详细记入岗位交接班本和运行日志中。

三、滑参数停机操作步骤

（1）目的：滑参数停机的主要目的是通过低温蒸汽对汽轮机金属部件进行快速冷却，以缩短汽轮机冷却时间，便于停机后尽快检修，使检修周期缩短。在滑参数停机操作过程中，控制的关键参数是主汽温度的变化率，要求主汽温度变化率为 1.2～1.5℃/min，汽温控制过程中应始终保持蒸汽过热度大于 50℃。

（2）按正常操作将机组负荷降至 25MW，将主汽温度控制在 500℃左右，保持调门开度在 200mm 左右。

（3）采用先降主汽压力再降主汽温度的办法，按照滑参数停机的曲线（汽温、汽压、时间）进行操作，主汽压力平均降压速度控制在 0.02～0.03MPa/min，主汽汽温平均降温速度控制在 1.0℃/min，待汽缸金属温度下降速度减慢，而主汽温度的过热度接近 50℃时可再次降低主汽压力，进行下一轮的降压降温。

（4）当机组负荷降至 18MW 时高加退出。

（5）当主汽温度降至 300℃时，稍开汽缸底部和导汽管疏水门。

（6）当主汽温度降至 300℃、主汽压力降至 2～3 MPa 时应机组解列脱扣，转子停转后进行连续盘车。

（7）滑参数停机注意事项：

1）在降温时，调节级处的汽温比该处的金属温度低 20～50℃为宜。

2）每一阶段降温在 50℃左右，每一阶段稳定运行 30min 左右。

3）在滑参数停机过程中，主汽温度应始终保持 50℃以上的过热度，确保蒸汽不带水。

4）在滑参数停机过程中，容易产生负胀差，当负胀差将达 1.5mm 时应延长滑停时间，稳定汽温汽压，提高轴封汽温度。

5）在滑参数停机过程中，如主汽温度在 5min 内突降 50℃以上，应立即脱扣停机（水击保护投入）。

6）在滑参数停机过程中，汽温、汽压应平稳下降，当汽压有回升趋势时应开启炉向空排汽进行控制。

7）在滑参数停机过程中，应保持上下缸温差在50℃以内，低加随机停运。

8）在滑参数停机过程中，尽力使高压调门处于较大的开度，便于汽缸均匀冷却，但应时刻注意轴向位移、振动、胀差、上下缸温差、缸壁温降速率的变化，保持一些重要参数在正常范围内。

第三节　汽轮机故障停机

根据故障的严重程度，汽轮机故障停机分为一般故障停机和紧急故障停机。当发生的故障对设备、人员构成严重威胁时，必须立即打闸、解列、破坏真空，进行紧急故障停机。一般故障停机可按规程规定将机组稳妥停下来。

一、紧急故障停机

紧急故障停机是指汽轮机出现了重大事故，不论机组当时处于什么状态、带多少负荷，必须立即紧急脱扣汽轮机，在破坏真空的情况下尽快停机。

运行规程中规定了紧急停机的条件，不同的机组有不同的规定。一般汽轮发电机组在运行过程中，如发生以下严重故障，必须紧急停机。

（1）汽轮发电机组发电强烈振动。

（2）汽轮机发生断叶片或发出明显的内部撞击声音。

（3）汽轮发电机组任何一个轴承发生烧瓦。

（4）汽轮机油系统着大火。

（5）发电机氢密封系统发生氢气爆炸。

（6）凝汽器真空急剧下降，真空无法维持。

（7）汽轮机严重进冷水、冷气。

（8）汽轮机超速到危及保安器的动作转速而保护没有动作。

（9）汽轮发电机房发生火灾，严重威胁到机组安全。

（10）发电机空气侧密封油系统中断。

（11）主油箱油位低到保护动作值而保护没有动作。

（12）汽轮机轴向位移突然超限，而保护没有动作。

一旦发生上述事故，只能采用紧急安全措施，主控打闸或就地打闸，并从电网中解列。为加速汽轮机停止转动，打开真空破坏阀破坏汽轮机的真空，停止真空泵运行。这样冷空气进入汽缸，使叶轮的摩擦鼓风损失增加，对转子增加制动力，减少转子惰走时间，可加速停机。但一般不宜在高速时破坏真空，以免叶片突然受到制动而损伤。进入汽轮机的冷空气会引起转子表面和汽缸的内表面急剧冷却，产生较大的热应力，一般不建议采取这种措施。

二、一般故障停机

一般故障停机是指汽轮机已经出现了故障，不能继续维持正常运行，应采用快速减负荷的方式使汽轮机停下来进行处理。一般故障停机，原则上是不破坏真空的停机。运行规程中也规定了故障停机的条件，不同的机组有不同的规定。一般汽轮发电机组在运行过程中，如发生以下故障，应采取一般故障停机方式。

（1）蒸汽管道发生严重漏汽，不能维持运行。

（2）汽轮机油系统发生漏油，影响到油压和油位。

（3）汽温、汽压不能维持规定值，出现大幅度降低。

（4）汽轮机热应力达到限额，仍向增加方向发展。

（5）汽轮机调节汽阀控制故障。

（6）凝汽器真空下降，背压上升至 25kPa。

（7）发电机氢气系统故障。

（8）发电机密封油系统仅有空气侧密封油泵在运行。

（9）发电机检漏装置报警，并出现大量漏水。

（10）汽轮机辅助系统故障，影响到汽轮机的运行。

三、故障停机的注意事项

对故障停机，运行人员应给予特别的注意，主要应注意以下几个方面：

（1）停机过程中要严密监视汽轮机的各种参数，包括汽温、汽压、振动、轴向位移、真空、转速等。在惰走过程中，要到现场听各轴承的声音及汽轮机内部的声音；记录惰走的时间，以便与正常停机时做比较；严密注视故障的发展动态，采取相应措施，尽可能防止事故扩大。

（2）汽轮机转速接近盘车转速时，注意盘车应自动投入。盘车投入后，注意盘车电流和盘车过功率保护，确认汽轮机本体是否已经受到损坏。如果盘车投不上，不允许强行投入盘车，过一段时间，用手动试盘汽轮机转子，看看转子是否可以盘动。如果盘得动，则应先盘 180°，过 10min 再试盘 180°。如果 10min 后盘不动，可延长时间，直到盘动为止。定时将汽轮机转子盘 180°，直到盘车可以投入连续运行为止。在这个阶段，润滑油系统必须保证正常运行，如果润滑油系统故障停止，则不允许盘汽轮机转子。

（3）在汽轮机故障停机以后，要尽快查找事故原因，采取措施进行处理。在这个阶段，如果汽轮机仍处在真空状态，就必须保持轴封系统的正常运行；如果轴封系统发生故障不能正常运行，则必须破坏真空。

（4）如果发生汽轮机油系统着火或汽轮机机房着火事故，在紧急停机过程中，运行人员要立即放掉发电机内的氢气。用氢气密封系统的排氢气阀将发电机内的氢气排到汽轮机房外，以防明火造成发电机内的氢气爆炸。

第四节　汽轮机停机后的维护保养

一、停机维护

（1）关闭电动主汽门，微开电动主汽门前、后疏水门。

（2）根据系统水量决定停用循环水泵。

（3）检查排汽缸温度低于 50℃，停用循环水泵。

（4）凝泵联锁退出，停用凝结水泵，关闭至抽汽逆止门水控装置供水总门、给水低压母管至水控装置进水门。

（5）开足低压加热器至地沟放水门（低加检修时）。

二、盘车注意事项

（1）上汽缸温度低于 150℃后，可停运盘车。

（2）连续盘车结束后，可停用排烟风机。

（3）调节级处下缸温度低于 100℃时可停用交流油泵。

（4）每次盘车前必须启动交流润滑油泵，待油压建立后盘车，盘车期间不得停运电动油泵。

（5）盘车期间，非特殊情况不得解除盘车联锁，若需解除应严密监视润滑油压和盘车状态。

（6）将停机情况汇报值长并详细记入岗位交接班本和运行日志中。

对于长期停运的油系统需要定期进行油系统循环。

思考题

6-1　试简述什么叫汽轮机停机，以及有哪几种停机方式。

6-2　试简述汽轮机停机前应开展哪些准备工作。

6-3　试简述滑参数停机的主要目的是什么。

6-4　试简要分析汽轮发电机组在运行过程中出现什么故障下必须紧急停机。

6-5　试简要分析汽轮发电机组在运行过程中什么情况下应采取一般故障停机。

6-6　试简述汽轮机停机维护内容。

第三部分　汽轮机系统的事故处理

第七章　汽轮机事故处理概述

本部分以理昂生态能源股份有限公司郎溪电厂汽轮机系统为例进行介绍。

第一节　事故处理总则

（1）事故发生时应按“保人身、保设备、保厂用电、保电网、保热网”的原则，按照规程中规定的运行安全技术原则和措施进行事故处理。

（2）机组运行中发生事故时，值长拥有绝对的指挥权，值长除根据调度规程规定接受调度命令外，不受其他任何人（包括各级领导、专业技术人员）的指挥。各级领导、专业技术人员应该根据现场实际情况提出必要的技术建议，但不得干涉值长的指挥，技术建议必须通过值长下达命令得以贯彻。值长可以根据发生事故的严重程度及影响范围授权主值班员指挥处理事故，一经授权，主值班员在处理事故时，拥有与上述值长同等的权力。

（3）机组运行中发生故障时，运行值班人员应保持冷静，根据仪表指示和报警信息，正确地判断事故原因，果断迅速地采取措施，首先解除对人身、设备及电网的威胁，防止事故扩大蔓延，限制事故范围，必要时立即解列或停运发生故障的设备，确保非故障设备正常运行，消除导致故障的根本原因，迅速恢复机组正常运行。

（4）当所发生的运行异常现象不明确，原因不能准确地判断时，应首先以保障人身、电网、热网及设备安全的原则进行处理。若情况允许时，也可以立即汇报上级生产技术领导部门，各级生产领导及专业技术人员必须协助运行人员共同分析判断事故原因，正确进行处理，以确保机组设备安全。

（5）当运行人员到就地检查设备或寻找故障点时，未与检查人取得联系之前，不允许对被检查设备合闸送电或进行操作。如果发生的事故危及人身、设备安全，必须按照本规程的有关规定，迅速消除对人身和设备的危害。当确认设备不具备继续运行的条件或继续运行对人身、设备有直接危害时，应紧急停止该设备或机组的运行。

（6）根据仪表指示和机组外部的异常现象，判断设备确已发生故障，迅速准确地判明事故的性质、发生地点。

（7）调整运行方式，保证厂用电的安全运行，尤其应保证事故保安段电源的可靠性，以确保事故保安设备的正常可靠运行，使机组安全停机。

（8）当发现在本规程内没有规定的故障现象时，运行人员必须根据自己的知识加以分析、判断，主动采取对策，并尽快汇报上一级领导。

（9）事故运行情况下，运行人员必须坚守岗位，如故障发生在交接班时间内，不得进行交接班，交班的运行人员应继续工作，接班人员应该协助交班人员进行事故处理，但不得擅自进行操作。当机组恢复正常运行状态、事故处理至机组运行稳定状态或事故处理告一段落后，根据值长命令方可进行运行交接班。

（10）事故处理中，机组长（主值班员）应指定专人记录与事故有关的现象和各项操作的时间，事故处理完毕后，值长必须收集事故过程中的各种计算机打印记录，保存资料以备事后分析。运行人员必须实事求是地将事故发生的时间、现象及处理过程中所采取的措施详细地记录在运行日志上。事后必须按照“四不放过”的原则对所发生的事故原因及处理过程进行认真分析总结，并写在运行分析记录簿内。

第二节　事故处理的注意事项

（1）遇自动装置故障时，运行人员应正确判断，及时将有关自动装置切至手动，防止事故扩大。

（2）因系统或其他设备故障引起事故时，则应采取措施，维持机组一定参数运行，以便有可能尽快恢复整套机组正常运行。

（3）事故情况下对于备用的设备可以不进行就地检查直接启动。

（4）根据单元机组的运行特点，任一环节发生事故，都将直接影响整个单元机组的安全运行。因此，发生故障时，各岗位应互通情况，在值长的统一指挥下，密切配合，迅速处理故障。

（5）处理故障时，分析要周密，判断要正确，处理要果断，行动要迅速，但不应急躁慌张，否则不但不能消灭故障，反而使故障扩大。运行人员在事故处理时，接到命令应重复一遍，如果没有听懂，应反复问清，命令执行后应及时向发令人汇报。

（6）运行人员发现自己不了解的故障现象时，必须迅速报告上级值班员，共同观察研究处理。

（7）禁止与消除故障无关的人员停留在发生故障的地点。

（8）发生系统故障时，主值班员（尤其是正在监盘人员）和值长非紧急情况不准离开控制室。

第三节　事故处理的原则

一、主机系统异常及事故处理原则

（1）当事故发生时，运行人员应沉着镇静地分析仪表的变化和设备外部象征，作出事故性质的正确判断，迅速解除对人身和设备的危险，找出事故原因，消除故障，同时要保证非故障设备的正常运行，以保证对用户的正常供电、供热。

（2）机组发生事故时，值班人员应按下列方法进行处理，消除事故。

1）根据仪表指示和机组外部的现象，确认设备已经发生故障。

2）迅速解除人身和设备的危险，必要时应立即停用发生故障的设备。

3）迅速查清事故的性质、发生地点和影响范围。

4）保证所有未受影响的设备正常运行。

5）处理事故的每一阶段，都需要尽可能迅速地报告值长和发电部领导，以便及时采取更正确的对策，防止事故扩大。

6）对于供热机组故障跳机时，应迅速汇报值长，立即关闭故障机的供汽电动门，以防蒸汽倒回。

（3）发生事故时，主值应在值长的领导下，迅速参加指挥消除事故工作，值长的命令主值必须服从。如果值长有明显错误时，可以拒绝执行，并说明理由，当发令人坚持认为正确时，则必须服从。

（4）在消除事故时，应考虑周密，动作应迅速、正确、果断，不能急躁、慌张，避免事故扩大，接到值长命令时应复诵，没有听懂应反复问清，命令执行后，应迅速向发令人汇报执行情况。

（5）当机组发生故障时，运行专工应及时赶到现场，配合值长指挥事故处理工作，但运行专工发布的命令不得与值长的命令相抵触。

（6）在消除事故过程中，值班人员不准擅自离开岗位，如果事故发生在交接班过程中，则按“交接班制度”执行。

（7）若事故发生在交接班时间，应停止进行交班，由交班人员负责处理，只有在接班值长同意后方可交班，接班人员可以协助进行事故处理。

（8）值班人员发现自己不了解的情况，必须迅速汇报主值、值长，共同研究查明原因并处理，当发现本规程没有规定的事故现象时，主值和值班人员应根据自己的经验判断并采取对策处理。

（9）禁止与处理事故无关的人员停留在事故现场。

（10）事故消除后，主值和值班人员将事故发生的时间、现象、经过和所采取的对策、措施进行详细记录，并进行事故分析。

二、事故停机条件

1. 紧急停机条件

凡遇下列事故之一，应立即破坏真空紧急停机。

（1）汽轮机转速超过3360r/min，而危急遮断器不动作。

（2）汽轮机突然发生强烈振动或清楚地听到机器内有金属碰击声。

（3）汽轮机发生水冲击。

（4）轴端汽封内冒火花。

（5）轴向位移超过1.3mm或-0.7mm时，而保护装置未动作。

（6）任何一道轴承断油、冒烟或回油温度急剧升高到75℃以上，瓦温超过110℃。

（7）油箱油位降低至最低油位线-200mm以下，无法恢复时。

（8）润滑油压降低至0.04MPa无法恢复时。

（9）发电机或励磁机冒烟着火时。

（10）油系统失火不能很快扑灭，并危及机组安全时。

（11）主蒸汽管道破裂，无法维持运行，或抽汽管道破裂无法隔离时。

（12）后汽缸排汽门动作。

（13）循环水中断无法快速恢复。

2. 故障停机条件

凡遇下列事故之一，立即按不破坏真空紧急停机处理。

（1）调速系统连杆脱落或拆断，调速汽门和旋转隔板卡死。

（2）汽压升高到9.8MPa（a）或汽温升高到545℃，15min后无法降低时，全年累计超温运行超过20h。

（3）汽压降低到5.88MPa（a）或汽温低于480℃，负荷减至零无法回升时。

（4）凝汽器真空降低到–0.061MPa（450mmhg），保护未动作。

（5）当调速汽门全关，机组无蒸汽运行超过3min以上，仍未排除故障时。

3. 下列情况，在15min内不能恢复时应不破坏真空故障停机

（1）进汽压力低于6MPa（a），高于5.88MPa（a）。

（2）进汽温度低于485℃，高于480℃。

（3）凝汽器真空低于0.073MPa，高于0.061MPa。

在带负荷情况下，任何破坏真空紧急停机都必须先停机打闸。

4. 破坏真空紧急停机操作步骤

（1）启动交流油泵。

（2）迅速手拍危急保安器（或按紧急停机按钮）。

（3）注意负荷到0，查自动主汽门、调速汽门、旋转隔板、抽汽逆止门确已关闭，讯号报警，查转速下降，记录脱扣时间。

（4）汇报值长、主值，通知有关人员机组进行紧急停机。

（5）停真空泵，开足真空破坏门。

（6）调整轴封供汽、凝汽器水位。

（7）完成其他停机操作，细听机组内部声音，检查振动是否正常。

（8）为了能更快地降低转速，必要时可要求电气加上励磁。

（9）转子停转，真空到0关闭轴封汽，投入盘车装置，正确记录惰走时间并比较惰走时间。

5. 不破坏真空故障停机操作步骤

（1）迅速向值长、主值汇报事故原因，通知副值、巡操员机组故障停机。

（2）迅速将负荷减至零。

（3）启动交流润滑油泵。

（4）立即手拍危急保安器（或手按紧急停机按钮），检查转速下降，记录脱扣时间。

（5）停用真空泵，当转速下降至1000rpm时开启真空破坏门调整真空，使真空与机组转速同步下降至零。

（6）惰走时细听机组内部声音，检查机组振动等，记录并比较惰走时间，完成正常停机的其他操作。

思考题

7-1 试简要分析机组发生事故时，值班人员应采取什么办法处理来消除事故。

7-2 试简述进行汽轮机事故处理时有哪些注意事项。

7-3 试简述破坏真空紧急停机应该如何操作。

7-4 试简述不破坏真空故障停机应该如何操作。

第八章　汽轮机主机系统常见异常及事故处理

第一节　蒸汽参数异常

一、汽压升高

（1）汽压升高到正常运行最高值 9.32MPa 时，应汇报主值、值长通知锅炉降压，或调整汽轮机、适当加负降低汽压。

（2）汽压升高到紧急处理值 9.8MPa（a）时，应要求再次降低汽压，运行不得超过 15min，全年累计不得超过 20h。

（3）注意主蒸汽管道，法兰是否漏汽，开起疏水门降低汽压，注意机组的振动情况及轴向位移变化情况。

（4）若汽压仍无法降低并继续升高到 9.8MPa（a）以上，汇报值长，按“不破坏真空故障停机”处理。

二、汽压降低

（1）发现汽压降低时，应密切注意推力瓦温度与轴向位移的变化。

（2）汽压降低到正常运行最低值 8.34MPa（a）时，应汇报主值、值长联系锅炉要求提高汽压，并按表 8-1 减少负荷以提高汽压。

（3）若汽压仍不回升应与值长联系要求再次降低负荷（根据汽压下降表进行减负荷，汽压每下降 0.1MPa，机组减负荷 1MW）。

（4）汽压降低到紧急处理值 5.88MPa 时，负荷已降到 0 仍不回升，运行时间不得超过 15min，否则应按“不破坏真空故障停机”处理。

表 8-1　汽压降低对应减负荷表

30MW	
汽压/MPa	负荷/MW
8.34	25
8.14	23
7.94	21
7.74	19
7.54	17
7.34	15
7.14	13
6.94	11
6.74	9

续表

30MW	
汽压/MPa	负荷/MW
6.54	7
6.34	5
6.14	3
6.0	0
5.88	停机

三、汽温升高

（1）汽温升高到正常运行最高值540℃以上时，应汇报值长、主值，联系锅炉降低汽温。

（2）汽温继续升高到紧急处理值 545℃时，应迅速强烈要求锅炉降低汽温，并注意机组振动、胀差等情况，一般锅炉主汽温度与汽机处的主汽温差是 6～8℃，发现表计误差大时，联系热控进行校验。

（3）在该温下连续运行 15min 仍不能降低或继续升高至 545℃以上时，应征得值长同意按“不破坏真空故障停机”处理。

（4）汽温在 545℃时每次运行时间不得超过 15min，全年累计不超过 20h。

四、汽温降低

（1）汽温降低到正常运行最低值 525℃时，应汇报主值，联系锅炉提高汽温。

（2）汽温降低到 525℃以下时，应按表 8-2 减少负荷，再次要求提高汽温（并根据汽温下降情况进行减负荷，每下降 5℃，机组减荷 3.0MW）。

（3）汽温继续降低到 480℃时，应开启自动主汽门前后疏水门，并注意推力轴承温度，若继续下降到 475℃时应按“不破坏真空故障停机”处理。

（4）停机前应核对主蒸汽温度表。

表 8-2　汽温下降减负荷表

30MW	
汽温/℃	负荷/MW
525	25
520	22
515	19
510	16
505	13
500	10
495	7
485	4
480	0
475	停机

第二节　水冲击

一、水冲击现象

（1）主蒸汽温度直线下降，汽温低报警。

（2）从主蒸汽管法兰、阀门结合面、汽缸法兰结合面、汽封等处冒出白色湿蒸汽或溅出水滴。

（3）清楚地听到汽缸、主蒸汽管道、抽汽管道内有金属噪声或水击声。

（4）负荷突然下降或摆动、轴向位移增大、推力瓦块温度迅速升高。

（5）机组突然发出异声或产生强烈振动。

二、水冲击发生的原因

（1）锅炉满水造成汽水共腾。

（2）并汽时锅炉蒸汽参数不合格或疏水不良。

（3）汽包内的汽水分离器工作失常。

（4）锅炉减温水操作过大。

（5）加热器管子泄漏或疏水不良而满水给水液动旁路不动作。

（6）均压箱减温水操作不当，造成轴封进水。

（7）除氧器过度满水。

三、处理措施

（1）当发生水冲击事故时，应按“破坏真空紧急停机”处理。

（2）开足主蒸汽管道、抽汽管道、汽机本体等处所有疏水门，充分疏水。

（3）转速下降注意听机组内的声音、振动，检查轴向位移、推力轴承温度是否正常。

（4）若因加热器铜管泄漏引起水冲击，应迅速隔绝加热器。

（5）均压箱减温水误开，应立即关闭。

（6）正确记录惰走时间和惰走时的真空变化。

四、禁止重新启动事项

停机过程中，如有下列情况之一者，禁止重新启动。

（1）汽缸内有金属响声或轴封冒火花。

（2）轴向位移、推力瓦块温度严重超过允许值。

（3）汽机发生强烈振动，惰走时间明显缩短。

五、重新启动注意事项

停机过程中，若上述各项正常，则汇报生产部，值长同意后，方可重新启动并注意下述事项。

（1）充分放疏水。

（2）升速过程中，细听汽缸内部声音、振动正常，密切监视轴向位移、推力瓦块温度变化。

（3）在启动过程中若有不正常情况，立即停机检查原因。

第三节　机组异常振动

（1）机组突然发生强烈振动，振动超过 0.07mm 或可清楚地听到金属响声，应按“破坏真空紧急停机”处理。

（2）机组在投入发电机励磁机或提升电压时发生振动，则说明振动系发电机转子线圈短路引起，应汇报值长，联系检修处理。

（3）机组启动过程中发生振动，需延长暖机时间，直至振动消除为止，再逐渐升速（临界转速应快速通过），若振动不消除，应停止启动，待检查正常后再启动。

（4）运行中发现振动，应汇报主值、值长，要求降低负荷，直至振动合格为止，同时应检查下述事项。

1）轴承油压，回油量是否正常。

2）轴承油温，冷油器出油温度是否正常。

3）主蒸汽参数是否过高或过低。

4）汽缸胀差、上下缸温差是否正常。

5）排汽缸温度、真空是否过高或过低。

6）附属设备或其他设备有无影响。

7）轴承底脚螺丝或轴承连接螺丝是否松动或脱落。

8）负荷、周波、轴向位移、轴封供汽是否正常。

（5）若上述原因不存在，则可能是由以下因素引起的。

1）叶片断裂或叶轮损坏。

2）大轴弯曲。

3）轮盘和轴的结合面松动。

4）汽封损坏或机组通流部分动静之间发生摩擦。

5）汽机某些部件发生变形。

6）汽轮发电机组中心不正。

7）发电机部分机械松驰。

8）轴承间隙不合格轴承座接触不良。

9）汽轮发电机组转子不平衡或发电机转子线圈部分短路。

10）油膜不稳定。

11）汽轮机、发电机励磁机的转动部分与固定部分之间掉入杂物。

以上原因一般只能在停机后，部分拆开或全部拆开机组方能检查到，因此机组突然振动增大时，应降低负荷相应降低振动，并及时汇报有关领导。

第四节　轴向位移增大

发现轴向位移增大时，应特别注意推力瓦块温度，并检查负荷、汽温、汽压，听机组声音、振动有无明显增大。

一、轴向位移增大现象

（1）轴向位移升至+1.0mm 或−0.6mm 时报警，至+1.3mm 或−0.7mm 时跳机报警。
（2）轴向位移指示增大，推力轴承温度升高，推力瓦块温度急剧上升至 90℃以上报警。
（3）机组振动增大。

二、发生的原因

（1）主蒸汽温度突然下降，汽轮机过负荷。
（2）汽轮机发生水冲击。
（3）推力轴承工作失常，推力瓦块磨损或断油，叶轮结垢严重，真空恶化。
（4）汽轮机组发生严重轴向串动。

三、处理措施

轴向位移增大至 1.0mm 或−0.6mm 报警时应：

（1）检查负荷、汽温、汽压、真空、排汽缸温度、油温、油压，倾听机组声音、振动等情况。

（2）若上述情况均正常，应联系热工核对表计是否正确。

（3）若发生水击应按“破坏真空紧急停机”处理。

若负荷降到 0 轴向位移不能恢复时，并继续增大至 1.3mm 保护不动作时，应按“破坏真空紧急停机”处理。

第五节 压力管道破裂

压力管道破裂包括主蒸汽管道破裂、凝结水管道破裂、高压加热器钢管破裂及循环水管破裂，遇到压力管道破裂时应根据破裂的情况采取措施。

一、主蒸汽管道破裂或附件损坏

（1）汇报主值、值长。

（2）主蒸汽管道损坏影响机组继续运行时，应启动电动油泵，按“破坏真空故障停机”处理。

（3）尽快隔绝故障段，并打开窗户放出蒸汽。

（4）注意切勿乱跑，以防被蒸汽烫伤。

二、凝结水管道或给水管道破裂

（1）汇报主值、值长，若系统故障由主值隔绝处理。

（2）高压加热器进出水管道破裂，联系主值，汇报值长，迅速切换给水系统，停用高压加热器，注意轴向位移变化。

（3）凝结水管大量漏水，影响除氧器给水正常运行时，立即汇报主值、值长隔绝抢修，若危及安全运行时，要求停机处理。

三、高压加热器钢管破裂

（1）发现加热器水位高报警时，应检查调整水位。

（2）校对加热器进出水温差，确定内部管子泄漏应迅速停用加热器。

（3）关闭该加热器进汽门。

（4）单击“高加解列”按钮，使高加保护快速启闭电磁阀动作，高加自动进、出水门关闭，给水改走旁路。

（5）开启放地沟疏水门放水泄压。

（6）联系值长，由检修处理。

四、循环水管破裂

（1）应根据当时情况进行隔绝，并汇报主值、值长共同处理。

（2）凝汽器循环水进水门后管道破裂，应迅速进行凝汽器半边隔绝，降低负荷至额定负荷的一半，并汇报主值、值长，注意凝汽器真空，油、空温度变化，并作好事故预想。

（3）凝汽器循环水进水门和泵出口之间管段破裂，应迅速汇报主值、值长，迅速调整循环水，由不破母管供水，注意油、空温度变化，并做好事故预想。

第六节　通流部分动静磨损

一、通流部分动静摩擦的原因

（1）动静部套加热或冷却时，膨胀或收缩不均匀。

（2）动静间隙调整不当。

（3）受力部分机械变形超过允许值。

（4）推力或支承轴瓦损坏。

（5）转子套装部件松动位移。

（6）机组强烈振动。

（7）通流部分部件破损或硬质杂物进入通流部分。

二、汽轮机通流部分摩擦事故的现象与处理

（1）转子与汽缸的胀差指示超过极限、轴向位移超过极限值、上下缸温差超过允许值，机组发生异常振动轴封冒火，这时即可确认为动静部分发生碰磨，应立即破坏真空紧急停机。

（2）停机后若重新启动时，需严密监视胀差、温差及轴向位移与轴承温度的变化，注意听内部声音和监视机组的振动。

（3）如果停机过程转子惰走时间明显缩短，甚至盘车启动不起来，或者盘车装置运行时有明显的金属摩擦声，说明动静部分磨损严重，要揭缸检修。

三、防止动静摩擦的技术措施

（1）加强启动、停机和变工况时对机组轴向位移和胀差的监视。

（2）要充分考虑转子转速降低后的泊桑效应和由于叶片鼓风摩擦使胀差增大的情况。

（3）在机组热态启动时，注意冲转参数的选择。

（4）在机组启停过程中，应严格控制上下汽缸温差和法兰内外壁温差。

（5）应严格监视转子挠度指示，不得超限。

（6）严格控制蒸汽参数的变化，以防发生水冲击。

（7）机组运行中控制监视段压力，不得超过规定值。

（8）停机后应按规程规定进行盘车。

（9）严格控制机组振动，振动超限的机组不允许长期运行。

（10）加强对叶片的安全监督，防止叶片及其连接件的断落。

四、通流部分磨损事故典型案例

1．案例简介

某台200MW机组发电机差动保护误动作，突然甩负荷到0。由于一二级旁路未能投入，锅炉熄火。汽轮机利用锅炉余汽空转65min后锅炉重新点火。当发电机并网时，中压胀差由1.3mm很快增加到2.8mm，低压胀差由3.5mm突增到5.0mm（表计极限），这时发现5号轴承处冒烟，被迫打闸停机，转子惰走9min后静止。经揭缸检查发现，第28、29、30级静叶出口与下一级静叶入口，及第33、34级反流向的静叶出口与末级动叶入口严重磨损。

2．案例分析

造成这次事故的主要原因是中压缸膨胀收缩受阻。此次事故发生在甩负荷后的空转过程，中压缸金属温度从430℃降到250℃，而中压缸绝对膨胀却未发生变化。当并网后，由于工况变化及开大低压缸喷水门的影响，汽缸的收缩力大于卡涩的摩擦力，于是中压缸的绝对膨胀从5.7mm急剧收缩到3.5mm，致使中、低压胀差正值的突增。

第七节　汽轮机进水、进冷汽

汽轮机进水或进低温蒸汽，使处于高温下的金属部件受到突然冷却而急剧收缩，产生很大的热应力和热变形，致使汽轮机由于胀缩不均匀而发生强烈振动。而过大热应力和热变形的作用将使汽缸产生裂纹、引起汽缸法兰结合面漏汽、大轴弯曲、胀差负值过大，以及汽轮机动静部分发生严重磨损等事故。

一、汽轮机进水、进冷蒸汽的原因

（1）来自主蒸汽系统。水或冷蒸汽从锅炉经主蒸汽管道进入汽轮机。

（2）来自再热蒸汽系统。减温水积存在再热蒸汽冷段管内或倒流入高压缸中。

（3）来自抽汽系统。因除氧器满水、加热器管子泄漏及加热器系统事故引起。

（4）来自轴封系统。汽轮机启动时，如果轴封系统暖管不充分或当切换备用汽源时，轴封也有进水的可能。

二、汽轮机进水进冷汽的现象

（1）新蒸汽温度急剧降低。

（2）轴封、汽缸、流量孔板、主汽阀和调节阀的门杆、阀门盖、法兰结合面等处冒出大量白汽和水点。

（3）汽轮机振动逐渐加剧或增大。

（4）汽轮机内部发生金属噪声或抽汽管道发生水冲击声。

（5）转子轴向位移增大，推力瓦轴承合金温度和推力轴承温度升高。

（6）汽轮机负荷骤然下降。

三、防止汽轮机进水、进冷汽的对策

（1）加强主蒸汽温度和再热蒸汽温度的控制。

（2）保持炉水及蒸汽品质。

（3）防止负荷急剧变化时产生虚假水位。

（4）注意监督汽缸金属温度变化和加热器水位。

（5）加强除氧器水位监督，杜绝发生满水事故。

（6）定期检查减温装置的减温水门的严密性。

（7）在汽轮机滑参数启动和停机的过程中，汽温保持必要的过热度。

第八节　汽轮机大轴弯曲

大轴弯曲通常分为热弹性弯曲和永久性弯曲。热弹性弯曲即热弯曲，是指转子内部温度不均匀，转子受热后膨胀不均或受阻而造成转子弯曲。通过延长盘车时间，当转子内部温度均匀后，这种弯曲会自行消失。

永久弯曲是转子局部地区受到急剧加热（或冷却），其应力值超过转子材料在该温度下的屈服极限，使转子局部产生压缩塑性变形。当转子温度均匀后，该部位将有残余拉应力，塑性变形并不消失，造成转子的永久弯曲。

一、汽轮机大轴弯曲的原因

（1）汽轮机在不具备启动条件下启动。启动前，由于上下汽缸温差过大，大轴存在暂时热弯曲。

（2）汽缸进水。停机后在汽缸温度较高时，操作不当使冷水进入汽缸会造成大轴弯曲。

（3）机械应力过大。转子的原材料存在过大的内应力或转子自身不平衡，引起同步振动。

（4）轴封供汽操作不当。疏水将被带入轴封内，致使轴封体不对称地冷却，大轴产生热弯曲。

二、防止大轴弯曲的技术措施

（1）汽轮机冲转前的大轴晃动度、上下汽缸温差、主蒸汽及再热蒸汽的温度等符合规程的规定。

（2）冲转前进行充分盘车，一般不少于 2～4h（热态启动取最大值）。

（3）轴封汽源应注意与金属温度相匹配，轴封管路经充分疏水后方可投入。

（4）启动升速中应有专人监视轴承振动，如果发现异常，应查明原因。

（5）启动过程中疏水系统投入时，保持凝汽器水位低于疏水扩容器标高。
（6）当主蒸汽温度较低时，防止汽轮机发生水冲击。
（7）机组在启、停和变工况运行时，应按规定的曲线控制参数变化。
（8）机组在运行中，轴承振动超标应及时处理。
（9）停机后应立即投入盘车。
（10）停机后防止冷汽、冷水进入汽轮机，造成转子弯曲。
（11）汽轮机热状态下，如主蒸汽系统截止阀不严，则锅炉不宜进行水压试验。
（12）热态启动前应检查停机记录，如停机曲线不正常，应及时处理。
（13）热态启动时应先投轴封后抽真空。

第九节　汽轮机超速

超速事故是汽轮机事故中最为危险的一种事故。转速超过危急保安器动作转速并继续上升，称为严重超速。严重超速主要发生在汽轮发电机与系统解列（空负荷）或运行中甩负荷的情况下。当机组严重超速时，则可能使叶片甩脱、轴承损坏、大轴折断，甚至整个机组报废。所以，为了防止汽轮机超速，在设计时已考虑了多道保护措施。但是，汽轮机超速事故仍时有发生，所以应给予足够的重视。

一、汽轮机超速的原因

1. 调速系统有缺陷

（1）调速汽门不能正常关闭或漏汽量过大。
（2）调速系统迟缓率过大或件卡涩。
（3）调速系统速度变动率过大。
（4）调速系统动态特性不良。
（5）调速系统整定不当，如调整范围、配汽机构膨胀间隙不符合要求等。

2. 汽轮机超速保护系统事故

（1）危急保安器不动作或动作转速过高。
（2）危急遮断器滑阀卡涩。
（3）自动主汽门和调速汽门卡涩。
（4）抽汽逆止门不严或拒绝动作。

3. 运行操作调整不当

（1）油质管理不善。
（2）运行中同步器调整超过了规定调整范围。
（3）蒸汽带盐，造成主汽门和调整汽门卡涩。
（4）超速试验操作不当，转速飞升过快。

二、防止汽轮机超速事故的措施

（1）坚持调速系统静态特性试验。
（2）对新装机组或对机组的调速系统进行技术改造以后，应进行调速系统动态特性试验。

（3）合理地整定调速系统范围，上限富裕行程不宜过大。

（4）汽轮机的各项附加保护投入运行。

（5）高、中压主汽门、调速汽门、抽汽逆止门开关灵活，严密性合格。

（6）运行中发现主汽门、调速汽门卡涩时，要及时消除。

（7）加强对油质的监督，防止油中进水或杂物使调节部套卡涩或腐蚀。

（8）加强对蒸汽品质的监督，防止蒸汽带盐使门杆结垢，造成卡涩。

（9）采用滑压运行的机组以及在机组滑参数启动过程中，调速汽门开度要留有裕度，以防止同步器超过正常调节范围时，发生甩负荷超速。

（10）机组长期停止时，应预防调节部套锈蚀。

（11）停机时，应先打危急保安器，后解列发电机。

三、超速事故实例

某厂200MW机组运行中，发电机开关跳闸甩负荷后转速上升，危急保安器虽然动作，基本上关闭了高压自动主汽门、调节汽门，但由于右侧中压主汽门自动关闭器滑阀活塞下部重力油进口缩孔旋塞在运行中退出，支住滑阀活塞不能移动泄压，造成右侧中压主汽门延时关闭，再热器余汽的能量使机组转速继续上升。在3800r/min左右时，机组剧烈振动，中、低压转子间的加长轴对轮螺栓断裂拉脱，高、中压转子继续上升到4500r/min左右，轴系断裂成5段，高、中压转子和汽缸通流部分严重毁坏，轴承、油管损坏后，透平油漏出起火，经奋力抢救扑灭。事故后经鉴定，汽轮机本体报废，发电机修复后继续使用，经8个多月耗资4000多万元才恢复运行。

第十节　汽轮机叶片损坏

一、现象

（1）机组平台振动大，甚至保温层脱落。

（2）蒸汽通流部分发生不同程度和性质的冲击异声。

（3）各抽汽压力差变化，并不同程度升高，相应负荷下，监视段压力、流量增大。

（4）推力轴承、瓦块温度、轴向位移异常。

（5）凝结水导电度增大，水位上升（末级叶片断落打坏铜管时）。

（6）运行中叶片损坏或断落时，以上现象不一定同时会出现。

二、原因

（1）机组严重超负荷时间过长，使叶片疲劳。

（2）系统周波忽高忽低频繁。

（3）凝汽器满水，使叶片浸水。

（4）汽轮机动静部分相碰发生摩擦。

（5）汽轮机严重超速。

三、处理措施

（1）通流部分发生异音或机组振动，抽汽压力稍有变化时，应立即汇报值长、运行部领导共同分析处理。

（2）若清楚地听到金属响声或机组振动加剧，应按“破坏真空紧急停机”处理。

（3）凝汽器半边隔绝捉漏。

（4）侧听汽轮机内有无异声，比较惰走时间。

（5）完成其他停机操作项目。

第十一节　厂用电中断

一、全部厂用电中断

1. 征象

（1）交流照明灯熄，事故照明灯亮，电压表指示到0。

（2）运行的所有设备停转，备用设备不联动。

（3）主蒸汽压力、温度、真空迅速下降，油温、风温升高，循环水、发电机冷却水中断。

2. 处理措施

（1）立即在505的负荷控制面板上减负荷至0，在DCS的电机事故跳闸画面上将所有泵的操作面板调出，试开备用泵无效后，复置开关，无备用泵则强合原运行泵一次，同时联系电气部门要求尽快恢复电力供应。

（2）密切注意汽温、汽压、真空下降情况，到达极限时应立即故障停机。

（3）在盘上将直流油泵开启，手拍脱扣器停机。

（4）手动关闭电动主汽门、抽汽电动门。

（5）转子停转后，根据系统状况迅速启动各辅机，尽快提高真空度，检查大轴弯曲，主参数正常后，根据机组所处状态进行重新启动。

二、部分厂用电中断

（1）部分厂用电中断，备用泵能自投。若未自动投入，可在DCS的电机事故跳闸画面上将所有泵的操作面板调出，手动投入，当手动投入不成时，应通知电气检查恢复电力供应。

（2）当有关参数超限时，应按有关规定处理。

（3）停机时，若交流润滑油泵无电，应启动直流油泵。

（4）转子停转后，厂用电未恢复应人工盘车。

思考题

8-1　试简述蒸汽压力降低时应如何处理。

8-2　简要分析导致水冲击发生的原因有哪些。

8-3　试简要分析轴向位移增大会出现什么现象，以及应如何处理。

8-4 试简述压力管道破裂包括哪几种情况。

8-5 试简要分析汽轮机进水进冷汽会出现什么现象，以及应如何处理。

8-6 试简述汽轮机大轴弯曲分类，以及各分类如何定义。

8-7 试简述防止汽轮机超速事故的措施有哪些。

8-8 试简要分析导致汽轮机叶片损坏的原因有哪些，以及应如何处理。

8-9 试简述厂用电全部中断会出现哪些现象，以及应如何处理。

第九章　汽轮机辅助设备常见异常及故障处理

第一节　油系统工作异常

一、油系统工作异常的主要原因

（1）油系统漏油。
（2）主油泵故障。
（3）油管道内掉入脏物。
（4）直、交流辅助油泵故障。

二、油系统漏油的几种现象

1. 油位下降，油压不变

（1）发现油箱油位突然下降10mm，应汇报主值、值长核对油位。
（2）油箱油位计浮球破裂进油，应核对实际油位，并汇报主值，联系检修处理。
（3）油箱底部放油门或事故排油门未关紧，应检查关紧。
（4）油系统非压力管道漏油严重，应设法消除并联系主值要求加油，注意防火。
（5）若滤油机在运行时，应加强监视，防止油漏出，发现异常及时处理。
（6）油箱内油温有较大变化时，油位也伴之变化，油箱上排烟机跳闸，油位也变化。
（7）油位下降至最低油位线以下，无法恢复，应按“破坏真空紧急停机”处理。

2. 油位与油压同时下降

（1）油系统外部压力油管漏油严重：若尚未威胁设备安全运行时，应设法消除，汇报主值，要求加油，注意防火。

（2）冷油器铜管漏油：应切换备用冷油器，隔绝故障冷油器进行捉漏，并注意油温、油压、油位正常。

（3）若由于润滑油系统漏油，引起润滑油压下降，影响机组正常运行时，应及时启动润滑油泵，保持润滑油压正常，并查找漏油原因及时消除。

（4）油位、油压下降原因未查出前应按下降值分别处理。

（5）漏油量大，加油也不能维持正常油位，而启动高压油泵也不能维持油压时，应立即按“破坏真空紧急停机”处理。

3. 油位不变，油压下降

（1）主油泵故障（靠背轮损坏，断轴，泵壳破裂，金属异声）引起高压油压下降。
1）现象：
（a）主油泵内有金属异声。
（b）主油泵出口油压下降。

（c）主、辅注油器工作失常。

（d）机头前箱回油增大（泵壳破裂）。

2）处理：

（a）确定交流油泵自启动，否则应手动开出直流油泵维持油压。

（b）若系主油泵靠背轮损坏或断轴，应迅速按“破坏真空紧急停机”处理。

（c）若系主油泵其他故障，应按“不破坏真空故障停机”处理。

（d）若电动辅助油泵逆止门漏油，应关闭出油门，进行隔绝处理。

（2）轴承油压下降。

1）现象：

（a）轴承油压降低至0.078MPa报警，低至0.055MPa报警，且交流油泵自启动。

（b）润滑油流减少，轴承回油温度升高。

（c）辅助注油器工作失常，若进口油滤网堵塞，振动相应增加。

（d）主油箱油位下降（管路泄油，破裂油漏到油箱外或冷油器铜管大量漏油）。

（e）过压阀并帽螺丝松，应检查并调整。

2）处理：

（a）发现油压降低，汇报主值，查明原因，隔绝并消除漏油点，并启动电动辅助油泵维持油压。

（b）若轴承油压继续下降到紧急处理值0.04MPa，或油位降低到最低油位线时，应按“破坏真空紧急停机”处理。

（3）轴承油温升高。

发现轴承温度和回油温度普遍升高，应通知巡操员，检查冷油器运行情况，循环水是否正常，并做到：

1）调节开大进水门，必要时联系主值增开循泵。

2）清洗冷油器滤水器，并对冷油器水侧放空气。

3）查冷油器水侧是否被垃圾堵塞，应汇报主值切换备用冷油器，通知检修进行清理，密切监视油温、油压、油位、轴瓦振动变化。

4）若因循环水中断，造成油温急剧升高，冒烟，应按“破坏真空紧急停机”处理。

个别轴承油温升高，查油流是否减少，是否受传热影响，必要时要求停机检查轴承节流孔或清洗轴承。

若推力轴承温度升高，查推力瓦块温度、轴向位移，如同时发生不正常情况应减负荷或停机处理。

若各轴承温度普遍升高，而且温升也有所增加，应查油压、油温、油质是否正常，若由于油质恶化引起，应联系进行滤油，注意油中含水情况，应及时调整轴封汽。

三、发现下列情况之一者，应立即破坏真空紧急停机

（1）任何轴承回温度升高至75℃，轴瓦温度升高至110℃。

（2）任何轴承的回油中断。

（3）任何轴承内冒烟。

四、汽机启、停过程中辅助油泵工作失常

1. 汽机启动过程中高压油泵工作失常

（1）汽机启动过程中高压油泵故障，应立即开低压交流油泵维持油压，若汽机转速在2000r/min 以下，低压交流油泵、直流油泵均故障，应按“破坏真空紧急停机”处理。

（2）若汽机转速在 2500r/min 以上，暖机基本结束，如高压油泵故障，自动主汽门未脱扣，应迅速升速至主油泵工作，维持油压，注意声音、振动正常。

2. 汽机停机过程中交流润滑油泵工作失常

（1）汽机停机过程中交流油泵故障，应立即开直流油泵维持油压，若汽机转速在 2500r/min 以上时，辅助油泵均故障，应复置危急遮断器，开启自动主汽门手轮升至全速，然后逐台抢修，正常后再停机。

（2）汽机转速在 2500r/min 以下时，则按“破坏真空紧急停机”处理。

由于油泵故障或其他原因，在转子停止后，若不能立即投盘车，此时应在转子上作出静止时标记，情况正常后，再进行连续或定期盘车。

油中带水会引起危急遮断器拒动，发现上述问题应进行滤油，并注意及时调整轴封汽，定期进行油箱底部放水。

第二节　油系统着火

一、处理原则

油系统在运行时有漏油现象，应加强监视，及时处理，漏出的油应及时擦干净，如无法处理而可能引起着火时，应紧急报告主值、值长，果断采取措施。

汽轮机在运行时发现油系统着火时，应根据不同起火点，使用泡沫灭火器，或二氧化碳灭火器，或 1211 灭火器进行灭火，高温部件不宜使用二氧化碳或 1211 灭火器。如火势不能立即扑灭，危及运行，应破坏真空紧急停机。

注意不使火势蔓延，必要时应将设备周围附以沾湿的雨布，用一切方法保护机组不受损坏。

二、油系统着火处理措施

（1）油系统着火而紧急停机，应按下列步骤操作。

1）手动脱扣或按停机按钮，检查自动主汽门、调速汽门、抽汽逆止门，切断汽轮机进汽。

2）解除高压油泵联锁开关。

3）启动交流油泵，解除油泵联锁，通过关小油泵出油门来维持油压在低限值。

4）解除真空泵联锁，停运真空泵，开启真空破坏门。

5）完成紧急停机的其他操作，采取灭火措施并向上级汇报。

（2）遇下列情况，开启事故放油门。

1）火势危急油箱。

2）机头及机头平台大火。

3）回油管中着火。

（3）失火时，主值必须做到：

1）不得擅自离开岗位。

2）加强监视运行中的机组。

3）准备按照值长命令进行停机操作。

（4）汽轮机运行值班人员应该知道在以下各种情况下的灭火方法。

1）未浸机油、汽油和其他油类的抹布及木制材料燃烧时可以用水、泡沫灭火和砂子灭火。

2）浸有机油、汽油和其他油类的抹布及木制材料燃烧时，应用泡沫灭火器和砂子灭火。

3）油箱和其他容器中的油着火时，应用泡沫灭火器扑灭，开启事故放油门。

4）带电的电动机线圈和电缆失火时，应在切断电源后进行灭火，电动机着火时不得使用砂子、泡沫灭火器灭火。

第三节　凝汽器真空下降

一、凝汽器真空下降应采取的措施

当发现凝汽器真空下降时，应迅速采取下列措施：

（1）核对 DCS 真空值、弹簧真空表、排汽缸温度表，确认真空已下降，汇报值长、主值。

（2）真空下降发生在特殊运行方式或进行操作时应迅速将特殊运行方式或操作恢复正常。

（3）迅速查明原因及时处理，若原因不明应汇报主值、值长共同分析处理。

（4）真空下降至–87kPa（650mmhg）以下，应联系值长根据负荷表进行减负荷。

（5）真空下降负荷表见表 9-1。

表 9-1　凝汽器真空下降负荷表

30MW	
真空/kPa	负荷/MW
87	25
85	22.5
84	20
82.5	17.2
81.5	15
80	12.5
79	10
76.5	7.5
76	5
74.5	2.5
73.5	0
61	停机

二、真空下降过程注意事项

真空下降及减负荷过程中应注意：

（1）监视段、各抽汽压力不允许超限。

（2）听汽缸内部声音、振动正常，排汽缸温度不可超过 65℃。

（3）轴向位移、推力瓦温度变化应在额定范围内，不允许超限。

三、真空下降现象

（1）弹簧真空表、DCS 真空值同时降低。

（2）在负荷不变的情况下，主汽流量、各段抽汽压力升高。

（3）排汽缸温度升高。

（4）主蒸汽参数不变，负荷自行下降。

（5）凝结水温度升高（凝汽器水位满时，水温降低）。

（6）凝汽器端差增大。

四、真空下降原因及处理

1. 循环水量不足或中断

（1）循环水量不足：真空逐渐降低，同时在相同负荷下循环水入口和出口温差增大，凝汽器进水压力下降、循泵电流、出口压力大幅度降低或晃动，凝汽器出水真空降低，油、空温度升高，表示循环水量不足，应调整开大循环水出水门或增加循环水泵运行的台数，并清扫循泵入口滤网，以恢复真空正常，并根据真空降低值要求适当降低负荷运行。

（2）循环水中断：循环水压力突然降低到 0，真空急剧下降至−87kPa 以下并报警，表示循环水供水中断，此时应立即启动备用循环水泵，无备用循环水泵的情况下，迅速减去汽轮机全部负荷，真空降至 61kPa 时应按"紧急停机"处理，但不必破坏真空。

（3）若机组重新启动，特别注意排汽缸温度不超过 70℃，否则应向凝汽器补软化水，启动凝泵打再循环，待排汽缸温度下降到 70℃以下方可向凝汽器通循环水。

2. 凝汽器水位升高

（1）运行凝泵工作失常（如泵汽化、气蚀、叶轮损坏、漏入空气）：凝泵电流，出口压力下降及晃动，泵体内有噪声或振动，应立即启动备用泵，停下故障泵，并联系值长消除故障或通知检修处理。

（2）运行泵跳闸，备用泵不联动：应迅速将联锁开关退出，开出备用泵，复置跳闸泵开关，汇报主值、值长，联系电气查明原因，迅速恢复正常。

（3）凝结水系统阀门误开或误关（如再循环门、喷淋门、补水门、低加出水门或凝结水至除氧器门等），应迅速查清原因，恢复正常。

（4）凝汽器铜管破裂：通知化学人员化验凝结水质，汇报主值、值长及发电部进行凝汽器半边隔绝捉漏，并根据真空下降情况进行减负荷。

（5）低压加热器铜管泄漏，疏水大量进入凝汽器：应汇报主值立即将低加汽侧退出，水侧开启旁路门，并闭进、出水门，空气门进行隔绝检修，并注意真空正常。

（6）若水位急剧升高：应增开备用凝泵，开启不合格凝结水放水门进行放水，待水位正常，关闭不合格凝结水放水门，停备用泵，停泵后水位仍继续升高，应检查备用泵逆止门是否严密，可关备用泵出水门，并汇报主值，共同处理。

3. 真空泵工作失常

（1）运行中真空泵跳闸，备用泵不联动，则手动开启备用泵。

（2）如汽水分离器水位过低，则检查有无放水门误开，关闭误开阀门并开大补水门维持正常水位。

（3）如工作水温度高影响真空泵正常工作，则切换备用泵运行。

（4）真空泵设备故障，真空无法维持，则征得值长同意按“不破坏真空故障停机”处理。

4. 轴封供汽不正常

（1）由于负荷、蒸汽压力变化引起均压箱压力过高或过低，影响抽汽效率，应及时调整均压箱供汽压力，检查轴加风机运行情况，使之维持在最佳工况范围内运行。

（2）轴封压力调整器失灵，应改为就地手动调整，汇报主值，由检修处理。

5. 真空系统漏空气

（1）真空系统管道、阀门、法兰结合面是否严密。

（2）是否有凝汽器真空破坏门封水，否则应及时添加。

（3）排汽缸安全门是否严密：应用黄油涂上。

（4）凝汽器热井放水门、水位计上、下手动门关严。

（5）低加接合面，抽汽管道与汽缸接合面是否严密。

（6）低压加热器空气管道是否漏空气，低加放水门是否关严，可用蜡烛进行捉漏，但注意防火。

（7）低压缸是否漏空气。

（8）若高负荷时真空较高，低负荷时真空较低，则应检查高、中压缸是否有漏空气现象。

（9）若真空系统漏空气无法查找到，待停机后对真空系统进行查漏。

6. 机组低位水箱漏空气

（1）运行过程中如发现凝汽器真空突然下降或发生变化时，需立即检查低位水箱是否异常或调整阀门是否有故障。

（2）若出现异常或故障时，必须立即关闭手动调整门，必要的情况下，打开低位水箱底部排污门，待故障查清或排除后再恢复回收系统运行。

第四节　循环水泵异常

一、循环水泵紧急停运条件

（1）电动机、水泵突然发生强烈振动或清楚听出金属碰击声或摩擦声。

（2）任一轴承冒烟，温度超过 75℃，或轴承损坏，温度急剧上升 90℃。

（3）循泵外壳破裂。

（4）电动机外壳温度超过 75℃或冒烟。

（5）电动机电流超过限额的 10%，外壳温度急剧上升。

二、紧急停泵操作

（1）按 DCS 画面循泵“停止”按钮或“事故”按钮。

（2）迅速起动备用循泵。

（3）检查运行泵电流正常，故障泵出口关闭，泵不倒转。

（4）完成其他隔绝操作，并汇报主值、值长。

三、循环水泵跳闸处理

循泵跳闸或失去电源时，发现任一台循泵电机电流至 0，DCS 上循泵指示灯变绿，而其他各泵运行正常时，应迅速启动备用循泵，调整联锁位置，并在 DCS 画面中单击跳闸泵“停运”按钮，待运行泵电流正常，泵指示灯变绿，故障泵出口门自动关闭且泵不倒转后，检查跳闸循泵有无明显外部故障，并通知电气检修，汇报主值、值长。

第五节　给水泵异常

一、给水泵紧急停运条件

（1）给水泵发生剧烈振动及清楚听出泵内有金属杂音。

（2）电动机冒烟着火时或内部发出明显焦臭味时。

（3）电动机一相断路，转速下降，并有不正常的噪声（电流表读数至 0 或超限额）。

（4）给水泵汽化，电流、水压急剧下降或不稳定伴有严重噪声时。

（5）给水泵、电机轴承温度急剧上升超过 70℃时。

（6）润滑油压下降，启动备用油泵后仍降至 0.08MPa，保护未动作时。

（7）油系统着火且不能及时扑灭时。

（8）油箱油位下降至最低极限，无法及时补油时。

（9）转子发生严重窜动时。

（10）平衡室压力超过进口压力 0.5MPa 时。

二、给水泵异常处理

1. 给水泵电机失去电源的处理

（1）当给泵突然失去电源，停止运行时，检查备用联动泵自启是否正常，否则人为启动备用泵，维持给水压力正常。

（2）如无备用泵，应立即汇报主值、值长，要求迅速恢复电源，并通知锅炉进行相应处理。

（3）在无备用泵的情况下，一分钟之内不得单击失去电源的给泵“停运”按钮和解除联锁，以免在自合闸成功后失去自启机会。

（4）如因电气故障，厂用电全部失去，应将原运行给泵停运，并切除联锁。

（5）运行泵失电后应检查其是否倒转，如倒转应立即解除其联锁，关闭出口门。

（6）将事故经过情况详细记录，并汇报主值、值长。

2. 给水泵自动跳闸处理

（1）给泵在启动时或在运行中自动跳闸，检查备用泵联动自启是否正常（若不正常则人为启动备用泵），维持给水压力，并进行相关复位操作，迅速通知电气，查明跳闸原因。

（2）检查故障是否属于保护正常动作，如属正常动作，则动作原因未处理好前禁止启动。

（3）在无备用泵的情况下，检查原运行给泵如无明显的外部故障时，可允许再启动一次，如仍然无法启动，应紧急汇报主值、值长，并通知电气查明原因，并根据给水泵压力情况减负荷。

（4）运行泵跳闸后应检查其是否倒转，如倒转应采取相应措施，禁止在泵倒转情况下合闸。

3. 给水泵汽化

（1）汽化现象。

1）电机电流较正常电流显著下降，甚至低于空载电流并剧烈摆动。

2）水泵出口压力下降并摆动。

3）水泵内有不正常的噪声和冲击声，平衡室压力摆动较大。

4）泵体温度升高，轴向窜动增大，给水管振动。

（2）汽化原因。

1）除氧器压力急剧下降。

2）给水泵进口滤网堵塞。

3）除氧器水位很低或空水位。

4）给水泵及系统误操作使泵内工质形成内循环。

5）给水流量过小，再循环系统未打通。

（3）汽化处理。

1）发现泵汽化时，应立即启动备用泵，紧急停运故障泵，维持母管压力正常。

2）如属除氧器汽压原因，应在立即提升汽压后，启动备用泵。

3）如属除氧器水位原因，应在立即提升水位后，启动备用泵。

4）如属系统误操作原因，应立即恢复，启动备用泵。

5）如属再循环系统未打通，应立即打通再循环系统，启动备用泵。

6）将事故经过情况详细记录，并汇报主值、值长。

4. 给水泵轴瓦温度升高处理

（1）油质恶化：滤油或更换润滑油。

（2）冷油器调整不当使润滑油温度过高：调整冷油器进、出水门，将油温控制在正常范围内。

（3）润滑油量不足或油压下降：开大进油门或关小泄压阀或切换备用油泵。

（4）轴系中心不好或轴承磨损：紧急停泵，启动备用泵。

（5）润滑油规格不正确：切换备用给水泵运行后更换润滑油。

（6）冷油器断水：尽快恢复冷却水，注意轴承温度变化，给水泵如超过70℃则紧急停泵，启动备用泵。

第六节　除氧器异常

一、除氧器压力异常

1. 压力异常原因

（1）水位、压力自动调节失灵。

（2）除盐水进水量偏小，超出调整门调节范围。

（3）汽源或水源参数大幅变化。

（4）汽、水系统误操作。

2. 压力异常处理措施

（1）发现除氧器压力异常变化时，应将自动调节切换为手动，用调整门、隔离门、旁路门配合调节，且汽、水系统协调统一调节。

（2）压力调整至正常后，根据原因进行相应处理。

（3）尽量保证汽压，不使给水泵发生汽化。

（4）当压力达安全门动作压力时注意安全门是否动作。

二、除氧器水位异常处理

1. 水位异常原因

（1）水位自动调节失灵或压力自动调节失灵使运行除氧器之间差压增大。

（2）除盐水进水或进汽偏小，超出调整门调节范围。

（3）汽源或水源参数大幅变化。

（4）锅炉用水量大幅变化。

（5）汽、水系统误操作。

2. 水位异常处理措施

（1）发现除氧器水位异常变化时，应将自动调节切换为手动，用调整门、隔离门、旁路门配合调节，且汽、水系统协调统一调节。

（2）水位调整至正常后，根据原因进行相应处理。

（3）调节水位的同时尽量保证汽压，不能使给水泵发生汽化。

（4）当水位出现高Ⅱ值时，注意溢水电动门是否开启，若未开启则人为开启。

（5）当除盐水进水量偏小时，可减少甚至切除凝汽器补水。

三、除氧器含氧量异常

1. 含氧量异常的原因

（1）喷嘴雾化不好。

（2）除氧器压力过低或不稳。

（3）水源平均温度降低。

（4）除氧器过负荷。

（5）凝结水含氧量不合格。

（6）排汽不畅。

2. 含氧量异常处理措施

（1）喷嘴雾化不好，应检查进水调整门开度是否过小使进水压力太低，并采取措施将系统补水向除氧器转移。

（2）除氧器压力过低或不稳，应采取措施提高调节质量。

（3）水源平均温度降低，应将部分除盐水移至凝汽器。

（4）除氧器过负荷，应采取措施减轻负荷。

（5）凝结水含氧量不合格，应检查凝汽器补水是否过量，检查凝泵进口密封情况，如有不正常应及时调整密封水。

（6）排汽不畅，应适当调整脱氧门开度。

四、除氧器振动处理原则

1. 振动原因

（1）除氧器满水。

（2）各进水管道逆止门关不严，特殊情况下容器内蒸汽倒入管道引起管道振动。

（3）再沸腾门开启不当。

（4）除氧器过负荷。

（5）运行中突然进入冷水，使水箱温度不均产生冲击。

（6）除氧器压力降低过快，发生汽水共腾。

（7）投除氧器过程中，加热不当，或汽水负荷分配不均。

2. 振动处理措施

（1）除氧器满水，应及时处理满水事故。

（2）各进水管道逆止门关不严，特殊情况下容器内蒸汽倒入管道引起管道振动，在不能及时处理逆止门情况下，运行应保持管道一定的过流量。

（3）再沸腾门开启不当，应调整或关闭再沸腾门。

（4）除氧器过负荷，应采取措施降低负荷。

（5）运行中突然进入大量冷水，使水箱温度不均产生冲击，应减少或不进冷水。

（6）除氧器压力降低过快，发生汽水共腾，应增加进汽量。

（7）投除氧器过程中，加热不当或汽水负荷分配不均，应缓慢进行加热，控制好温升率。

思考题

9-1 试简要分析油系统工作失常的主要原因有哪些。

9-2 试简述油系统着火而紧急停机应如何处理。

9-3 试简要分析凝汽器真空下降会出现哪些现象，应迅速采取哪些措施。

9-4 试简述循环水泵跳闸应如何处理。

9-5 试简要分析导致给水泵汽化的原因有哪些，以及应如何处理。

9-6 试简要分析除氧器含氧量异常的原因包括哪些，以及并如何处理。

参考文献

[1] 王勇．汽轮机设备及运行维护[M]．北京：机械工业出版社，2012.
[2] 黄树红．汽轮机原理[M]．北京：中国电力出版社，2008.
[3] 蔡颐年．蒸汽轮机[M]．西安：西安交通大学出版社，1988.
[4] 沈士一，庄贺庆，康松，等．汽轮机原理[M]．北京：中国电力出版社，1992.
[5] 翦天聪．汽轮机原理[M]．北京：水利电力出版社，1992.
[6] 朱新华，等．电厂汽轮机[M]．北京：水利电力出版社，1993.
[7] 康松等．汽轮机原理[M]．北京：中国电力出版社，2000.
[8] 韩中合，等．火电厂汽轮机设备及运行[M]．北京：中国电力出版社，2002.
[9] 吴晓娜，于洁主编．汽轮机运行与维护[M]．北京：北京理工大学出版社，2014.
[10] 靳智平，张国庆．电厂汽轮机原理及系统[M]．北京：中国电力出版社，2006.
[11] 裘烈钧．大型汽轮机运行[M]．北京：水利电力出版社，1994.
[12] 赵义学．电厂汽轮机设备及系统[M]．北京：中国电力出版社，1998.
[13] 吴季兰．汽轮机设备及系统[M]．2 版．北京：中国电力出版社，2006.
[14] 席洪藻．汽轮机设备及运行[M]．北京：水利电力出版社，1988.
[15] 程明一，等．热力发电厂[M]．北京：中国电力出版社，1998.
[16] 冉景煜．热力发电厂[M]．北京：机械工业出版社，2010.
[17] 肖增弘，盛伟．汽轮机设备及系统[M]．北京：中国电力出版社，2008.
[18] 邵和春．地方电厂岗位运行培训教材 汽轮机运行[M]．北京：中国电力出版社，2006.
[19] 童钧耕．工程热力学[M]．北京：高等教育出版社，2007.
[20] 廉乐明，等．工程热力学[M]．北京：中国建筑工业出版社，2007.
[21] 杨巧云，李建刚．汽轮机设备及运行[M]．北京：中国电力出版社，2014.
[22] 谢诞梅，戴义平，等．汽轮机原理 少学时[M]．北京：中国电力出版社，2012.
[23] 王乃宁，张志刚．汽轮机热力设计[M]．北京：水利电力出版社，1987.
[24] 西安电力学校．汽轮机[M]．北京：电力工业出版社，1981.
[25] П．Н．施亚新．汽轮机 上[M]．庄前鼎，方崇智，敦瑞堂，译．龙门联合书局，1953.
[26] П．Н．施亚新．汽轮机 下[M]．庄前鼎，方崇智，敦瑞堂，译．龙门联合书局，1953.
[27] 康松．汽轮机习题集[M]．北京：水利电力出版社，1988.
[28] 孙为民，杨巧云．电厂汽轮机[M]．北京：中国电力出版社，2005.
[29] 黄保海，等．汽轮机原理与构造[M]．北京：中国电力出版社，2002.
[30] 理昂生态能源股份有限公司．郎溪理昂 300MW 汽机运行规程[M]．内部资料，2016.

附表　汽机阀门状态表

附表 1　机组主汽、抽汽、疏水系统阀门状态表

设备名称	启动前	启动中	启动后
电动主汽门	关闭	开足	开足
电动主汽门旁路一次门	关闭	开足	关闭
电动主汽门旁路二次门	关闭	开足	关闭
自动主汽门	关闭	开足	开足
均压箱新蒸汽供汽一次门	关闭	开足	关闭
至均压箱新蒸汽二次门	关闭	调节	关闭
一级抽汽水控逆止门	关闭	关闭	开足
#2 高加进口电动门	关闭	关闭	开足
二级抽汽水控逆止门	关闭	关闭	开足
#1 高加进口电动门	关闭	关闭	开足
三级调整抽汽侧水控逆止门	关闭	关闭	开足
外供汽电动门	关闭	关闭	调节
三级抽汽至除氧器加热蒸汽门	关闭	关闭	开足
主汽电动门前疏水一次门	关闭	开足	关闭
主汽电动门前疏水二次门	关闭	开足	关闭
主汽电动门后疏水一次门	关闭	开足	关闭
主汽电动门后疏水二次门	关闭	开足	关闭
#1 导汽管疏水门	开足	开足	关闭
#2 导汽管疏水门	开足	开足	关闭
#3 导汽管疏水门	开足	开足	关闭
#4 导汽管疏水门	开足	开足	关闭
左调门座疏水一次门	开足	开足	关闭
左调门座疏水二次门	开足	开足	关闭
右调门座疏水一次门	开足	开足	关闭
右调门座疏水二次门	开足	开足	关闭
汽缸本体疏水一次门	开足	开足	关闭
汽缸本体疏水二次门	开足	开足	关闭
一级抽汽水控逆止门前疏水门	开足	开足	关闭
二级抽汽水控逆止门前疏水门	开足	开足	关闭
三级抽汽母管水控逆止门前疏水门	开足	开足	关闭
四级抽汽水控逆止门前疏水门	开足	开足	关闭
五级抽汽水控逆止门前疏水门	开足	开足	关闭
六级抽汽逆止门前疏水门	开足	开足	关闭
#2 机高加疏水至除氧器电动门	关闭	关闭	开足
#2 高加疏水器进口门	开足	开足	开足

续表

设备名称	启动前	启动中	启动后
#2 高加疏水器出口门	开足	开足	开足
#2 高加疏水器汽相手动门	开足	开足	开足
#2 高加疏水器旁路门	关闭	关闭	关闭
#2 高加紧急电动放水门	关闭	关闭	关闭
#2 高加疏水放水门	关闭	关闭	关闭
#1 机高加疏水至除氧器电动门	关闭	关闭	开足
#1 高加疏水器出口门	开足	开足	开足
#1 高加疏水器进口门	开足	开足	开足
#1 高加疏水器汽相手动门	开足	开足	开足
#1 高加疏水器旁路门	关闭	关闭	关闭
#1 高加电动紧急放水门	关闭	关闭	关闭
#1 高加疏放水门	关闭	关闭	关闭
#3 低加疏水器进口门	开足	开足	开足
#3 低加疏水器出口门	开足	开足	开足
#3 低加疏水器汽相手动门	开足	开足	开足
#3 低加疏水器旁路门	关闭	关闭	关闭
#3 低加运行排汽门	关闭	关闭	调节
#2 低加疏水器进口门	开足	开足	开足
#2 低加疏水器出口门	开足	开足	开足
#2 低加疏水器汽相手动门	开足	开足	开足
#2 低加疏水器旁路门	关闭	关闭	关闭
#2 低加运行排汽门	关闭	关闭	调节
#1 低加疏水器进口门	开足	开足	开足
#1 低加疏水器出口门	开足	开足	开足
#1 低加疏水器汽相手动门	开足	开足	开足
#1 低加疏水器旁路门	关闭	关闭	关闭
#1 低加运行排汽门	关闭	关闭	调节
#1 低加疏水器放水门	关闭	关闭	关闭
均压箱至凝汽器疏水门	开足	关闭	关闭
轴加至凝汽器疏水器旁路门	关闭	关闭	关闭
轴加至凝汽器疏水器前疏水门	开足	开足	开足
轴加至凝汽器疏水器后疏水门	开足	开足	开足
一级抽汽水控逆止门底部疏水门	开足	开足	关闭
二级抽汽水控逆止门底部疏水门	开足	开足	关闭
三级抽汽水控逆止门底部疏水门	开足	开足	关闭
四级抽汽水控逆止门底部疏水门	开足	开足	关闭
五级抽汽水控逆止门底部疏水门	开足	开足	关闭
六级抽汽逆止门底部疏水门	开足	开足	关闭
高压疏水膨胀箱至凝器疏水门	开足	开足	开足
低压疏水膨胀箱至凝器疏水门	开足	开足	开足

续表

设备名称	启动前	启动中	启动后
一级抽汽电动门	关闭	关闭	开足
二级抽汽电动门	关闭	关闭	开足
三级抽汽电动门	关闭	关闭	开足
四级抽汽电动门	关闭	关闭	开足
五级抽汽电动门	关闭	关闭	开足
六级抽汽电动门	关闭	关闭	开足
一级抽汽水控逆止门	关闭	关闭	开足
二级抽汽水控逆止门	关闭	关闭	开足
三级抽汽水控逆止门	关闭	关闭	开足
门杆漏汽疏水门	开足	开足	关闭
四级抽汽水控逆止门	关闭	关闭	开足
五级抽汽水控逆止门	关闭	关闭	开足
六级抽汽水控逆止门	关闭	关闭	开足

附表 2　机组凝结水系统阀门状态表

设备名称	启动前	启动中	启动后
凝汽器热井放水门	关闭	关闭	关闭
#1 凝泵进水门	开足	开足	开足
#1 凝泵出水门	开足	开足	开足
#2 凝泵进水门	开足	开足	开足
#2 凝泵出水门	开足	开足	开足
轴封加热器进水门	开足	开足	开足
轴封加热器出水门	开足	开足	开足
轴封加热器旁路门	关闭	关闭	关闭
凝泵再循环门	调节	调节	关闭
#1 低加进水门	开足	开足	开足
#1 低加出水门	开足	开足	开足
#1 低加旁路门	关闭	关闭	关闭
#2 低加进水门	开足	开足	开足
#2 低加出水门	开足	开足	开足
#2 低加旁路门	关闭	关闭	关闭
#3 低加进水门	开足	开足	开足
#3 低加出水门	开足	开足	开足
#3 低加旁路门	关闭	关闭	关闭
一、二级抽汽门水控左侧电磁阀	关闭	关闭	关闭
一、二级抽汽门水控左侧电磁阀进口门	开足	开足	开足
一、二级抽汽门水控左侧电磁阀出口门	开足	开足	开足
一、二级抽汽门水控右侧电磁阀	关闭	关闭	关闭
一、二级抽汽门水控右侧电磁阀进口门	开足	开足	开足
一、二级抽汽门水控右侧电磁阀出口门	开足	开足	开足
一、二级抽汽门水控旁路门	关闭	关闭	关闭

续表

设备名称	启动前	启动中	启动后
三级抽汽门水控电磁阀	关闭	关闭	关闭
三级抽汽门水控电磁阀进口门	开足	开足	开足
三级抽汽门水控电磁阀出口门	开足	开足	开足
三级抽汽门水控旁路门	关闭	关闭	关闭
四、五级抽汽门水控左侧电磁阀	关闭	关闭	关闭
四、五级抽汽门水控左侧电磁阀进口门	开足	开足	开足
四、五级抽汽门水控左侧电磁阀出口门	开足	开足	开足
四、五级抽汽门水控右侧电磁阀	关闭	关闭	关闭
四、五级抽汽门水控右侧电磁阀进口门	开足	开足	开足
四、五级抽汽门水控右侧电磁阀出口门	开足	开足	开足
四、五级抽汽门水控旁路门	关闭	关闭	关闭
#1 高加进水水控电磁阀	关闭	关闭	关闭
#1 高加进水水控电磁阀进口门	开足	开足	开足
#1 高加进水水控电磁阀出口门	开足	开足	开足
#1 高加进水水控电磁阀旁路门	关闭	关闭	关闭
#2 高加进水水控电磁阀	关闭	关闭	关闭
#2 高加进水水控电磁阀进口门	开足	开足	开足
#2 高加进水水控电磁阀出口门	开足	开足	开足
#2 高加进水水控电磁阀旁路门	关闭	关闭	关闭
凝结水事故放水门	关闭	调节	关闭
凝结水至水控电磁阀滤网总门	开足	开足	开足
凝结水至水控电磁阀滤网旁路门	关闭	关闭	关闭
除盐水至凝汽器调门	调节	调节	调节
除盐水至凝汽器调门前隔离门	开足	开足	开足
除盐水至凝汽器调门后隔离门	开足	开足	开足
除盐水至凝汽器调门旁路门	关闭	关闭	关闭
热井水位计放水门	关闭	关闭	关闭
凝结水事故放水手动门	关闭	调节	关闭

附表 3　机组空气、轴封系统阀门状态表

设备名称	启动前	启动中	启动后
凝汽器真空破坏门	关闭	调节	关闭
凝汽器左侧抽空气门	开足	开足	开足
凝汽器右侧抽空气门	开足	开足	开足
#1 真空泵进汽电动门	开足	开足	开足
#2 真空泵进汽电动门	开足	开足	开足
轴封风机进口门	关闭	开足	开足
均压箱至后轴封进汽阀	开足	开足	开足
均压箱至前轴封进汽阀	开足	开足	开足
均压箱至凝汽器余汽阀	调节	调节	调节
凝结水至均压箱减温器手动门	关闭	调节	调节

续表

设备名称	启动前	启动中	启动后
轴封加热器进汽门	开足	开足	开足
#1 凝泵至凝器空气门	开足	开足	开足
#2 凝泵至凝器空气门	开足	开足	开足

附表 4 机组循环水系统阀门状态表

设备名称	启动前	启动中	启动后
凝汽器右循环入口门	开足	开足	开足
凝汽器左循环入口门	开足	开足	开足
凝汽器右循环出口门	开足	开足	开足
凝汽器左循环出口门	开足	开足	开足
冷油器滤水器进水门	开足	开足	开足
冷油器滤水器出水门	开足	开足	开足
冷油器滤水器旁路门	关闭	关闭	关闭
空冷器滤水器进水门	开足	开足	开足
空冷器滤水器出水门	开足	开足	开足
空冷器滤水器旁路门	关闭	关闭	关闭
#1 冷油器进水门	开足	调节	调节
#2 冷油器进水门	开足	调节	调节
#1 冷油器出水门	关闭	开足	开足
#2 冷油器出水门	关闭	开足	开足
#1 空冷器进水门	开足	开足	开足
#2 空冷器进水门	开足	开足	开足
#3 空冷器进水门	开足	开足	开足
#4 空冷器进水门	开足	开足	开足
#1 空冷器出水门	开足	开足	开足
#2 空冷器出水门	开足	开足	开足
#3 空冷器出水门	开足	开足	开足
#4 空冷器出水门	开足	开足	开足
凝汽器右循环入口门后放水门	关闭	关闭	关闭
凝汽器左循环入口门后放水门	关闭	关闭	关闭
凝汽器右循环出口管空气门	关闭	关闭	关闭
凝汽器左循环出口管空气门	关闭	关闭	关闭
冷油器滤水器排污门	关闭	关闭	关闭
空冷器滤水器排污门	关闭	关闭	关闭
空冷器出水总门	关闭	调节	调节
空冷器出水管空气门	关闭	关闭	关闭